1）蟹状星云M1
2）草帽星系M104

1
2

3 3）哈勃太空望远镜
4 4）500米口径球面射电望远镜FAST

高等院校通识教育系列教材

宇宙新概念

第三版

赵江南　编著

WUHAN UNIVERSITY PRESS
武汉大学出版社

高等院校通识教育系列教材
编审委员会

总序

进入新世纪，中国高等教育发展形成的共识之一，就是要着力教育创新。教育创新共识的形成，是以对时代发展的新特点的理解为基础的，以对当今世界和我国教育发展的新趋势的分析为背景的，以实现中华民族的伟大复兴和社会主义教育事业发展的历史任务为目标的，它深刻地反映了高等教育确立“以人为本”新理念的必然要求。

教育创新的首要之义就在于，教育要与经济社会发展的实际相结合，要与我国社会主义现代化建设对各类高层次人才培养的需要相适应，努力造就具有创造精神和实践能力的全面发展的人才。为了达到教育创新的这些要求，高等教育不仅要实行教育理论和理念的创新，而且还要深化教育教学改革，着力提高教育教学质量和水平。特别要注重学科与专业设置的调整和完善，形成有利于先进科学技术发展和提高国民经济发展水平的学科专业和教学内容；要注重人才培养结构的优化，形成既能适应现代化建设对各级各类高层次人才的需求，又能体现和反映高校优秀的办学特色、办学风格和办学传统的人才培养模式。教育教学创新的这些措施，必然提出怎样对传统意义上的以“学科”、“专业”为主体的教育教学结构进行整合，并使之与现代社会发展要求相适应的“通识”教育相兼容和相结合的重大问题。

高等教育人才培养模式中的“专”、“通”关系问题，并不是现在才提出来的。至于与“专业”教育相对应的“通识”教育的思想，出现得更早些。在亚里士多德那里，就有与“自由”教育相联系的“通识”教育的思想。这里所讲的“通识”教育，通常是指对学生普遍进行的共通的文化教育，使学生具有一定广度的知识和技能，使学生的人格与学识、理智与情感、身体与心理等各方面得到自由、和谐和全面的发展。

世界高等教育的发展曾经经历过时以“通识”教育为主、时以“专业”教育为主，或者两者并举、并立的发展时期。从高等教育发展历史来看，早期的高等教育似倚重于“通识”教育。随着经济、科技和社会分工的不断发展和进步，高等教育也相应地细分为不同学科、专业，分别培养不同领域的专业人才，“专业”教育的比重不断增大。20世纪中叶以来，经济的迅猛发展、科技的飞速进步、知识的不断交叉融合，使学科之间更新频率加快，高度分化和高度综合并存，“专才”与“通识”的需求同在。但是在总体上，“通识”似更多地受到重视。这是因为，新时代高等教育培养的人才，应该具有很强的应变能力和适应能力，应该具有更为宽厚的知识基础和相当广博的知识层面，应该具有更强的信息获取能力和多方面的交流能力。显然，仅仅依靠知识领域过窄的专业教育，是难以培养出这样的人才的。

我国大学本科教育专业一度划分过细，学生知识结构单一，素质教育薄弱，人才的社会适应能力多有不足。随着国家经济体制改革的深入、产业结构调整步伐的加快和国民经济的飞速发展，国家和社会对人才需求的类型和结构发生了急剧变化，对人才的规格和质量的要求也不断提高，划分过细的专业教育易于造成人才供给的结构性短缺。经济全球化发展和我国加入 WTO，对我国高等教育人才培养提出了更为严峻的课题，继续走划分过窄、过细的专业教育之路，就可能出现一方面人才短缺、另一方面就业困难的严峻局面，将严重阻碍我国经济社会的发展，也将使我国高等教育陷入困境。我国教育界的有识之士和国家教育主管部门，已经深切地认识到这种严峻的形势。教育部前几年就在多方征求意见的基础上，推出了经大幅度修订的新的本科专业目录，使本科专业种类调整得更为宽泛些。各高等学校也在进一步加大教学改革力度，研究和修订教学计划，改革教学内容，努力使专业壁垒渐趋弱化，基础知识教育得到强化。这些都将有利于学生拓宽知识面，涉猎不同学科和专业领域，增强适应能力，全面提高综合素质。

在高等教育"通"、"专"关系的处理上，教育创新提供了解决问题的根本方法。通过教育创新，一方面能构筑高水平的通识教育的平台；另一方面也能增强专业教育的适应性，目的就是做好"因材施教"，实现"学以致用"。在这一过程中，除了要解决好选人制度即招生制度创新和教师队伍建设创新外，还要注重教学内容、教学方式和方法，以及教材建设等方面的创新。

近些年来，武汉大学出版社经过精心组织与策划，奉献给广大读者的这套通识教育系列教材，力图向大学生展示不同学科领域的普遍知识及新成果、新趋势或新信息，为大学生提供感受和理解不同学术领域和文化层面的基本知识、思想精髓、研究方法和理论体系，为大学生日后的长远学习提供广阔的视野。我们殷切地希望能有更多更好的通识教材面世，不仅要授学生以知识、强学生之能力，更要树学生之崇高理想、育学生之创新精神、立学生之民族振兴志向！

顾海良，原武汉大学校长

第三版前言

第二版推出已经 8 年多了，与本书同名的通识课程自 1995 年在武汉大学开设以来，影响力越来越大，得到了学校和学生的充分肯定，教学效果非常好，近 20 年来选修本课程的学生人数已超过 28 000 人，作为理工类选修课取得这样的成绩实属不易。2010 年由武汉大学学生会主办的第五届“尊师爱学”——我最喜爱的十佳优秀教师活动，作者被评选为武汉大学十佳优秀教师。此次评选活动完全由学生投票选举产生，代表了学生对教师的最高评价。

2013 年作者获得了武汉大学杰出教育贡献校长奖，颁奖词写道：他在三十年的教学生涯中，勤勤恳恳，教书育人，近三年的教学工作量约为 1 800 学时。无论是通识课还是专业课，强调学生参与互动和自主学习，授课达到很好的效果。十多年来他独自一人开设的天文学课程“宇宙新概念”成为武汉大学理工科类通识课最受学生欢迎的课程，也是武汉大学最有影响力的公共课程之一。

2014 年 5 月，作者所授课程“宇宙新概念”入选教育部大学素质教育精品通选课。

随着时间的推移，书本中有些内容需要作适当的修改，一些新的内容和研究成果要作相应添加，学生教学用书的需求也是本书再版的原因。

根据读者和同学们的反馈意见，他们对宇宙探索的方方面面和中国的相关研究非常感兴趣，故在修订原有章节内容基础上，第三版比第二版增加了两章，即《第 9 章 宇宙探索》和《第 10 章 我国天文学和空间研究概况》，特别是第 10 章，对中国的天文学和空间研究作了适当的介绍，可激发学生的爱国热情。

书中若有不当之处，敬请批评指正。

作 者

2014 年 6 月

再 版 序

为了进一步深化教育教学改革，拓宽学生的知识基础，培养全面发展的高素质人才，武汉大学于2004年2月决定在原公共选修课程基础上，规划和设计通识教育指导选修课程。

21世纪高等教育所培养的人才，不仅应受到专业的学术训练，而且要形成和谐健全的人格，这是和谐社会的建立所面临的很重要的任务。大学教育应给予学生充分的选择机会，让他们接触不同的事物，使他们能对不同的学科、文化和不同的思维模式保持高度的兴趣和尊重，同时增进对自身、社会、自然及其相互关系的了解，使其能对自己未来的生活做出明智的选择。

通识教育指导选修课的目的在于向学生展示不同学科领域的各门知识及在这些领域内探索的形式，引导学生获得多种不同分析方法，了解这些方法如何运用以及它们的价值所在，强调的是能力、方法和性情的培养。

通识教育指导选修课的设置力图向学生介绍大学本科教育所不可或缺的知识领域中获得知识的主要方法，让学生剖析不同学术领域和文化的研究层面、研究方法和思想体系，从而为资质、能力和经验各异的大学生提供日后长远学习和工作所必需的方法和眼界。

通识课教学内容重在启发思想，掌握方法，培养学生发现问题、分析问题和解决问题的能力，而非灌输知识的细节。课程内容应尽可能地反映学科新成果、新趋势、新信息。

值得一提的是，通识课程所探讨的问题应适合全体学生学习，而不必预先修习系统的专业知识。

2004年5月，“宇宙新概念”课程被正式确定为武汉大学通识教育指导选修课程。

根据《武汉大学通识教育指导选修课程实施意见》的规定，将对第一版《宇宙新概念》的内容作必要的修正、补充：增加了最近几年天文学研究最新进展的内容，新增了第7章地外生命，将霍金的宇宙观单独作为第8章来讨论，并对天文学发展史作了一个简单的附录，以便读者对天文学发展和进步的过程一目了然。

“宇宙新概念”课程网站已经制作完毕，有兴趣的读者可进入武汉大学教务部通识课程或精品课程网站查看。

在本书的再版过程中，得到武汉大学教务部和武汉大学出版社的大力支持与帮助，得到金燕老师的鼎力相助，完成了大量资料收集与整理工作。另外，本书再版过程中还参考了国内外有关著作和论文，吸收了其中的部分观点，在此一并表示衷心的感谢。

作 者

2006年4月

前　言

宇宙是如何起源的，又是如何演化、发展、灭亡的？自古以来一直是人类最感兴趣和不断探索的问题。关于宇宙的问题，历史上曾出现过各种神话故事，但作为一门科学，应该建立在严格的理论和实验基础上。宇宙学无论在科学上还是在哲学上都是一个探索中的问题，并没有现成的确切答案，所以科学的态度对认识宇宙尤为重要。

从柏拉图、亚里士多德的地心说，到哥白尼的日心说，从牛顿的万有引力理论到爱因斯坦的广义相对论，人类就是这样一步一步地来认识自然规律的。

人类是从认识太阳、月亮、太阳系中的行星开始认识宇宙的。很长一段时间，宇宙被认为是空间上无边无际、时间上无头无尾的物质的总和。随着科学技术的发展，人类已经观察到宇宙的边缘，这是距地球约 100 多亿光年的类星体。一些天文观测事实和理论研究使人们相信宇宙产生于爆炸的一瞬间，所以宇宙的概念发生了根本的变化。不仅如此，人们还能了解距地球十分遥远的恒星的物理状态。人们的足迹开始涉及其他星球。天文学的研究需要人们认识自然的最新知识，需要最先进的技术，而且天文学永远是人类认识自然的最前沿的科学。但是天文学又是最古老的科学，它几乎是伴随人类同时产生的，现代天体和宇宙所有的新概念都经历了漫长的发展，所以现代天文学是建立在人类不断追求和摸索的基础之上的。

远古时代关于宇宙的神话传说可称为人类认识宇宙的启蒙时期。人类的祖先发展到从事农牧生产的时候，就逐渐意识到日月运行、昼夜交替、寒来暑往这些天象变化与他们的生活有着极为密切的联系。历法的制定就是因为生产的需要，这是人类研究宇宙的第一章，是认识宇宙的开端。与此同时，他们对变化多端又遵循规律的天象赞叹、恐惧、信服和崇敬，于是产生了对控制自然力量的崇拜，从而有了神话和宗教的出现。世界各民族都有它自已的关于开创宇宙的神话，在这些神话中都能找到主宰宇宙各种天象的神。随着生产的发展、社会的变革、科学的不断进步，人类征服自然、支配自然的能力日益增长，人类放弃了宇宙是由神来支配的想法，开始了试图用科学的方法来解释宇宙的尝试……

天文学是自然科学中最基本的科学。天文学虽然是一门最古老的科学，但又永远是最前沿的科学。所有的学科中，天文学与哲学的关系最为密切，两者互相依存、互相促进：一方面，哲学是一门研究世界观的学问，世界观就是宇宙观，它在阐明关于宇宙的最根本观点——宇宙是精神的还是物质的，宇宙是静止的还是运动的时，离不开天文学为之提供的科学证据；另一方面，天文学在研究它的一些重大理论问题时，离不开哲学的指导，要精确地描绘宇宙、宇宙的发展、人类的发展，以及这种发展在人们头脑中的反映，就必须用辩证唯物主义的方法，使我们的理论不偏离科学的轨道。作为一门基础科学，天文学的任何进步都对人类社会有重要的积极意义。

现代天文学的研究还可以启发人们去思考、探索与人类的现在和将来息息相关的各种应用技术。如对太阳发光及能量来源机制的研究，获得了核聚变理论。宇宙中还有更多比聚变能量更高的天体存在，这就向人们提出了存在新的更有效的能源转换规律的可能性。这对地球上深受能源问题困扰的人类，难道不是一个福音吗？目前，天文学给出的更多的是问题，而非答案。如，黑洞真的存在吗？宇宙中除地球以外其他地方有生命吗？有比人类更高级的生命吗？还有新的物质、能量形式存在吗？一旦这些问题得到解决，必将引起自然科学的重大变革。

我们知道，文化素质教育是大学生素质教育的重要内容之一，提高大学生文化素质不仅是高等学校人才培养的基本要求，同时也是现阶段提高我国高等教育竞争力的迫切需要。素质教育不仅包括人文科学、艺术类的教育，而且包括自然科学技术的方方面面。

对非天文学专业的学生进行天文学的教学，在国外大学比较普遍，在国内大学却并不多见，有的学校在自然辩证法的教学中加进了天文学的内容，但往往未能反映最新的研究成果，且内容不够系统。

据我们现在所掌握的资料，武汉大学把天文学作为素质教育的内容在国内大学教学中尚属首次。"宇宙新概念"正是武汉大学每学期向全校所有本科生开设的天文学方面的公共选修课。1995 年以来，选修过该课程的学生已达 6 500 人以上，是理工类公共选修课中最受欢迎的课程之一。1999 年该课程被首批列入武汉大学重点建设课程名录。

本课程的学习，对学生正确理解马克思主义哲学的核心，掌握自然辩证法的本质有极其重要的参考作用。学习这门课程，对提高学生的科学文化素质，提高辨别是非的能力，反对邪教，都有着极为重要的意义。

"宇宙新概念"作为一门公共选修课，总的授课时间为 36 学时，因此它不可能涉及深奥的数学运算，但对每个概念及其物理意义，需用最简洁易懂的语言加以概括和总结，这样才能做到形象生动。作为一门全校性公共选修课，面对文、理、工、医各年级学生，对其内容的选取必须考虑到授课对象的特点。天文学的范围太广了，我们当然不可能深入地讲解天文学的各个细节，而且这也不符合公共课的目的。我们希望以天体物理为主要内容，系统地介绍天文学的主要概念。20 世纪 60 年代天文学的四大发现改变了人类对宇宙的看法，也有必要介绍这些重要发现。刚刚闭幕的第 24 届国际数学家大会，请到了科学伟人、天体物理学家史蒂芬·霍金作专题报告，表明了中国政府对天文学的关注和重视。霍金教授被认为是 20 世纪仅次于爱因斯坦的杰出科学家，他关于宇宙起源和演化的理论有必要向学生作一个简单介绍。

不断收集整理天文学研究的最新成果，不断补充和更新教学内容，不断采用先进的教学手段和方法，才能使这门课的教学更生动，效果更显著，从而达到提高大学生文化素质的目的。对复合型人才来说，必须具备广阔的知识面，而不应局限于某个狭窄的专业里。

基于上述原因，我们在试用 7 年的自编教材——《宇宙新概念》、《天文学导论》的基础上，经过进一步修订、补充，编写成一部新的公共选修课教材——《宇宙新概念》公开出版。

在大学生中开设天文学方面的课程，本身就是一件开创性的工作，需多方协作才能不断完善。空间探测技术的发展，人们对宇宙的认识越来越深入，几乎每天都有新的观测结果、新的观点看法问世。网上、报纸杂志上也不乏这方面的最新报道。如何及时收集这些信息，分门别类、归纳总结，并将这些成果融合到教学中去，其工作量是非常巨大的。然而只有做到了这一点，才能真正体现“宇宙新概念”这门课中的“新”字。

作者 1983 年毕业于南京大学天文系天体物理专业，现为武汉大学空间物理专业在职博士，武汉大学电子信息学院副教授，受过天文学方面系统而良好的教育，基础扎实，不仅使这门课取得了良好的教学效果，而且使教材的编写相得益彰。

如果有校内的同事、兄弟院校同仁曾做过这方面的工作，或有兴趣做这项工作，我们不妨多多联系，共同提高。

书中若有不当之处，欢迎批评指正。

作　者

2003 年 4 月

目　录

第 1 章 绪 论

1.1 天文学研究的对象、方法和意义

天文学是自然界最基本的科学。俗话说：上知天文、下知地理。这是对个人知识渊博的一种赞美。

1.1.1 天文学研究的对象

早期天文学研究的对象主要是天体，而现代宇宙学则包括观测所及的时间、空间和物质的总和，以及宇宙的结构和发展的学科。对某个具体的天体而言，它的位置、分布、运动、结构、物理状态（如温度、压力、体积等）、化学组成和演化规律等都是要研究的内容。天体的结构可分为三个层次，即太阳系、银河系和总星系。这三个层次一个高于一个，太阳系包含在银河系内，总星系又包含了银河系和其他河外星系。

1.1.2 天文学研究的方法

天文学主要通过观测天体发射到地球的辐射，发现并测量它们的位置，探索它们的运动规律，研究它们的物理性质、化学组成、内部结构、能量来源及其演化规律。

由于天体的空间尺度和时间过程、能量形式和能量绝对值等远远超出了地球实验室所能提供的条件，所以天文学的研究方法和手段也应有别于现有其他学科的研究方法和手段。大家知道，对一个宏观物体，如车辆的运动，应用牛顿力学就绰绰有余了；对一个微观客体，如电子、原子的运动，就应该用量子力学的理论来研究；对一个天体，我们称之为宇观问题，如星系的运动，显然上述牛顿力学和量子力学都失去了意义，而应采用相对论力学。

天文学的研究方法包括经验方法和理论方法两种。前者以尽可能多地获取宇宙信息为依据，后者以从理论上解释上述宇宙信息的含义为目的。单纯的理论分析很难确定宇宙、天体新的本质和特殊的属性，往往要通过观察才能发现这些属性。因此，天文学的理论和模型应当建立在不断地概括总结经验材料的基础上。另外，观测所获得的大量原始资料，只有通过理论分析才能在新的天文学理论中发挥作用。

经验方法又分为以下两种。

(1) 观测方法：主要借助于光学望远镜和射电望远镜来获取宇宙的信息。

（2）实验方法：它是观测手段发展到高级阶段的产物，如人造卫星、登月飞船、航天飞机、空间探测器、太空望远镜、空间站等都是人类用于探测宇宙的实验手段。

理论方法主要是指利用数学、力学、物理学和其他学科的成果，通过理论推理而得到有关天体的科学结论的一种综合分析方法。

1.1.3 天文学三大分支

按照研究方法，天文学大体可分为三个重要分支：天体测量学、天体力学和天体物理学。

（1）天体测量学：研究和测定天体的位置和运动，建立基本参考坐标，确定地面点的坐标，测量时间等。

（2）天体力学：研究天体的力学运动和形状。由于多体问题的力学求解非常困难，所以天体力学主要考虑太阳系的天体运动。例如用摄动理论和数值方法编算天文年历。

（3）天体物理学：应用物理学的技术、原理和理论，研究天体的形态、结构、化学组成、物理状态和演化规律等。它的次级学科很多，按照所研究的对象可分为太阳物理学、太阳系物理学、恒星物理学、恒星天文学、星系天文学、宇宙学、宇宙化学、X射线天文学、中微子天文学；根据其观测手段又可分为射电天文学、空间天文学和高能天体物理学；从研究方法上又可分为实测天体物理学和理论天体物理学。

本书所涉及的内容基本上属于天体物理学的范畴。

1.1.4 天文学研究的意义

作为一门基础自然科学，天文学的任何进步都对人类社会具有重要的积极意义。直到今天，精确的时间和历法仍然是按照太阳系和恒星的运动确定的。国家授时中心（原陕西天文台）的主要工作就是测时：应用测时仪器观测选定的恒星，获得准确的时刻；守时：用守时工具，如天文钟、原子钟等，计量时间；授时：利用无线电波发布时间信号。大家熟知的北京时间其实是由原陕西天文台发布的。

最近几十年，各种人造卫星和空间探测器频频进入太空，对它们运动轨道的控制离不开天体力学的精密计算。而对太阳物理现象（如黑子、耀斑）的研究将直接影响到地面导航、通信等。

现代天文学的研究还可启发人们去思考、探索与人类的现在和未来息息相关的各种应用技术。如通过对太阳能量来源机制的研究，获得了核聚变理论。尽管人类尚未完全掌握受控核聚变技术，但利用核裂变产生能量的核电站已遍布全球。宇宙中还有很多比核聚变能量更高的产能形式存在于天体中，尽管这些形式至今尚未完全弄清，但这已给人类提出了存在新的更有效能量转换形式的可能性。

而对在校大学生介绍科学的宇宙观和方法论，对提高学生的科学文化素质、提高辨别是非的能力、反对邪教的危害等有着极为重要的意义。

浩瀚的宇宙展现了无比的壮丽，同时也展现了无穷的神秘。自从有了人类就开始了对宇宙的观察和思考。但到目前为止，并没有一种理论能够揭示所有的宇宙奥秘，就连宇宙是如何起源的这一似乎再简单不过的问题，其理论也正在不断争论、发展之中。是

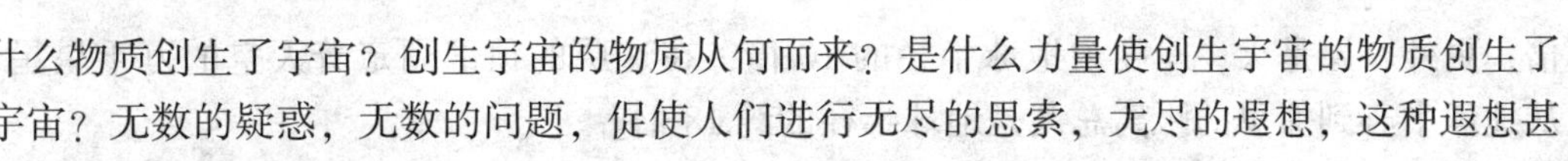

什么物质创生了宇宙？创生宇宙的物质从何而来？是什么力量使创生宇宙的物质创生了宇宙？无数的疑惑，无数的问题，促使人们进行无尽的思索，无尽的遐想，这种遐想甚至超越了常人思维的极限……

对宇宙问题的研究越深入，带来的问题就越多。一旦这些问题得以解决，必将引起自然科学的重大突破。

1.2 现代天文学的起源及发展简述

人类是从认识太阳、月亮、太阳系中的行星开始认识宇宙的。很长一段时间以来，宇宙被认为是空间上无边无际、时间上无头无尾的物质的总和。随着科学技术的发展，人类已经观察到宇宙的边缘，这是距地球约 100 多亿光年的类星体。一些天文观测事实和理论研究使人们相信宇宙产生于大爆炸的一瞬间，这就使时间空间上无限的宇宙观发生了根本的变化。不仅如此，人们还能了解距地球十分遥远的恒星的物理状态，并已向太阳系中的某些天体发射了空间探测器。这一切表明，天文学是人类认识自然的最前沿的科学，天文学的研究需要用到人类最新的知识、最先进的技术。但是，天文学又是最古老的科学，它几乎是伴随着人类同时产生的，有关现代天体和宇宙的所有新概念都是建立在人类不断追求和摸索的基础之上的。

远古时代关于宇宙的神话传说可称为宇宙学的启蒙时期。人类的祖先发展到从事农牧生产的时候，逐渐意识到日月运行、昼夜交替、寒来暑往这些天象变化与他们的生活有极为密切的联系，这就导致了历法的产生。历法的制定是人类认识宇宙的开端。

与此同时，远古人类对变化多端但又遵循规律的天象由赞叹、恐惧，到信服、崇敬，随之产生了对控制自然力量的崇拜，从而有了神话和宗教的出现。世界各个民族都有自己关于开创宇宙的神话，在这些神话中都能找到主宰宇宙各种天象的神。随着生产的发展、社会的变革、科学的进步，人类征服自然、改造自然的能力日益增长，人类放弃了宇宙由神来支配的想法，开始了试图用科学的方法来解释宇宙的尝试。

公元前 4 世纪，赫拉克利德创立了地球每天绕轴转动的学说，并认为金星和水星运行轨道的中心是太阳而不是地球。较赫拉克利德稍后的一位哲学家亚利斯塔克甚至正确地推断出地球自转而分昼夜，地球绕日运转成岁。这个理论和哥白尼的理论很接近，所以人们称他为古代哥白尼。

1.2.1 地心说

虽然在古希腊已经有了“日心说”的雏形，但许多哲学家仍然相信宇宙本身包着一个球形外壳，地球居中。柏拉图、亚里士多德和托勒密是建立地心说体系的主要人物。

柏拉图建立了天体的运行是圆形的、宇宙外形是球形的这一宇宙结构的基本思想。柏拉图认为宇宙是以地球为中心的一层层同心球壳，地球居于同心球壳的中央不动，它的周围被水包围着，厚度是地球半径的 2 倍，水外便是空气，厚度约为地球半径的 5

倍，更外一层是火，厚度为地球半径的10倍，在这层的顶部固定着天空的万千星星，从地球中心到那里的距离总共是地球半径的约18倍。

柏拉图的弟子欧都克塞斯继承了他的老师的思想，改进了同心球的宇宙结构模型。他把日或月或者一个行星附缀在一个想象中的看不见的天球上，星体本身不能运动而随着附缀于其上的球面作匀速圆周运动。但是行星的视运动时快时慢，有顺行有逆行，一个同心球不足以解释这种现象。欧都克塞斯力图使行星的运动符合于观测结果，于是他设想有一套同心球，各自以不同的速度旋转。日、月以及每个行星都有它自己的一套同心圆球，这些圆球都是以地球为中心的。在欧都克塞斯的宇宙模型中同心球多达27个。欧都克塞斯的一个名叫喀列浦的弟子为了更详细、更精确地描述天体的运动，把同心球增加到36个。现在，我们都知道这种宇宙结构理论是错误的。然而欧都克塞斯和他以前的古希腊哲学家不同，欧都克塞斯力图用他的宇宙模型来解释观测到的天体运行情况，特别是行星的逆行，而在他以前的一些古希腊哲学家虽然能创立出接近于现代科学的观点，但这些观点的创立都是纯理性的分析，没有观测事实作为依据，也没有用创立的理论去解释观测事实。从这个意义上讲，欧都克塞斯是第一位称得上真正科学家的人。

亚里士多德是柏拉图的弟子，所以他几乎完全承袭了柏拉图宇宙结构的思想。亚里士多德在他的《形而上学》一书中把同心球增加到55个之多。他把宇宙分为八个天层，地球居于中心，向外依次为月球、水星、金星、太阳、火星、木星、土星诸天层，最外一层为恒星天层。亚里士多德认为一个物体的运动需要另一物体和它直接接触来推动它，所以有第一推动者推动了天上最外层的球壳，以便把运动逐次传递到日月五星上去，这个第一推动者就是宗教中的上帝。亚里士多德在宇宙理论上也有过积极的贡献：他以最简单而明确的方式证明地球为球形。他说月食时可以在月亮上看到地球的影子的一部分或全部，而影子的形状是圆周的一部分或整个圆。亚里士多德是第一个认真计算地球周长的人，虽然他计算出的地球周长比实际周长长了85%。

托勒密是著名的天文学家、地球学家和数学家，他所发表的地心宇宙体系（托勒密体系）在天文学中占统治地位达1 300年之久。托勒密在天文学上的研究成果主要体现在他所撰写的长达13卷的巨著《天文学大成》中。托勒密认为地球是宇宙的中心，天体运动可以用一些假想的、称为均轮和本轮的匀速圆周运动来解释，一颗行星P附缀在一个被称为本轮的滚圆的小圆上，此圆的中心C在一个被称为均轮的大圆上滚动。地球E处在离均轮圆心D不远的位置，但地球仍是宇宙的中心。本轮中心C并非以匀速沿均轮的圆周滚动，而是以联结C与Q（E对D的对称点）的直线在等时间内转过相等角度的速度旋转，行星沿着本轮进行圆周运动，如图1-1所示。由于行星实际上沿椭圆轨道绕日公转，行星运动轨迹测得越精确，托勒密体系中的均轮和本轮就越复杂，而且计算越繁琐。托勒密系统的思想和亚里士多德系统的思想实质上没有什么不同，它没有触动地心说和圆周运动的本质，但是确实解释了所观测到的行星的运动，尽管到最后托勒密系统复杂得一般人无法理解。欧洲的奴隶社会解体以后，封建社会持续了一千年之久。中世纪欧洲封建社会是一个政教合一的社会，所以宗教的神学思想成了统治思想。这种思想主张精神第一，上帝万能，并且强烈反对科学，托勒密的地心宇宙观就成

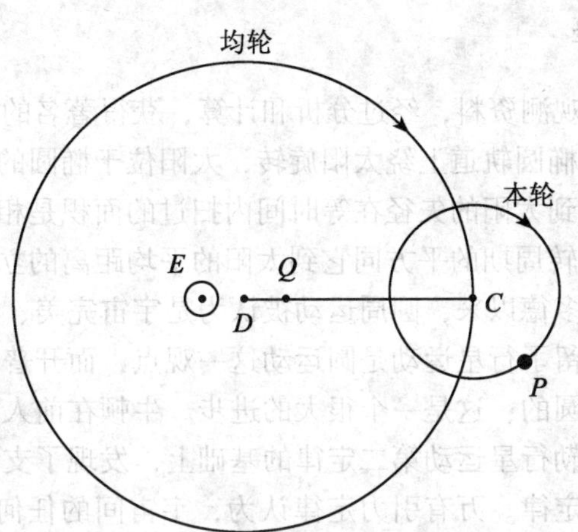

图 1-1 托勒密地心说简图

了神学思想的有力工具，也成了神圣不可动摇的偶像。因此托勒密的宇宙观得以持续了 1 300 余年。一个错误的思想居然统治了这么长的时间，这在人类历史上是绝无仅有的。

1.2.2 日心说

14 世纪末，随着工农业新技术的出现，欧洲工商业得以逐渐发展，资本主义萌芽的出现动摇了欧洲的封建社会，也动摇了封建社会的思想基础。哥白尼是一位向封建势力挑战的伟人，他认为太阳是宇宙的中心，地球绕自转轴自转，并同五大行星一起绕太阳公转，只有月球绕地球运转，并且行星和月球都是作匀速圆周运动。这个模型类似现在的太阳系模型，这比托勒密的模型简单得多，但却能非常成功地解释天体的各种运动现象。哥白尼的不朽名著《天体运行论》直到他弥留之际才得以出版。其实哥白尼的思想在 1510—1514 年就完成了，当时他撰写的一份手稿完整地表达了日心说，但是因为知道日心说和宗教教义格格不人，所以迟迟没有下决心出版自己的著作。

意大利哲学家布鲁诺不仅是哥白尼日心说的坚定支持者，而且发展了日心说。他认为每一颗发光的星体都是一个世界，星星数不清，世界也数不清，因此，他得出宇宙是无限的这个结论。哥白尼的日心说还承认宇宙是有中心的，这多少给宗教神学留了一点面子。而布鲁诺说，宇宙实际上连中心也没有，当然上帝就没有立足之地了，所以罗马教廷把布鲁诺活活地烧死在罗马的鲜花广场。

伽利略用无可辩驳的事实证明宇宙是无限的。伽利略用自制的望远镜来观察宇宙，使得人类的视野极大地扩展了。伽利略不仅发现了太阳的黑子，木星的 4 颗卫星，而且还发现银河是由亿万颗星星组成的。显然，伽利略的观测事实比布鲁诺的理论观点影响要大得多，因此伽利略遭到教廷的残酷迫害，1616 年和 1635 年两次被宗教裁判所审讯，并被命令焚毁自己的著作，遭终身禁闭。直到 1983 年罗马教廷才解除对伽利略终身禁闭的判决，承认过去的判决是错误的。

1.2.3 近代天文学

开普勒依据大量的观测资料，经过分析和计算，获得著名的行星运动三定律：

（1）所有行星都在椭圆轨道上绕太阳旋转，太阳位于椭圆的一个焦点。

（2）连接任何行星到太阳的矢径在等时间内扫过的面积是相等的。

（3）行星绕太阳公转周期的平方同它到太阳的平均距离的立方成正比。

从柏拉图、亚里士多德以来，圆周运动被认为是宇宙完美、神圣的运动形式。在哥白尼的日心说中仍然保留了行星运动是圆运动这一观点，而开普勒依据观测事实进而分析认为行星的轨道是椭圆的，这是一个很大的进步。牛顿在前人研究成果和观测事实的基础上，特别是在开普勒行星运动第二定律的基础上，发现了支配月球和太阳系中各行星运动规律的万有引力定律。万有引力定律认为，宇宙间的任何物体都是相互吸引的，吸引力的强弱和物体的质量成正比，与两个物体的距离成反比。这是人类第一次用严格的数学语言准确地描述天体的运动。彗星最初被认为是一种奇怪的天象，后来人们认为它应该是一个天体，但却都不能解释它的出现和消失。牛顿认为彗星和一般行星的运动规律没有区别，它的轨道也是一椭圆，只是椭圆的偏心率很大，所以运动周期很长。

一些天文学的观测事实奠定了牛顿力学在天文学和自然科学中的地位。英国天文学家赫歇耳于1781年用自制的望远镜发现了天王星。但是1830年，人们发现天王星的运动有15″的误差。一些天文学家推测，在天王星的轨道之外可能还有未知的行星在影响天王星的运动。英国天文学家亚当斯于1845年、法国天文学家勒威耶于1846年相继独立进行推算，并精确地预报了这颗行星的位置。果然，人们在1846年9月23日发现了这颗行星，并将它命名为海王星。海王星的发现被看成是行星运动理论精确性的一个范例，由此奠定了牛顿力学在自然科学中的地位。

到17世纪为止，天文学的主要任务是测定天体的位置和运动情况。1609年伽利略用自制的望远镜看到了太阳的黑子。通过长期的观测，人类逐渐认识了银河系的结构，但是直到19世纪照相术和光谱学的引入，人类才开始深入研究恒星和星云的亮度、温度和化学成分。

1.2.4 现代天文学

19世纪以前，天文学家研究天体主要是依靠天体力学，研究的工具是光学望远镜。到19世纪，由于照相术和光谱学的引进，使以测定恒星和星云的亮度、温度、化学性质为内容的物理研究成为可能。随之而来的是对恒星和星云的结构进行理论分析。20世纪量子论、相对论和其他物理分支的发展也促进了天体物理学的兴起和发展。现在，天文学空前繁荣，人们发现了如类星体、脉冲星这些前所未知的天体，解决诸如宇宙、化学元素、地球和生命起源这一类基本问题的可能性也已出现。

人类了解自然奥秘的好奇心是永存的，所以对宇宙的了解必然会不断地深入，面临的困难必然会不断地被克服。

早期的天文学是从确定天体的位置和运动开始的，属于前面所说的天体力学部分。由于当时观测的不准确，概念也存在很多错误，所以那个时期的天文学研究既不能正确描述天体的运动也不能准确观测天体的运动，这是缺乏科学的动力学概念的必然结果。自从牛顿发现了万有引力和三大运动定律后，天体力学才真正成为一门科学并由此得到飞速发展。牛顿天体力学的特点在于用数学分析方法解运动方程，把天体位置表示为时间的“显函数”，然而这种方法只能适用于最简单的问题。为了解决复杂的问题，人们又发展了许多数学的方法，有些方法相当深奥，天体力学实际上成了数学问题。电子计算机的使用使得天体力学发展到一个新的阶段，它使人们能用“实验方法”来判断行星或卫星轨道的稳定性，即在什么条件下轨道是周期性的，在什么条件下体系会瓦解。

只有两个天体组成的系统称为**二体问题**，利用牛顿万有引力定律很容易求出它们的轨道，这些轨道是二次曲线，它们是椭圆、抛物线和双曲线。由三个天体组成的系统称为**三体问题**，虽然我们想象不出它的复杂性，但是目前尚未找到严格的解析解。也就是说，要确定地球、月球和其他行星的轨道实在是一件非常困难的事。天体力学还面临这样一个问题：既然现在人们知道的行星的轨道都不是严格的数学解，那么这些轨道是不是稳定的？也就是说，行星的轨道永远不变吗？如果地球的轨道不稳定，那么它的任何微小的变化都是灾难性的。很遗憾的是，这个关系地球命运的问题至今没有圆满解决。人们似乎并不担心什么时候能彻底解决这个问题，因为这种灾难发生的可能性实在太小了。现在，人们利用现代数学和计算机能够计算比三体多得多的数百个天体系统的运动问题。对于太阳系，用这种方法已经计算出行星在数千年内的星历表，在这个期间，所有行星的轨道没有丝毫变化。

20 世纪，量子论、相对论的创立和发展以及观测技术的发展促进了天文学的不断发展。目前，人类的宇宙观已经完全不同于牛顿时代的宇宙观。依据新的物理观点，人们认识了恒星内部发生的过程，认识了恒星演化过程；用新的观测技术，人们看到几乎处于宇宙边缘的星体，从理论上开始认识宇宙的起源和宇宙的演化。随着对宇宙的深入了解，人类几乎同时也认识到所面临的问题和困难。这些问题和困难既有理论上的，也有技术上的。迄今为止，人类所掌握的理论还不能完全解释观测到的事实，人类的活动主要还是限制在地球和地球的周围。

天体物理学与原子物理、分子物理、热力学、光谱学、等离子体物理、固态物理和其他物理领域有紧密联系。下面列出的都是天体物理涉及的主要内容。

恒星物理学是研究恒星的物理状态和化学成分的一个分支，它们是根据拍摄的恒星光谱来决定恒星表面的物理状态和化学成分的。恒星内部结构的研究全靠理论分析，通过建立各种理论模型来研究恒星内部的物态、温度、压力分布以及产能和输能方式，最后确定各类恒星的演化地位。

星系物理的研究对象有两个：一是确认星际物质，二是研究星系的结构和演化。星系是由恒星、气体和尘埃构成的庞大系统。按其结构可分为旋涡星系、椭圆星系和不规则星系。银河系属于旋涡星系。关于银河系和星系的知识均来自对恒星的光学观测、对星际气体与尘埃进行的研究，以及用 21 厘米氢线对气体所做的射电观测或用其他波段对超新星遗迹和射电源所做的射电观测。

自从广义相对论问世以及河外星系红移被发现以后，宇宙学的研究发展到一个新的阶段。基于理论和观测，天文学家致力于建立各种宇宙模型，其中以宇宙大爆炸模型最为著名。

随着类星体和脉冲星等高能量辐射天体被相继发现，导致了高能天体物理学的诞生，它包括X射线天文学、γ射线天文学和红外天文学。

从研究天体的运动规律到研究天体的化学成分和物理性质，研究的对象从太阳系扩大到几乎是宇宙边缘的类星体，这是由于人们从天体观测中获得了更多的信息。当然这也是因为科学技术的发展使得人类能获得更多的信息，以及人类对自然规律认识的深入从而能正确地分析所获得的信息。

1.3　时间和历法

天文学是所有自然科学中最为古老的学科。自从有了人类，他们不用凭借任何工具就能感受到太阳、地球和月亮的运动。通过经验获得有关时间的概念就是人类研究天文学的最初成果。

1.3.1　天球

地球自转使得人们看到太阳、月亮、行星以及所有的恒星每日从东方升起，从西方落下。这种因地球自转而被人们感觉到的天体的运动称为**周日视运动**。图1-2是为了描述天体的运动而引进的**天球**。天球是以观测者为球心，以无限大半径画的一个大球，所有的天体都镶嵌在天球上，在天球上的天体是无法确定它的远近的。周日视运动是地球自转引起的，所以天球上所有的天体都绕着一根轴自东向西旋转，这根轴称为天轴。为了便于确定天体在天空中的位置，人们把天空（也即天球）分成88个区域，每个区域叫做一个星座，即有88个星座。每个星座都有名字，如狮子座、大熊座、天鹅座等。

图1-2中O点是观测者的位置。虽然图中以O为球心的球的半径是有限的，但是应该把这个半径想象得无限大，球面能包括所有人们所能观测到的天体。PP'是天轴，如

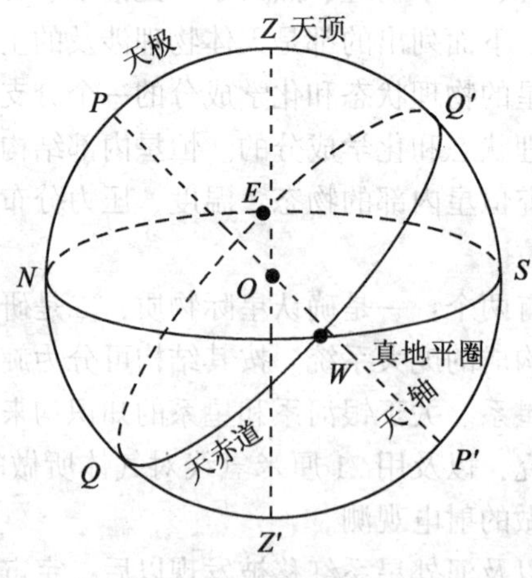

图1-2　天球

果有一颗恒星正好位于 P 点，这颗星就应该在天球上永远不动，所有的天体都环绕这颗星作周日视运动。小熊座内有一颗星最接近 P 点，这颗星就是我们熟知的北极星。

观测点重力作用在一个确定的方向，它指向地心。这个方向所在的直线和天球的交点称为**天顶**，记为 Z。过观测点作一个与 OZ 垂直的平面，被天球截成的一个大圆称为**真地平圈**，这个大圆所在的平面称为**真地平**。因为地球是球形的，真地平和人们日常生活中的地平面不同：真地平是数学概念中的地平，又称**数学地平**；生活中的地平称为**视地平**。

天极 P 和天顶 Z 所决定的大圆称为**天子午线（圈）**。天子午线和真地平圈有两个交点，分别是地理北点 N 和地理南点 S，如图 1-2 所示。通过观测点 O 作一个与 OP 垂直的平面，这个平面被天球所截的大圆称为**天赤道**。天赤道和真地平圈的两个交点为地理东点 E 和地理西点 W。

必须注意：天顶、真地平、天子午圈和四方点 E，S，W，N 都是由地面上某一点引出的，因此，各个观测点都有自己的天顶、真地平、天子午圈和四方点。

由观测者看来，整个天球绕着天轴 PP' 由东向西旋转，实际上这是地球由西向东自转的反映。所有镶嵌在天球上的天体随着天球一起旋转，每个天体在周日视运动中有两次通过天子午圈。在天极南方，当天体位于天子午圈时称为**上中天**；在天极北方，当天体位于天子午圈时称为**下中天**。只有在位于观测者所在的地平和含有天顶 Z 的半个空间内，天体才能被观测到，也就是位于观测者的上方的天体，人们看到的是自东方升起，从西方落下。然而真正从东方升起、西方落下的天体是位于天赤道上的天体。由于天球的半径无限大，如果把地球想象成观测者，天轴和地球的自转轴重合，地球的赤道平面和天球赤道平面重合，那么天轴 PP' 和真地平的夹角就是地理纬度，所以在不同地理纬度观测到的天体运动是不同的。

图 1-3（a）反映的是北极点所观测到的天体运动。天体是绕天轴 PP' 旋转的，所以天球赤道平面以上的天体永远绕着观测者旋转，没有日升也没有日落，此时天赤道平面和真地平重合，P 与 Z 重合。

图 1-3（b）反映的是位于地球赤道的观测者所观测到的天体的运动。所有的天球都是以垂直于地平面的方向上升、降落，观测者能看到天球上所有的天体，除了位于天北极和天南极的两颗星以外。天体在地平面以上和地平面以下的时间各为 12 小时。

图 1-3（c）反映的是处于北极和赤道之间的观测者所观测到的天体的运动。从图中可以看出，有的天体是永远看不到的，有的天体是永远不落的，从东南方向上升的天体很快就从西南方向落下，从东北方向上升的天体，在天体上运行的时间超过 12 小时以后才从西北方向落下。

1.3.2 节气

远在人们还没有认识地球环绕太阳公转的时候，人们已经认识到太阳在天球上除了每日的东升西落外，每年还要由西向东运动一周。现在人们知道这是地球环绕太阳公转的缘故。太阳每年在天球上运动的轨道称为**黄道**，黄道所在的平面称为**黄道面**，太阳的这种运动称为周年运动。图 1-4 中画的是黄道和赤道之间的关系。天龙座在黄天极附

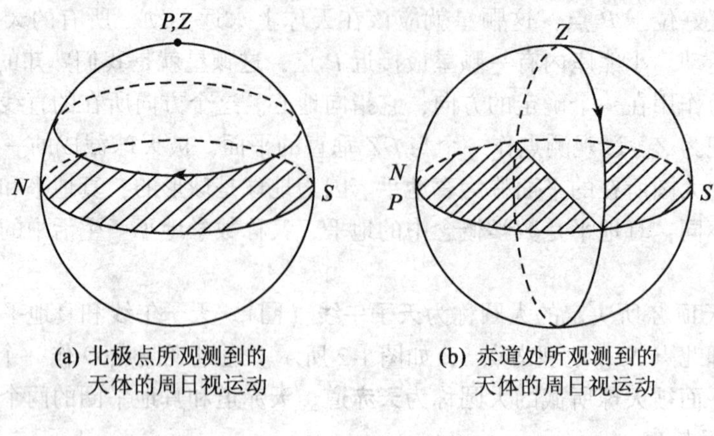

(a) 北极点所观测到的天体的周日视运动

(b) 赤道处所观测到的天体的周日视运动

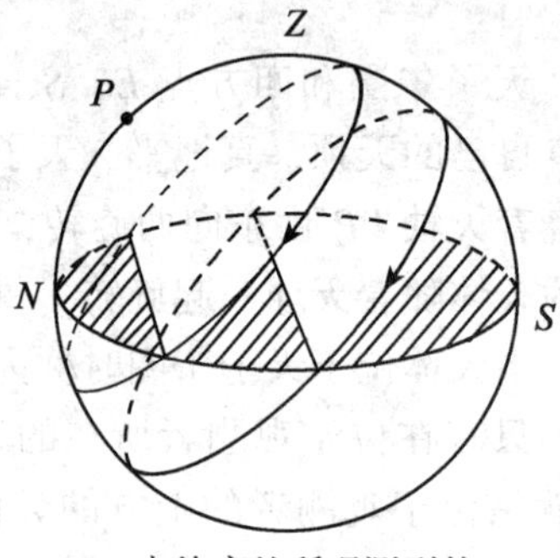

(c) 中纬度处所观测到的天体的周日视运动

图 1-3 天体的周日视运动

近，黄道平面和赤道平面的交角是 23°27′，这一角度称为黄道倾角（或称黄赤交角）。黄道和赤道的两个交点分别称为春分点（♈）和秋分点（♎）。图 1-4 确定的是黄道和赤道的相对位置。春分点是指太阳由赤道平面的下方通过这一点运动到赤道平面的上

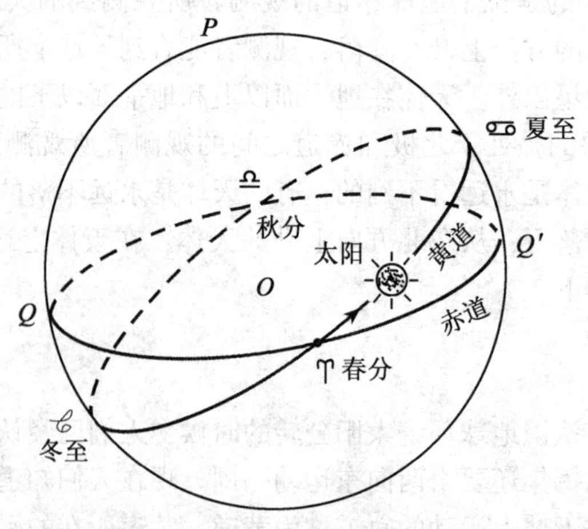

图 1-4 太阳的周年运动

方，秋分点是指太阳由赤道平面的上方通过这一点运动到赤道平面的下方。

春分点在白羊座是指太阳处于春分点时的背景是白羊座，秋分点在天秤座的意义也是如此。但是在春分，地球上无法观测到白羊座。只有当太阳离开白羊座以后，例如到了天秤座，人们才能在黑夜观测到白羊座。

春分点和秋分点的中间点称为夏至点和冬至点。图 1-5 是黄道的平面图。黄道十二星座是指以春分点和秋分点为基础把黄道等分以后的点的背景星座，太阳在某一点就对应人们习惯的农历中的**节气**，如春分点对应**春分**节气，以此类推。黄道十二星座实际上是地球公转的位置，不同位置对应不同的气候，所以节气应该相对固定在公历的某一天。例如，春分是 3 月 21 日，秋分是 9 月 23 日，夏至是 6 月 22 日，冬至是 12 月 22 日。

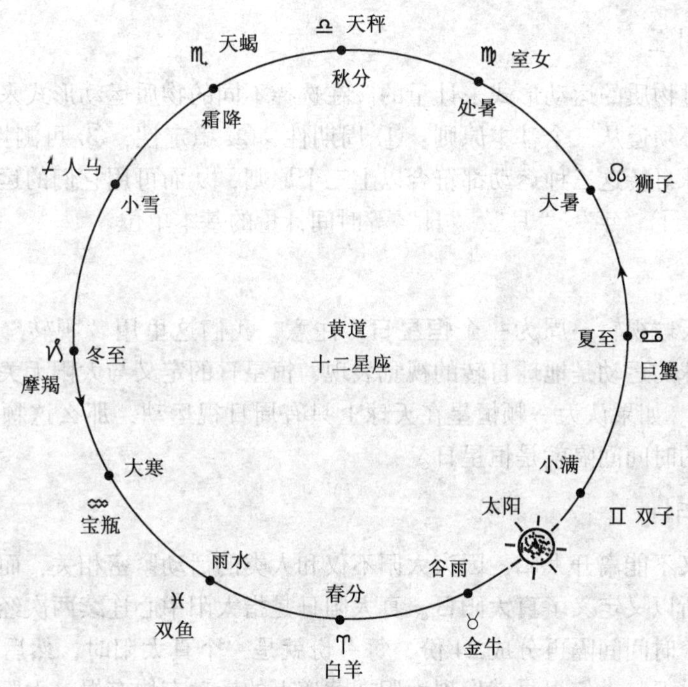

图 1-5　黄道十二星座及对应节气

根据赤道和黄道的相互位置，我们能分析认识一些基本的自然现象。对北半球的观测者而言，春分以后太阳位于赤道的上方，太阳从东偏北方升起，从西偏北方落下，白天比黑夜长。对北极的观测者而言，春分以后，太阳便不会落下，而是沿着地平线每日转一圈，它的最高位置由黄赤交角决定；秋分一过，太阳不会再升起，北极点要度过半年的黑夜。

1.3.3 时间

时间的概念最开始应该是太阳、地球和月球的相对运动在人们生活中的反映。一天应该是时间最基本的概念，“日出而作，日落而息”是最原始的生产活动所遵循的作息制度，这也是最原始的一天的概念。这个时间的定义是比较粗糙的，从科学的角度，必须有更精确的时间的定义。

1. 时间的定义

时间和空间一样，都是物质存在的一种形式，宇宙万物都在时间的长河中产生、发展、变化直至灭亡。时间可以说是无始无终、连续不断的一种客观存在。

时间包括时刻和时段两个内含。时刻是指无限流逝时间中的某一瞬间，用以确定事件发生的先后顺序，如2005年7月7日8点51分，英国伦敦地铁利物浦大街站发生恐怖爆炸，2005年7月7日8点56分，伦敦地铁国王十字站发生恐怖爆炸。时段是指任意两时刻之间的间隔，用以衡量事件经历的长短或事件与事件间隔的多少。如上述两次爆炸间隔时段为5分钟。

2. 时间的计量

时间是通过物质的运动形式来计量的。在选择不同的物质运动形式来表达或计量时间的过程中，必须遵从三个基本原则：① 周期性，② 稳定性，③ 可测性。地球公转、月球公转和地球自转这三种运动都符合以上三个原则，从而可用它们的运动周期来计量时间，这便产生了“年”、“月”、“日”等时间计量的基本单位。

3. 恒星日

我们定义天球视转一周为一个**恒星日**。注意，我们这里用“视转”而非“自转”的原因来自天球的运动是地球自转的视觉表现，恒星日的定义与太阳无关。一个恒星日等于24恒星时。如果认为一颗恒星在天球上只有周日视运动，那么这颗恒星连续两次经过天子午线的时间间隔就是恒星日。

4. 真太阳日

时间的定义不能离开太阳，因为太阳不仅和人类的活动紧密相关，而且是最容易识别的参照物，所以又定义了**真太阳日**。真太阳日是指太阳中心连续两次经过上中天的时间间隔。把这个时间间隔再分成24份，每一份就是一个真太阳时，然后再定义真太阳分和真太阳秒。但是人们很早就发现太阳在黄道上的运动有快有慢，太阳运动快慢的规律已经被开普勒总结成行星运动规律。1月3日地球离太阳最近，称为近日点，太阳在黄道上移动得最快；7月4日地球离太阳最远，称为远日点，太阳在黄道上移动得最慢，所以冬天的真太阳日比夏天的长。

5. 平太阳日

一年之中，每日长短不均匀显然不是理想的时间定义，所以人们又定义了**平太阳日**。所谓平太阳，是一个假想的辅助点，由它来代替真太阳的运动。平太阳满足两个条件：① 在天赤道上运动；② 运动的速度等于真太阳沿黄道运动的平均速度。平太阳日是指平太阳连续两次经过上中天的时间间隔。很容易知道平太阳日的时间间隔是固定不变的，依据平太阳日再定义平太阳时、平太阳秒。恒星日比平太阳日短3分56秒。现在我们用的计时工具记的都是平太阳时和平太阳秒。平太阳日、时、秒就是日常生活中的日、时、秒。除了古老的日晷以外，制造一个精确的真太阳日的计时工具很复杂，而且使用起来也不方便。

6. 地方时和世界时

地球上位于不同经度的观测者在同一瞬间测得的参考点的时间是不同的。这种以观测者子午线为基准的时间统称为地方时。在同一计量系统内，同一瞬间两地方时之差等于两地的地球经度差。利用这一关系，可以根据两个地点同一瞬间地方时之差来测定两地的经度差。

1675 年，英国建立格林尼治天文台。从 18 世纪后半叶开始，格林尼治时间已被一些国家在编制为航海服务的天文历书时作为通用的**标准时**。1844 年，国际子午线会议把当时格林尼治天文台子午仪镜头上十字丝交点在地面上的垂点所在的经度规定为 0°经线，也即本初子午线，作为经度和时间计量的标准参考线。

各天文台由观测直接得到的都是**地方时**。为便于各地方时之间的换算，国际天文学会于 1928 年决定，将由格林尼治平子夜起算的平太阳时（即格林尼治时间）称为**世界时**。世界时简写为 UT。世界时是换算地方时和区时的标准，它是 0°经线的地方时。

随着洲际旅行和越洋航运的发展，全球需确定统一的计时标准，而仅采用格林尼治时间又给大多数国家和地区带来不便，因此分区计时作为解决这一问题的最佳方案而被国际社会所采纳。

所谓分区计时，就是以经线为界，把全球分为 24 个时区，每个时区跨经度为 15°。各时区都以中央经线的地方时作为本区的标准时，即区时。相邻两时区的区时相差 1 小时。从西经 7.5°到东经 7.5°为零时区，从零时区起分别向东和向西各划分出 12 个时区，显然东十二时区和西十二时区相重合。图 1-6 为世界时区划分图。“+”号为东，

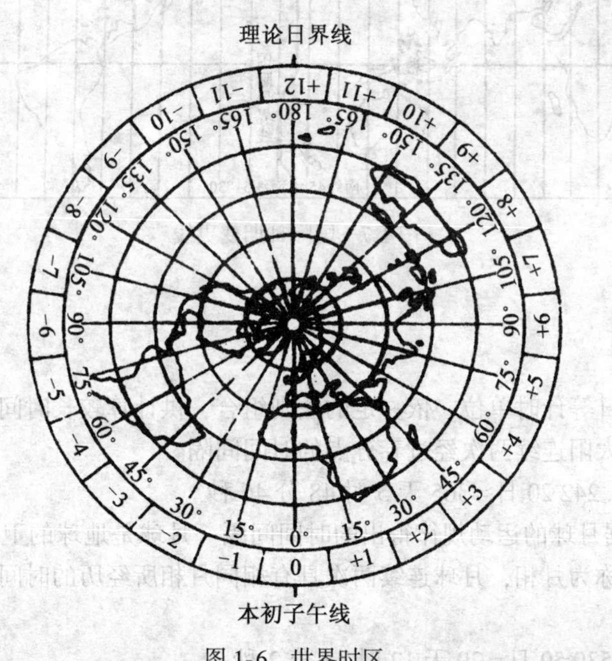

图 1-6 世界时区

“-”号为西。

我国幅员辽阔，从东到西跨越东五、东六、东七、东八、东九五个时区。我国的国家标准时称为“北京时间”，它是北京所在的东八区的区时，即中央经线为东经 120°的地方时，而非严格意义上的北京（东经 116°19′）的地方时。

7. 国际日期变更线

地球自西向东自转，各地的平太阳时都是从当地平子夜起算，那么地球上新的一天从哪里开始？这是问题一。问题二，如果进行环球旅行，每向东走 15°就要增加 1 小时，那么向东环球一周再回到出发地，日期就会多了 1 天。如果向西环球一周再回到出发地，日期就会少了一天。为解决上述两个问题，国际组织在太平洋中靠近 180°经线附近画了一条国际日期变更线，又称日界线。

日期变更线，顾名思义，就是要作日期变更。变更的规则是：由东向西过日界线，日期要增加一天；由西向东过日界线，日期要减少一天，也就是说日界线两侧的日期不同。同时规定地球上新的一天从日界线开始计量。

值得注意的是，实际日界线并非直线，而是人为地在 180°经线附近作了几次偏折处理，以方便变更线附近相邻国家和地区处在同一日期，如图 1-7 所示。

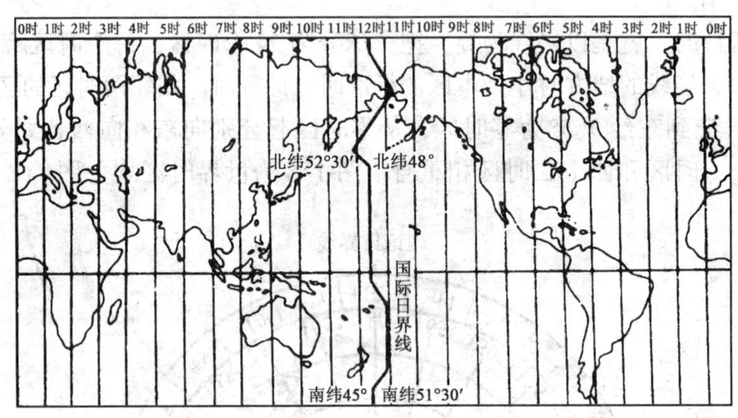

图 1-7　国际日期变更线

1.3.4　历法

以年、月、日等计时单位，依一定的法则组合，供计算较长时间的系统称为**历法**。

回归年是平太阳连续两次经过春分点的时间间隔。

回归年 = 365. 242 20 日 = 365 天 5 时 48 分 46 秒。

“月”是根据月球的运动规律得出的时间间隔。月球是地球的卫星，它的明亮部分的各种不同形象称为月相，月球连续两次具有相同月相所经历的时间称为朔望月，也叫太阴月。

朔望月 = 29. 530 59 日 = 29 天 12 时 44 分 2 秒。

1. 阳历

平太阳日、回归年和朔望月是完全独立的，而且是不通约的，这给历法的建立造成了困难。以前使用的历法经历了一个相当长的形成过程，而且历法也随地区、民族和国家而异。现今大多数国家通用的历法称为**阳历**，它的前身称为儒略历，因公元前46年罗马统帅儒略·恺撒决定采用，故有此名。儒略历每年的平均长度为365.25日，历年中的平年为365日，4年1闰，闰年366日，一年分12月，单月31日，双月30日，2月例外：平年2月为29日，闰年为30日。恺撒的继承人奥古斯都从2月里减去1天加在8月里（因8月的拉丁名和他的名字相同），也即2月份在平年时为28天，又把9月、11月改为小月，10月、12月改为大月。儒略历平均长度为365.25日，比回归年长11分11秒。自公元325年积累到16世纪末，春分日由3月21日提早到3月11日。于是罗马教皇格列高利十三世于1582年10月4日命令以次日为10月15日，并且为了避免以后积累误差，置闰的法则改以公元纪年为标准，被4除尽的才是闰年，但逢百年之年只有被400除尽的才是闰年。例如公元1900年不是闰年，公元2000年是闰年。闰年2月份增加1天，即29天。这个历法称为格列历，也称公历或阳历。阳历仍然有误差，3 000年积累的误差为1天。

2. 阴历

阴历，全称太阴历，是以月相变化为基础的历法。历月的平均值大致等于朔望月，大月30日，小月29日。年的长短只是历月的整数倍，与回归年、月份和四季寒暑无关。月相的变化是人们最容易看见的天象，因此，各国的历法大都先有阴历后有阳历。随着农牧业的发展，这种历法逐渐被淘汰。

3. 阴阳历

考虑回归年又照顾寒暑四季而经过改进以后的阴历称为**阴阳历**。阴阳历历月的平均值大致等于塑望月，历年的平均值大致等于回归年。大月30日，小月29日，每月以月相为起讫。平年12个月，全年为354日或355日，与回归年平均约相差10日21时，所以每3年置1闰，5年再闰，19年7闰。闰年13个月，全年为384日或385日。

我国在辛亥革命以前使用的就是阴阳历，目前作为阳历的补充仍然在使用，现称为**农历**。农历作为一种传统，在体现各民族的风俗习惯方面还会具有一定的价值。尽管农历比阴历优越，但是平年和闰年的日数相差太大，这给人们的生产活动特别是季节性强的农事活动带来了一定的困难。

1.3.5 干支纪时和属相

干支纪时就是把用干和支搭配而成的60对字组当做数字来纪时、日、月、年。干支纪时是我国古代天文学家对历法的一大创造。

干也即天干有10个：

甲，乙，丙，丁，戊，已，庚，辛，壬，癸。

支也即地支有12个：

子，丑，寅，卯，辰，巳，午，未，申，酉，戌，亥。

天干与地支搭配，就形成从甲子到癸亥的60个组合，称为“六十甲子”，它们的组合如表1-1所示。

表1-1 干支表

1	2	3	4	5	6	7	8	9	10
甲子	乙丑	丙寅	丁卯	戊辰	己巳	庚午	辛未	壬申	癸酉
11	12	13	14	15	16	17	18	19	20
甲戌	乙亥	丙子	丁丑	戊寅	己卯	庚辰	辛巳	壬午	癸未
21	22	23	24	25	26	27	28	29	30
甲申	乙酉	丙戌	丁亥	戊子	己丑	庚寅	辛卯	壬辰	癸巳
31	32	33	34	35	36	37	38	39	40
甲午	乙未	丙申	丁酉	戊戌	己亥	庚子	辛丑	壬寅	癸卯
41	42	43	44	45	46	47	48	49	50
甲辰	乙巳	丙午	丁未	戊申	己酉	庚戌	辛亥	壬子	癸丑
51	52	53	54	55	56	57	58	59	60
甲寅	乙卯	丙辰	丁巳	戊午	己未	庚申	辛酉	壬戌	癸亥

干支纪时，现在多用于纪月、纪年，已不大用于纪日、纪时辰。

将公元纪年换算成干支纪年，可查阅专门编制的年代对照表或天文年历。

属相也即生肖，古人把用12地支所对应的年份与12种动物相关联，谁生于哪一年，就用那一年关联的动物作为属相，12年一循环，如表1-2所示。

表1-2 十二生肖

子年	丑年	寅年	卯年	辰年	巳年	午年	未年	申年	酉年	戌年	亥年
鼠	牛	虎	兔	龙	蛇	马	羊	猴	鸡	犬	猪

1.3.6 周

历法中通常没有周的概念，但周的出现与天文学有极大的关系。一周有7天这是不争的事实，那为什么是7天呢？在1.2节中我们说到地心说，以地球为中心，向外依次为月球（Moon），水星（Mercury），金星（Venus），太阳（Sun），火星（Mars）、木星（Jupiter）和土星（Saturn）。正是由于古人认为地球外有上述7大天体，才把一周的天数定义为7天。

上述观点可从英文单词中得到考证：

星期一：Monday→Moon’s day

星期二：Tuesday→

星期三：Wednesday→

星期四：Thursday→

星期五：Friday→

星期六：Saturday→Saturn’s day

星期日：Sunday→Sun’s day

这种观点在比英语更加古老的法语和意大利语中表现得更为明显，以法语为例：

星期一：Lundi→Lune（月亮）

星期二：Mardi→Mars（火星）

星期三：Mercredi→Mercure（水星）

星期四：Jeudi→Jupiter（木星）

星期五：Vendredi→

星期六：Samedi→

星期日：Dimanche→

1.4 天文学和哲学关系略论

和其他自然科学一样，天文学与哲学有着相互依存、相互促进的关系。在所有自然科学中，天文学与哲学的关系最为密切。一方面哲学是一门研究世界观的学问，世界观就是宇宙观，它在阐明关于宇宙的根本观点——宇宙是精神的还是物质的，宇宙是静止的还是运动的时，离不开天文学为之提供的科学证据；另一方面，天文学在研究它的一些重大理论问题时离不开哲学的指导，要精确地描绘宇宙、宇宙的发展和人类的发展，以及这种发展在人们头脑中的反映，只有用唯物的辩证的方法。

1.4.1 天文学在哲学进步中的作用

哲学是关于自然知识、社会知识和思维活动的概括和总结，它和具体学科之间的关系是一般和特殊的关系。因此，哲学依赖于具体学科的发展，必须不断地从自然科学和社会科学中吸取新的营养，以保持哲学本身旺盛的活力。

天文学的发展对哲学的促进作用，主要表现在以下几个方面：

首先，天文学上一些重大变革常常是世界观变革的先导。例如，哥白尼太阳中心说的提出，不但推翻了托勒密的地心说，而且使整个自然科学从神学世界观的统治下解放出来；康德-拉普拉斯星云说打破了形而上学的第一个缺口；爱因斯坦的相对论推翻了牛顿的绝对时空观，论证了辩证唯物主义的时空观。狭义相对论证明了空间和时间的相互联系，证明了时空随物质形式和运动状态的变化而改变，并且时间和空间在一定条件下是可以转化的。广义相对论证明了物质的分布状态使时空结构发生变化，使得充满物质的宇宙空间不再是欧几里得空间，而是非欧几里得空间。说得简单点，时空是可以弯曲的。但这种弯曲并非日常生活中对某个具体物体的那种弯曲，而是使时空性质发生根本改变的一种变化状态。

其次，现代天文学的发展丰富了唯物辩证法的基本规律和范畴。例如，恒星演化的过程证明了量变到质变规律的正确性，每当恒星内部温度的量变达到一定的关键点则必然会引起恒星能源产生机制的根本改变，从而使恒星从一个阶段演化到另一个阶段。其他方面不再一一列举。

1.4.2 哲学对天文学的指导作用

哲学对自然科学的发展起着不容忽略的作用。爱因斯坦曾说，“如果把哲学理解为在最普遍和最广泛的形式中对知识的追求，那么，哲学就可以被认为是全部科学研究之母”。

首先，天文学发展的历史表明，天文学中的一个主要的以致开拓了几代天文学家思路的太阳系演化假说，是由一位著名的哲学家——康德提出的。在当时机械论观点统治下的天文学，很难解释“天体是怎样运动起来的”这样一个根本问题，只能求助于造物主的智慧。而具有哲学头脑的康德却没有被当时自然科学知识体系的贫乏状态所束缚，没有为狭隘的机械论观点所限制。他没有从太阳系之外去寻找动力，而是从太阳系内部寻求自身发生演化的根本原因。康德星云假说的提出被看做是从哥白尼以来天文学取得的最大进步，这不能不视为是哲学对天文学发展起积极作用的有力证据。在这里，哲学站在了科学的前列，在哲学观念上对形而上学的机械论发起了攻击，为自然科学的前进开辟了道路。值得指出的是，康德星云假说中方法论的思想被自然科学忽视了，因而没有对自然科学产生直接的影响，使科学的进步延缓了许多。这正反两方面的事实都表明哲学对天文学和其他自然科学的作用是不容忽视的，反映了在不同的哲学思想支配下自然科学的发展状态具有极大的差异。

其次，哲学能够给予天文学以方法论的帮助。天文学的研究方法有两种：一种是实验的方法，一种是理论分析的方法。其中，理论分析方法是认识天体的本质和规律不可缺少的思维方法，也是哲学向天文学提供方法论指导的主要承受者。对天文学来说，由于观测手段的局限和认识对象的高度复杂，所得的信息资料总是残缺不全的。这种情况下以什么哲学为指导来分析问题，就变得极其重要了。

再次，熟知人的思维的历史发展过程，熟知各个不同时代所出现的关于外在世界的普遍联系的见解，有助于天文学家正确地确定已知物理定律和理论在天文学中的适用范围。事实上，每一门理论都有自己的适用范围，例如：量子力学——微观世界，牛顿力学——宏观世界，相对论力学——宇观世界。既不能用牛顿力学解释基本粒子的运动，也无必要用量子力学来考虑足球的波长是多少，尽管足球作为一个实体其波动性还是存在的。

1.5 天文望远镜

在广阔的宇宙中有数不尽的天体，由于绝大多数天体离我们极其遥远，尽管它们发出大量的光辐射，但在我们看来却十分暗弱。肉眼所能看到的恒星只有6 000颗左右。如果想观测更多的恒星和其他天体，单靠眼睛就不行了，而必须借助天文望远镜。

第一架望远镜于1608年诞生在荷兰，口径为2.5厘米。肉眼能见天体的亮度比此望远镜观测到的最暗天体亮20倍。意大利科学家伽利略得知这个消息后，立即加以研究。经过不断努力，他终于在1609年制成了第一架放大倍数为32倍的天文望远镜。伽利略用这架望远镜发现了许多新的天文现象，给唯心的"地心说"以沉重的打击，对哥白尼的"日心说"则给予了极大的支持。

要想知道望远镜的作用，首先还应知道天体的辐射。

1.5.1 天体的辐射

物理学告诉我们，光和无线电波本质上是一样的，都是电磁波。无线电波是波长较长的电磁波，光是波长较短的电磁波。人眼所能看见的电磁波叫可见光，它有各种不同的颜色：红、橙、黄、绿、蓝、青、紫，红光是可见光中波长最长的，紫光是可见光中波长最短的，波长的单位为Å。$1Å=10^{-10}$米。

为了明确起见，可将电磁波按波长长短次序排列起来，得到电磁波谱，如表1-3所示。

表1-3 电磁波谱

名称	γ射线	X射线	紫外光	可见光	红外光	无线电波
波长	<0.01Å	0.01~100Å	100~4 000Å	4 000~7 600Å	7 600Å~1mm	1mm~30m

对可见光可以用光学望远镜来观测，对天体发出的无线电波则可用射电望远镜来观察。为什么我们只是在可见光和无线电波这两个波长范围内观测天体的辐射呢？因为天体的辐射要经过地球大气层后才能被接收到。由于大气层的吸收作用，很多波段的辐射不能到达地面，只有可见光和波长从毫米级到30米的无线电波能透过大气到达地面。这些波段被称为大气窗口。红外线和紫外线只有一小部分能穿过地球大气层。如果大气层对紫外线是"透明"的，那么人类的生存将受到威胁。当然，利用火箭、卫星和航天飞机等可在大气层外观测天体的其他波段的辐射。

另外，由于人眼的分辨本领非常有限，因此无法直接看清有视面天体的表面细节，甚至连视面也看不出来。而天文望远镜既能大量收集天体的辐射，又能发现有视面天体的角直径，并能追随天体而运动，以便长时间地对准被观测天体并进行跟踪。

1.5.2 光学望远镜

光学望远镜分为照相望远镜和目视望远镜。

照相望远镜的结构和照相机的结构差不多，主要是由一个光学镜头（物镜）和底片盒组成。物镜的用途之一是把天体成像在底片上，从而拍得天体的照片。注意，对一般恒星来说，照片仍是一亮点，而无细节可言。望远镜是无法看到恒星表面细节的。

目视望远镜是用来观测天体的仪器。把照相望远镜里的底片盒拿走，换上一个叫目镜的光学镜头，就成为一个目视望远镜了。

光学望远镜按物镜的不同可分为三种：折射望远镜、反射望远镜、折反射望远镜。

折射望远镜的物镜由透镜组成。由于单透镜的像差，特别是色差的存在，会严重影响成像质量，使像周围呈现五彩缤纷的颜色，故通常采用由3个透镜或4个透镜组成的复杂物镜来消除色差。图1-8（a）为蔡斯B型折射望远镜。蔡斯公司是最负盛名的光学仪器公司。

反射望远镜的物镜由反光镜组成。在这种物镜里，光线经过反射，完全无色差。为消除球差，反射物镜的表面都磨成旋转抛物面的形状，现在更趋向于做成旋转双曲面。反射物镜通常由玻璃制成，为了增加反射的效果，往往需要在玻璃表面镀增反膜。图1-8（b）为卡塞格林型反射望远镜。副镜为凸双曲面镜，它的作用是改变光线的行进方向，改变物镜的焦距。

另一种常见的反射望远镜称为牛顿型反射望远镜，如图1-8（c）所示。副镜为平面镜，它将由主镜会聚的光反射到目镜中。由于反射望远镜的抛物面主镜可以做得很轻薄，加上镜筒较短，所以易于增大口径。现在世界上的超大型望远镜都是反射式望远镜。

折反射望远镜的物镜既包含透镜又包含反光镜。在这种物镜里，天体的光线要同时受到折射和反射。折反射物镜的主镜是一个球面的反光镜，副镜是一个透镜，用来校正主镜的像差。图1-8（d）为施密特型折反射望远镜。

一架光学望远镜不仅需要光学部件，还需要一套机械部件。为了使望远镜能够观测天球上任意位置的天体，机械部分必须使它能够绕两条互相垂直的轴线旋转。

在实际观测天体的过程中，由于望远镜本身的视场较小，因此不易对准所要观测的天体。为了克服这个缺陷，大型望远镜常附有一套导星设备，或称寻星镜。寻星镜的视场较大，易于捕捉目标。将目标锁定于导星镜的十字丝交点上时，望远镜中就出现被观察的天体了。

1.5.3 光学望远镜发展简史

1608年，荷兰人约翰·李伯海发明了折射望远镜。1609年，伽利略制成了一架口径4.4厘米，焦距为120厘米的天文望远镜。伽利略用这架放大率为32倍的望远镜发现了木星的4颗大卫星、月亮上的环形山、金星的盈亏现象等。

1616年，茹切亚斯制成了第一架反射望远镜，紧接着马尔森于1634年、格利高里于1663年、牛顿于1668年、卡塞格林于1672年都设计或者制造了不同类型的反射望

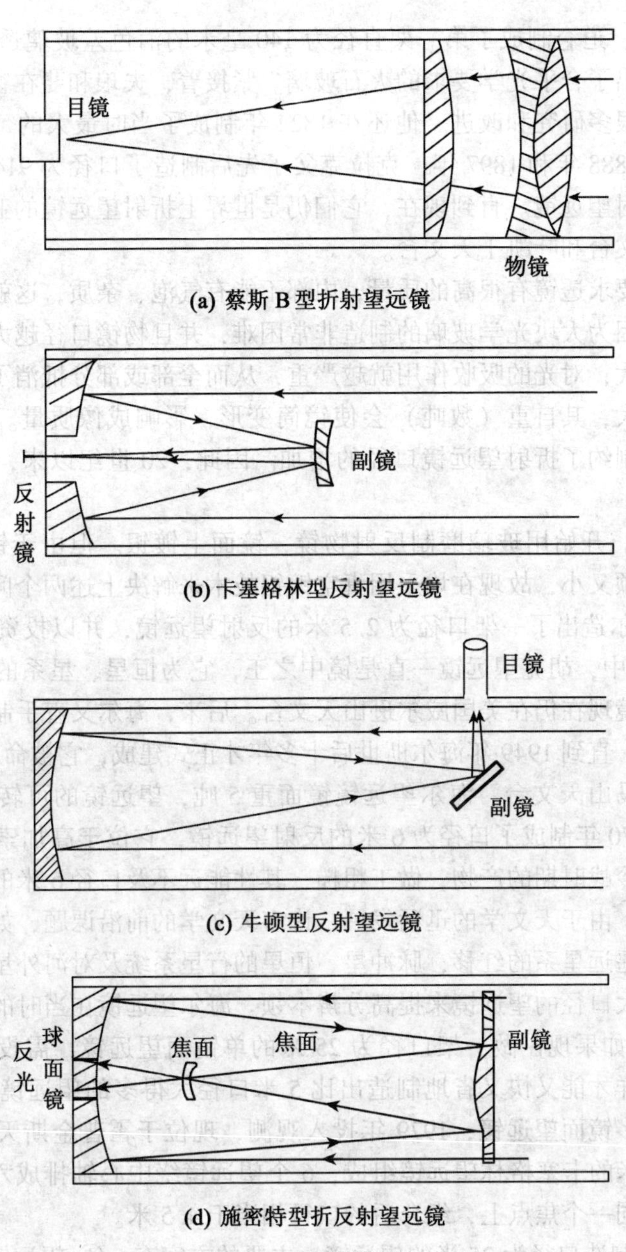

(a) 蔡斯B型折射望远镜

(b) 卡塞格林型反射望远镜

(c) 牛顿型反射望远镜

(d) 施密特型折反射望远镜

图 1-8 光学望远镜

远镜。当时的反射望远镜都是用金属制成的，口径只有几厘米。18 世纪后期，著名的天文学家威廉·赫歇尔磨制了数块金属面反射物镜，其中最大的口径达 122 厘米。赫歇尔用他自制的反射望远镜首次证实了银河系的存在。1845 年，英国人罗斯制成了当时世界上口径最大的 1.8 米的金属面反射望远镜。由于金属面反射望远镜的固有缺点，如磨制困难、热膨胀系数大、镜面易氧化失泽，故到 19 世纪中叶，金属面反射望远镜开始走下坡路。

18世纪中叶，道仑制成了第一架直径为140毫米的消色差玻璃透镜望远镜。18世纪末，纪南生产出了合乎光学要求的火石玻璃。紧接着，夫琅和斐在物镜制造的理论和技术上又进行了很多研究和改进。他还在1824年制成了当时最大的、口径为244毫米的折射望远镜。1888年和1897年，克拉克父子先后制造了口径为914毫米和1 020毫米的两台大型折射望远镜。直到现在，它们仍是世界上折射望远镜的亚军和冠军，目前分属美国里克天文台和叶凯士天文台。

折射望远镜要求透镜有很高的质量，内部不能有气泡、杂质，这就限制了折射望远镜的最大口径。因为大块光学玻璃的制造非常困难，并且物镜口径越大，其厚度必然相应增加；厚度越大，对光的吸收作用就越严重，从而全部或部分抵消了大口径聚光的优点。另外物镜太大，其自重（数吨）会使镜筒变形，影响成像质量。再者，镜筒和支架的温差变形也制约了折射望远镜口径的增加。因此，20世纪以来，没有人尝试做更大的折射望远镜。

19世纪中叶，开始用玻璃磨制反射物镜，镜面上镀银。但由于镀银面容易失泽，且紫外区反射本领又小，故现在均采用真空镀铝技术来解决上述两个问题。

1917年，海尔造出了一架口径为2.5米的反射望远镜，并以投资者胡克的名字命名。在此后30年中，胡克望远镜一直是镜中之王，它为恒星、星系的研究建立了卓越功勋。胡克望远镜现在仍在美国威尔逊山天文台。后来，海尔又着手制造口径为5米的大型反射望远镜，直到1949年海尔逝世后十多年才正式建成，它被命名为海尔望远镜，现位于美国帕洛马山天文台。海尔望远镜镜面重5吨，望远镜的可转动部分重达几百吨。前苏联于1970年制成了口径为6米的反射望远镜，它位于高加索的帕斯图霍夫山上。由于它属于冷战时期的产物，做工粗糙，其性能远不及口径5米的海尔望远镜。

近几十年来，由于天文学的迅猛发展，许多天文学的前沿课题，如类星体的光学认证及光谱分析，遥远星系的红移，脉冲星、恒星的行星系统及对河外星系中单颗恒星的研究，都需要更大口径的望远镜来提高分辨本领。海尔望远镜在当时的造价是3千万美元，费时10年。如果现在做一架口径为25米的单镜面望远镜，需投资约50亿美元，费时数十年。怎样才能又快又省地制造出比5米口径大得多的望远镜呢？1971年美国开始研制第一台多镜面望远镜，1979年投入观测，现位于霍普金斯天文台。该望远镜由6个同为1.8米的卡塞格林望远镜组成，6个望远镜绕中心轴排成六角形，6束会聚光经合成后聚在同一个焦点上，组合后的口径相当于4.5米。

1979年计划制造口径为25米的望远镜，主要的方案有：① 望远镜阵列，如由108台口径2.4米，或16台口径6米，或6台口径10米的独立望远镜及其圆顶综合而成。②可操纵镜盘，即在直径25米的抛物面镜盘上用1 032块偏轴抛物面镜排列成16个同心圆环。此计划至今仍未完成。

关于一些著名的大型光学望远镜将在第9章中作详细介绍。

1.5.4　射电望远镜

射电望远镜实际上是一套无线电接收、放大、处理、记录设备。利用射电望远镜可以接收来自宇宙天体的无线电辐射。射电望远镜的诞生与发展是与无线电技术的水平密切相关的，至今只有七八十年的历史。

射电望远镜的形式、种类很多，最简单的是用单个抛物面天线测量某一波长射电总强度的射电望远镜，图1-9是其工作示意图。

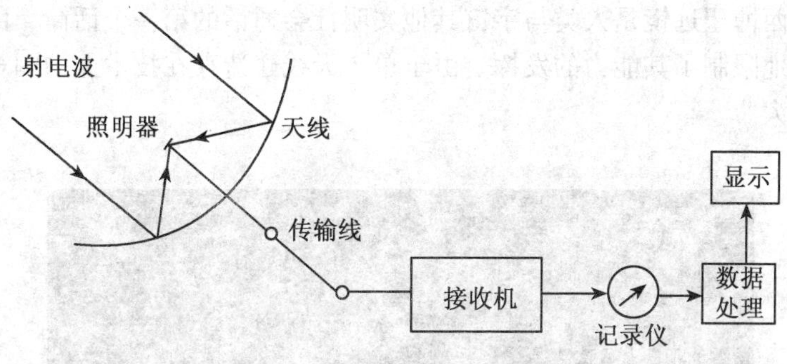

图1-9　射电望远镜工作示意图

抛物面天线把来自抛物面轴向的射电波反射集中到位于抛物面焦点的照明器上，通过传输线将信号输送给接收机，接收机把输入的电信号加以放大并改变形式使之被记录下来。作为一种辐射接收器，射电望远镜的一次观测只能得到频率响应范围内的平均功率。

1.5.5　射电望远镜发展简史

射电望远镜并不具有多少光学望远镜的形象，它更像一座接收雷达。

1932年，美国贝尔电话实验室的电信工程师卡尔·詹斯基在研究长途电信干扰时用了长30.5米、高3.66米的旋转天线阵。在14.6米波长上他发现一种来源不明的"呲呲"型天电。本来詹斯基的工作可以到此为止，因为上述噪声对无线电通信的影响并不大。但詹斯基并没有放过这微弱的电波，而是继续深入研究，终于确定这"呲呲"声是来自银河系中心方向的宇宙无线电波，射电天文学从此诞生了。第二次世界大战中，英国的军用雷达接收到了太阳发出的强烈无线电"噪音"，这表明雷达所用的超高频设备也可用于接收太阳和其他天体的无线电信号。战后，一批雷达专家把掌握的雷达测量技术应用到天文观测上，揭开了射电天文学发展的序幕。20世纪60年代的四大天文发现——类星体、脉冲星、星际有机分子和宇宙微波背景辐射，都是射电天文学对人类的杰出贡献。

射电望远镜的天线一般做成抛物反射面，它或者用金属拼成，或者用金属线织成网状。由于不像光学望远镜那么精细，所以可以做得很大。现在世界上可转动的单个射电望远镜之冠是位于弗吉尼亚的美国国家天文台110米直径的射电望远镜，其次是位于德国波恩的直径100米射电望远镜。

然而世界上最大口径的射电望远镜是固定在地球上的，它利用地球的转动来改变指向。它的球形反射面直径为350米。它被安置在波多黎各的阿雷西博一个天然形成的山间盆地中，其天线照明器重约600吨，悬于150多米的高空。此望远镜属于美国阿雷西博天文台，如图 1-10 所示。这架望远镜处在低纬度区，对于寻找星际空间的各种分子以及微弱、遥远的射电源具有特别巨大的威力。有趣的是，利用它的雷达系统，科学家们在 1974 年 11 月 16 日向一个叫做 MB 的星系发出了一系列信号，信号用其他智慧生命也应当看得懂的形式传达了我们地球和太阳系、地球上的人类和它的遗传密码等信息，因此阿雷西博望远镜是人类与宇宙其他文明社会通话的第一个话筒。由于它自身不能转动，极大地限制了其能力的发挥。由于单个天线建造存在技术上的困难，使得口径不能增加得太大。

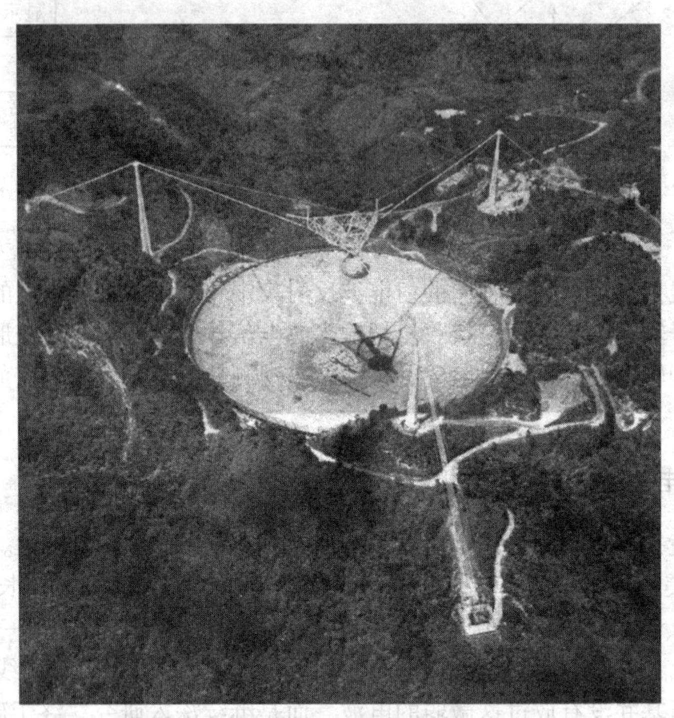

图 1-10 阿雷西博射电望远镜

20 世纪 50 年代末、60 年代初发展起来的孔径综合技术为制造更大规模的射电望远镜提供了理论依据。已经建成的、位于美国新墨西哥州海拔 2 000 多米高原上的甚大天线阵就是按上述技术制造的。整个天线阵用 27 个抛物面分布在 Y 形的三个臂上，其中两个臂长为 21 千米，另一个臂长为 19 千米，铺设双线铁轨，200 吨重的天线可在铁轨上移动，整个天线阵用计算机来控制，其性能相当于一个直径 27 千米的抛物面天线，而甚大天线阵每个天线的直径只有 25 米。

澳大利亚有一台专门研究太阳的射电望远镜，称为射电日像仪。它由 94 个 14 米直径的天线组成，分布在 3 千米直径的圆上。其天线总接收面积相当于直径为 120 米的天线，分辨率则相当于直径 3 千米的天线。这台日像仪可以提供瞬时的太阳大气层活动图像。

射电天文学家采用干涉技术来提高射电望远镜的分辨率。最新的干涉技术不用传输线把两个天线连接在一起，而是通过把相距几千千米的一对天线各自在同一时间观测到的同一信号在事后一起拿去进行干涉处理来实现数据分析，从而实现了洲际甚长基线干涉。从理论上说，两台射电望远镜之间的距离有多大，相当于对应的射电望远镜的口径就有多大。

1997 年 2 月美国和日本发射的卫星——甚长基线干涉空间天文台计划完成。它在空间展成 8 米的射电望远镜，与“甚长基线干涉仪”联合干涉，其基线比地球半径长 3 倍。

先进空地射电干涉仪即 Advanced Radio Interferometry between Space and Earth（ARISE）是一架口径 25 米的高灵敏度空间射电望远镜，绕地球椭圆轨道运行，最大高度为 5 万千米，可与美国的地面甚长基线干涉仪 VLBI 相连接。角分辨率比 VLBI 提高 6 倍，计划投资 3.5 亿美元，用于研究活动星系核、巨型黑洞附近的喷流、分子天文学等。

我国正在建造世界上最大的射电望远镜 FAST，其详细介绍见第 10 章。

思 考 题

1. 天文学研究的对象是什么？
2. 获得天体信息的主要手段有哪些？
3. 天文学可分成哪三大分支？各分支研究的主要内容是什么？
4. 简述地心说的代表人物及其主要思想。
5. 简述日心说的代表人物及其主要思想。
6. 试述二十四节气的天文学特征。
7. 平太阳时间系统是如何定义的？
8. 试述阳历的来历及历法原则。
9. 试述天文学与哲学的关系。
10. 试述光学望远镜和射电望远镜的结构特征。
11. 通过阅读课外资料，简述中国天文学从古到今的发展过程。
12. 时区是如何划分的？
13. 谈谈干支纪年法在历史发展中的作用。
14. 什么是太阳的周年运动？
15. 为什么要设立国际日期变更线？
16. 你是如何认识时间的？

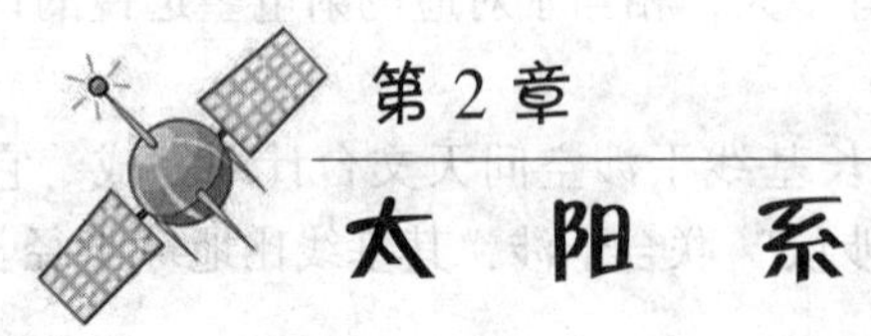

第2章 太阳系

人类对宇宙的认识是由近及远、由浅入深的，因此宇宙在人脑中的图像也就由小到大、由表及里。从地球⟶太阳系⟶银河系⟶河外星系，人的可视半径已达150亿光年（1光年等于9.46×10^{15}米）以外的宇宙深处。

观测发现，整个宇宙正以惊人的速度在膨胀着，并伴随有巨大的能量爆发、大量的物质抛射、超强辐射源的点燃和衰竭等极端现象。想象中宁静的、相对稳定的宇宙仅仅存在于太阳系内。

太阳系由太阳、八大行星及其160多颗卫星、6颗已命名的矮行星、5 000多颗小行星、彗星、流星体以及行星际物质等组成。卫星除了绕行星旋转外，同时又和行星一起绕太阳旋转。太阳是太阳系的核心天体，无论是质量还是大小，太阳都居首位，它占太阳系总质量的99.86%，它的引力控制着太阳系里其他天体的运动，太阳的引力范围延伸到大约日地距离的4 500倍以外。

太阳系是银河系的一部分，距银河系中心约3.26万光年。

2.1 太　阳

太阳是离我们最近的恒星，它是一个炽热的“火球”，是太阳系中唯一自身发光的天体。太阳与我们的关系极为密切，它供给我们光和热，照耀着万物生长。没有太阳，就不可能有今天地球上这样生气勃勃的生命现象。除了原子能、火山爆发和地震外，地面上一切能源几乎都直接或间接与太阳有关。对太阳的研究，可以极大地帮助我们获得一般恒星的知识。天文学上常用符号“⊙”表示太阳。

2.1.1 太阳的基本参数

1. 日地距离

众所周知，地球绕太阳公转的轨道是一个椭圆，所以它和太阳的距离在不断变化着。通常所说的日地距离是指太阳和地球的平均距离，天文学上常用它作为计量天体距离的基本单位，称为**天文单位**（1天文单位=$1.495\,979\times10^{8}$千米）。它等于月地距离的389倍。由于光速为每秒30万千米，所以太阳在某一瞬间发出的光要经过8分18秒以后才能到达地面。如果坐波音747飞机（时速约1 000千米/小时）作太阳旅行，需20

年才能到达太阳表面。

2. 太阳的大小

$$太阳的半径\ R_{\odot}=6.9599\times10^5\ 千米.$$

太阳的半径等于地球半径的109倍，表面积为地球表面积的12 000倍，体积为地球的130万倍。注意这里所说的太阳半径是指太阳光球的半径。如果连太阳大气也包括进去，半径就要大得多了。

3. 太阳的质量

$$太阳的质量\ M_{\odot}=1.99\times10^{30}千克.$$

太阳的质量等于地球质量的33万倍，太阳的平均密度为1.409克/厘米^3，是地球平均密度的0.255倍，太阳表面的重力加速度为地球表面重力加速度的28倍。

4. 太阳的位置

太阳位于距银河系中心3.26万光年的旋臂内，距银面以北约26光年处。

5. 太阳的运动

太阳除在旋臂中和其他恒星一起绕银心运动外，还相对于它周围的恒星作每秒19.7千米的平动。

6. 太阳常数

太阳常数指单位时间垂直射入地球大气外单位面积上的能量，用$f_{\odot}$表示，

$$f_{\odot}=1.36\times10^6\ 尔格\cdot秒^{-1}\cdot厘米^{-2}=0.136\ 焦\cdot秒^{-1}\cdot厘米^{-2}.$$

2.1.2 太阳大气

太阳大气大致可分为三层：光球、色球和日冕，如图2-1所示。太阳大气的分层仅有形式上的意义，因为各层厚度并非定值，各层间也无明显的界限。太阳大气中的物质是极不宁静、极不均匀的。

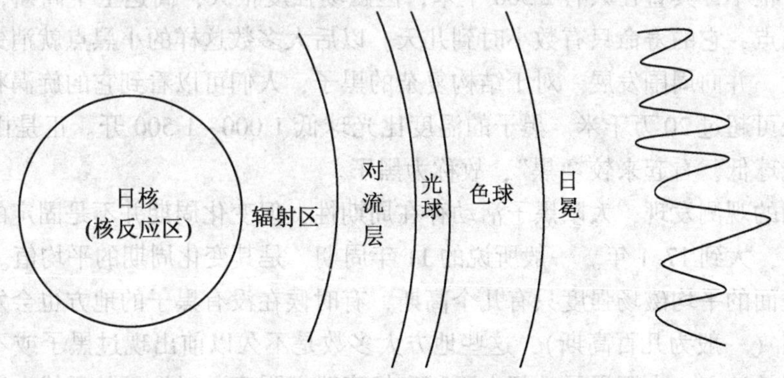

图2-1 太阳大气结构示意图

1. 光球

肉眼看到的光亮的太阳表面就是**光球**，它是太阳大气的下层，厚度为400~500千米，太阳的可见光几乎全部由光球发出。光球的平均温度为5 770开（开尔文），通常认为是6 000开。

光球内的温度是随着深度增加而增加的，我们的视线只能贯穿到大气内一定的深度，因此观测到太阳视圆面的亮度是从中心向边缘逐渐减弱的，这一现象称之为临边昏暗现象，如图2-2所示。图中AD为光球层，由于视线进入光球层的深度一定，在M点的距离为d，相当于达到球面C，在球面边缘N点的距离同样为d，则相当于达到球面B，而光球的温度随距日心距离的增加而减小，所以B球面比C球面温度低。温度越高，亮度越亮，从而人眼感觉到这种临边昏暗现象。

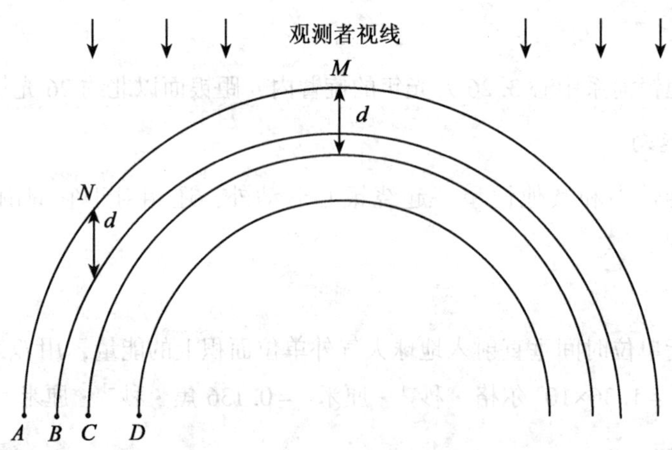

图2-2 太阳的临边昏暗现象示意图

在光球上经常可以观察到一些大大小小的黑色斑点，这就是人们熟知的太阳黑子。

太阳黑子开始于两个或更多的狭窄暗条，以后逐渐长大形成黑子，最后消失。开始形成的黑子很小，其直径只有2 500千米，但磁场强度很大，高达上千高斯，这种日面特征叫小黑点，它的寿命只有数小时到几天，以后大多数这样的小黑点就消失了，少数则继续长大，并向周围发展。对于结构复杂的黑子，人们可以看到它的旋涡状结构。大的黑子直径可超过20万千米。黑子的温度比光球低1 000~1 500开。正是由于它的温度比背景光球低，看起来较“黑”，故称为**黑子**。

从长期的观测发现，太阳黑子活动存在周期性，但变化周期并不是固定的，它可以小到7.3年，大到17.1年。一般所说的11年周期，是其变化周期的平均值。

太阳表面的平均磁场强度只有几个高斯，有时候在没有黑子的地方也会发现有较强的磁场存在（一般为几百高斯），这些地方大多数是不久以前出现过黑子或不久以后将有黑子出现的地方。太阳黑子的超大面积和极高磁场强度，对地面的无线电通信和电子信号系统将产生极大的干扰和破坏。

除了黑子外，光球中还有一些其他现象，如米粒组织、光斑等。

2. 色球层

光球之外是色球。色球层的结构不均匀，厚度为 2 500～10 000 千米。在光球之外 200 千米处，色球层的温度达到极小值——4 200 开，以后温度又逐渐上升，到 2 000 千米处，温度上升到数万开，随后温度急剧上升，到 2 100 千米处，温度为数十万开。

色球的物质较稀疏透明，它发出的可见光总量不足光球的千分之一，因此平时不容易观测到。只有当日全食，整个太阳圆面被月球遮盖时，我们才会发现在黑暗的月球圆面周围出现一个红色的圆圈，这就是色球层。在通常情况下，利用单色光束观测日轮边缘，可以看出色球层的边界不光滑，而是呈锯齿状，它是由许多针状体所构成的，针状体好比火舌，其形状时常在变化。整个太阳表面大约有 25 万个针状体。

当用单色光观测太阳时，有时会看到一个亮的斑点突然出现，几分钟甚至几秒钟之内，其面积和亮度增加到极大，然后比较缓慢地减弱，直至消失。这种亮斑点叫做耀斑，是色球层爆发产生的现象。一个耀斑大约发出 10^{26} 焦的能量。值得一提的是，几乎所有的耀斑皆产生在与其相关联的黑子群近旁。有时人们还可观测到在日面边缘从色球中喷射出来的巨大火舌，这种现象称为日珥。

3. 日冕

日全食时，在色球层之外可以看到包围着圆形月影的银白色晕状物，这就是日冕。

日冕是太阳大气最外面的一层，也是最厚的一层，日冕的直径可达太阳视圆面直径的 10～20 倍。日冕分为内冕和外冕两部分。日冕的温度很高，约为 200 万开，所以日冕物质呈现电离状态。日冕的物质不断向四面八方膨胀，这就是所谓的太阳风。

2.1.3 日球

日球（Heliosphoere），又称日球层。它是这样来定义的：以太阳为中心，太阳风及其磁场所延伸到的整个空间范围称为日球。这是一个太空时代引申出的新概念。空间飞行器对行星际空间的直接探测发现，太阳向四面八方发出的太阳风带电粒子流，携带着磁场，可传播到很远很远的地方。

用一个简单的比喻，日球即太阳的势力范围，在此范围以外，则是恒星际气体、恒星际带电粒子及其磁场的势力范围。科学家认为，在两个势力范围的交界处，即日球的边缘，太阳风的速度会有一突变，即从超音速减慢到亚音速。这一边界区域被称为“日球顶”。宇宙飞船从日球空间进入恒星际空间，必须穿越日球顶。目前有 4 个飞行器向日球顶飞去，飞得最远的是“旅行者 1 号”探测器，它离地球的距离已越过 140 亿千米，且每天还要飞行 140 余万千米。观测数据表明，“旅行者 1 号”尚未到达日球顶。那么日球顶到底距太阳多远呢？有数据显示可能在 165 亿～240 亿千米。值得一提的是，冥王星的平均轨道半径约为 60 亿千米。可见太阳的势力有多大了。

由于太阳风及其磁场随着太阳活动周期的变化而变化，因此日球层的厚度、磁场强度也会随之有所变化。

2013 年 9 月，美国 NASA 确认“旅行者 1 号”进入恒星际空间，但仍属于太阳系。

2.1.4　太阳的能量来源

观测和计算表明，太阳的中心温度约1 500万开，表面温度为6 000开，太阳每秒钟的总辐射能为3.8×10^{26}焦/秒。如此巨大的能量，其来源一直是自然科学中最基本的问题之一。科学家提出了一系列的能量来源假设，其中最著名的是收缩学说：恒星由于引力的作用而逐渐收缩，收缩时恒星的热能量增加，因而温度升高；同时，收缩时恒星的总能量减少，减少的能量就是恒星辐射到空间去的能量。根据计算，太阳每年只要直径收缩100米就可提供太阳全年因辐射而消耗的能量。计算指出，即使太阳的气体物质范围的大小最初和冥王星的轨道一样大，收缩到现在这样大小也最多只能补偿太阳2 000万年的能量消耗，而实际上太阳的年龄已有50亿年，因此引力收缩不可能是太阳能量的长期来源，但不排除太阳在某一阶段以引力收缩作为主要能源。

20世纪以前，任何能量产生和转化的理论都无法解释太阳为什么能长时间稳定地释放如此大的能量。直到量子力学的诞生，人们对微观世界的认识才越来越深刻，并找到了被人们普遍接受的理论来解释太阳能量的来源。根据这些理论还可描绘出太阳演化的过程。

能使太阳产生巨大能量的并不是化学反应，而是核反应。1905年爱因斯坦在创立狭义相对论时引进一个质能关系：$E=mc^2$，m是静止质量，c是光速，E是能量。这个关系式揭示了质量和能量的统一，也预示质量中蕴藏着巨大的能量。但是这个能量是不太容易被释放的，以前被人们认识的各种能量的转换都不是由质量向能量的转换，而是物理、化学转换。直到1938年，原子核裂变成为可能以后，人们才认识原子核的反应能使得可观的质量转变成能量，因而可以产生巨大的能量，以前人们认识到的各种能量的产生和转换都无法与之相比。

在太阳内部发生的核反应是4个氢核合成1个氦核的聚变反应，这种反应称为质子-质子循环，又称为氢燃烧。另一种被称为碳氮循环的核反应发生在太阳和比太阳更热的恒星中。

在太阳中进行的质子-质子循环如下所示：

$$^{1}H+^{1}H\longrightarrow^{2}H+e^{+}+\text{中微子},$$

$$^{2}H+^{1}H\longrightarrow^{3}He+\text{光子},$$

$$^{3}He+^{3}He\longrightarrow^{4}He+^{1}H+^{1}H,$$

式中左上角的数值表示原子核的质量。

^{1}H是质子，因为氢核是由一个质子组成的，所以^{1}H就是氢核，^{2}H是氢同位素氘的核，^{3}He是氦同位素的核，^{4}He是氦核。在4个氢核变成一个氦核的过程中，损失了0.7%的质量，这个质量转变成光子和中微子的能量和热能。

作个简单的计算，1克氢变成氦损失0.007克质量，由质能公式知相应的能量为

$$E=mc^2=0.007\times10^{-3}\times(3\times10^{8})^2=6.3\times10^{11}\ (\text{焦}),$$

所以太阳每秒钟用于核反应的氢质量为

$$m=\frac{3.8\times10^{26}}{6.3\times10^{11}}\approx6.0\times10^{14}\ (\text{克})=6\times10^{8}\ (\text{吨}),$$

即6亿吨。而每秒钟消耗的太阳质量为

$$\Delta m=\frac{3.8\times10^{26}}{(3\times108)^2}\approx400\ (万吨).$$

若太阳最初全部由氢组成，那么太阳全部氢变为氦时所放出的能量为

$$E=0.7\%M_{\odot}c^2=0.007\times1.99\times10^{30}\times(3\times10^8)^2=1.25\times10^{44}\ (焦).$$

可见太阳维持目前这种辐射的时间为

$$T\approx\frac{10^{44}}{10^{26}}\approx10\times10^{18}\ (秒)\ \approx10^{11}\ (年).$$

当然这种计算结果是极其粗糙的，不能由此判断太阳的寿命为100亿年。严格的理论和计算表明，太阳已经存在了约50亿年，还将继续存在50亿年，与上述结论基本符合。

由于核聚变的高温、高压、不可控性，至今核聚变仍不能直接向人类提供能源。现在的核电站都是核裂变型的，即由重原子核裂变为轻原子核。

热核反应作为太阳或恒星能源的理论已获得了科学界的公认，提出这一理论的科学家因此获得了诺贝尔物理学奖，但这一理论在细节上还有些很难验证的问题。由于太阳的核反应炉是深深地埋藏在中心部分的，它的周围被大量不透明的物质包围着，因此在地球上无法直接看到其中的实际反应过程，通常的天文仪器只能探测太阳最外层来的光和其他粒子。中心部分的反应能量要经过数百万年的无规则散射才转移到其表面。今天射到地球的能量，还是人类没有出现时太阳内部的反应所产生的！

关于太阳能量的来源主要是根据理论推测得到的，它与一些太阳的观测结果完全符合。把这样的理论推测用到宇宙中其他恒星似乎很合理，并且也与观测事实相符合。这一理论是20世纪初物理学、天体物理学和天文观测的成果。然而20世纪60年代中微子亏损的实验却冲击了物理学家和天文学家建筑在这个成就之上的自信心。

2.1.5 太阳中微子之谜

在理论所预言的热核反应中，会产生一种粒子，它能够穿过太阳物质的重重阻挡，顺利地从中心来到表面，这就是中微子。中微子同光子一样是不带电荷的，没有静止质量，在真空中以光速运动。但这种粒子与所有的物质都只有很微弱的相互作用，所以能够不受电场、磁场的偏转穿过广阔的宇宙空间，甚至能穿透一般的天体。所以中微子可以把情报送到遥远的地方，把星体内部的真实情况及时传送出来。由于它的穿透力太强了，现在还没有特别有效的探测方法来捕捉它。

太阳中产生中微子的反应有好几种，它的辐射总能量中，有30%是以中微子形式发射的。每1 000亿个中微子中也只有一个会被太阳物质吸收或散射，其余都跑到外面来了。地球对于中微子更是透明，即使1 000个地球排成行也挡不住它的去路。

从理论上说太阳内部每秒钟大约产生2×10^{38}个中微子，在地球附近中微子的流量大约为3.5×10^{12}个·厘米$^{-2}$秒$^{-1}$。如果有某种实验方法能在地面上捕获到中微子，并且与理论计算值相符，则可更好地证明发生在太阳内部的质子-质子反应是存在的。如何来探测这种幽灵般的粒子呢？

早在20世纪40年代就有人提出了一种探测中微子的方法。那是利用氯的一种稳定同位素氯37的性质。该同位素在吸收一个高能中微子后，会发射出一个电子而变成氩的同位素氩37。这是一种放射性同位素，通过对它的测定，就可以计算出中微子的数量。一个氯原子要吸收一个中微子，必须等上10^{30}年以上的时间，但我们可用大量的氯原子来吸收中微子。

从20世纪50年代开始，美国布鲁克海文实验室的雷蒙德·戴维斯开始了中微子探测实验。为了避免宇宙线及其他干扰因素的影响，他们在南达科他州一个叫霍姆斯代克金矿的矿井深处放置了探测器。矿井深1 500米，如此深度对干扰因素有很好的屏蔽作用，对中微子却等于零。注意：太阳中微子的照射对地球无日夜之分。探测中微子的物质是四氯化碳液体，净化后的这种液体共610吨装在巨大的钢箱中，其中氯原子的含量超过了10^{30}个。如果真如理论所预言的那样，每秒钟每平方厘米有1 000亿个中微子到达地面，那么这么多氯原子吸收的中微子一天也不到一个。幸运的是，氩37是惰性元素，它只可能衰变为氩的其他稳定同位素，而不会发生化学反应，所以可以进行长期的积累测量。

中微子实验的结果出乎人们的意料。实际测得的中微子数量不足理论模型计算值的1/3。这就是所谓的“中微子失踪案”。上述理论与实验之间的矛盾，是反映了我们对太阳核心区的能量产生过程没有认识清楚，还是反映了我们关于原子核或中微子物理过程的认识不正确呢？或者，是因为我们的测量方法、技术不完善吗？这都是太阳的不解之谜。

尽管对中微子失踪的解释多种多样，但最主要的主张有两派。一派认为，太阳内部确实产生了理论预言那么多的高能中微子，只是在它飞向地球而被探测出来的过程中，以某种方式损失了一部分。另一派认为，太阳内部根本没有产生过理论预言那么多的中微子，我们对太阳中核反应过程的理论有问题。甚至有人认为中微子的静止质量不等于零，这样也能作出合理的推测。

20世纪末，加拿大和美国政府批准了一项对中微子进行探测的新计划。该项目拟用1 000吨重水（氘）作为探测器的主体，整套设备安放在加拿大安大略省萨德伯附近的镍矿中。这个探测器的探测结果有两种可能性：

第一，修改太阳模型，降低对太阳内部温度的估计，从而减少中微子的产量。

第二，不改变太阳模型，允许中微子有一个较宽的质量取值范围。

2001年，萨德伯中微子观测站的某些科学家称，中微子没有失踪，只是它（电子中微子e）在离开太阳后转化成了缪子（μ）和陶子（τ）（两种基本粒子）。对这一报道，科学界给予了肯定的答复。2002年以来，近二百名科学家利用萨德伯中微子观测站的设备，成功观测到三种中微子e，τ，μ，并且探测到已转换成τ和μ的那丢失的2/3的太阳中微子，实测结果与理论值符合得非常好。中微子失踪悬案终于破解，天文学家建立的太阳模型和物理学家关于中微子的理论都被证实是正确的。

现为美国宾夕法尼亚大学物理学和天文学系教授的戴维斯因在探测宇宙中微子领域做出的先驱性贡献而获得了2002年度的诺贝尔物理学奖。诺贝尔委员会称他的工作相当于“在撒哈拉沙漠中寻找一粒有用的沙子”。（参见附录4）

中微子之谜影响了人类对宇宙进一步的认识。事实上，它已大大地刺激了这些领域的研究，并导致了天体物理学的新分支——中微子天文学的诞生。

2.2　地球和月球

地球是太阳的一颗行星，从目前得到的观测资料可知，太阳系中只有地球的环境适合生命存在的条件，并且这种生命已经发展成为它的最高级形式——人。地球的大气、海洋、地壳自形成之日起一直处于活动之中，这是地球与其他行星相比最突出的特征。

2.2.1　地球的基本参数

大地测量表明，地球不完全是球形的，而是在两极方向略为扁平，大致为一旋转椭球体，垂直于自转轴的截面是正圆，通过两极的截面是椭圆，其长半轴 d 和短半轴 c 分别为

$$d=6\,378.164\text{ 千米},\quad c=6\,356.779\text{ 千米}.$$

这组数据充分证明了牛顿在数百年前提出的地球在其自转产生离心力的作用下，赤道将略为隆起，成为扁球体的观点。

地球的其他基本参数如下：

平均半径：$R=6\,371$ 千米；

赤道周长：$L=40\,075.7$ 千米；

最高山峰：海拔 8 840 米；

最深海沟：海拔-11 000 米；

地面起伏：约 20 千米；

地球质量：$M=5.976\times10^{24}$ 千克；

平均密度：$\rho=5.515$ 克/厘米^3；

年龄：约 46 亿年。

人们对地球的内部了解甚少，因为没有办法直接取得地球内部的观测资料。公认的地球模型如图 2-3 所示，地球包括地壳、地幔和地核。地壳的平均厚度为 17 千米，现

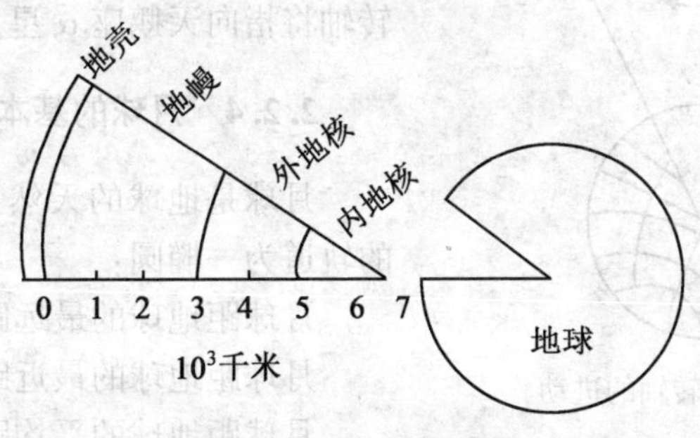

图 2-3　地球的主要分层

有的钻井技术还没有钻透地壳。根据放射性方法能确定地球的年龄约为46亿年，但是地壳岩石年龄绝大多数小于20亿年。这说明构成地壳的岩石不是地球的原始壳层。地幔的厚度约2 900千米，上地幔主要是橄榄石，下地幔是塑性的固体物质。地核平均厚度为3 400千米，外核是液态，可流动，内核是固态，主要是由铁、镍等金属元素组成。根据地热的测定，估计地核温度为6 800摄氏度，而压力最大可达370万个大气压(约3.75×10^{8}千帕)。

2.2.2　地球大气

地球大气的质量为5.13×10^{18}千克，其中氮占75%，氧占23%，还有少量其他气体。大气层主要可以分为三层：

对流层：厚度在赤道上为18千米，在两极为8千米，质量占全部大气质量的80%，高度每上升150米，温度降低1摄氏度。顶部温度约为-60摄氏度，天气现象主要发生在这一层里。

平流层：又称臭氧层，从对流层顶部到50千米高度处。由于这一层里的臭氧（每个分子含三个氧原子，即O_3）吸收太阳的紫外线，这一层是地球生命的保护层，顶部温度升到摄氏零度左右。

电离层：从50千米到500千米高度，大气分子被太阳发出的紫外线、X射线和粒子流所电离（每个分子失去一个或多个电子)，故称为电离层。无线电短波正是依靠电离层的反射而传播的。

2.2.3　地球的自转、公转和地轴进动

众所周知，地球每天自转一周，每年绕太阳公转一周。这个说法不太精确。事实上，地球自转周期为23小时57分4.09秒，并且在潮汐摩擦的影响下地球自转逐渐变慢，变化值为30秒/百年。地球的公转周期为365.24天。

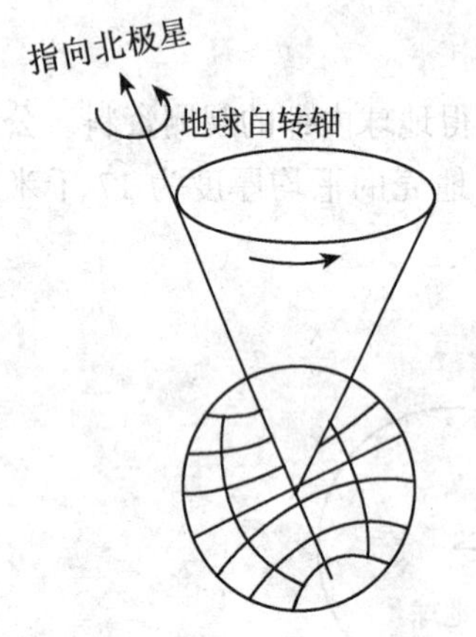

图2-4　地球自转轴的进动

在太阳和月亮的作用下，地球自转轴在空间将沿着一个锥面运动，这种运动称为进动，天文学上叫岁差，进动的周期是25 800年，如图2-4所示。目前地球自转轴指向北极星，但不是永远指向北极星，公元10 000年，地球自转轴将指向天鹅座α星。

2.2.4　月球的基本参数

月球是地球的天然卫星，月球绕地球运动的轨道为一椭圆：

月球距地球的最远距离：406 700千米；

月球距地球的最近距离：356 400千米；

月球距地球的平均距离：384 400千米；

月球半径：1 738.2 千米，约为地球半径的1/4；

月球质量：7.35×10^{22}千克，约为地球质量的1/81；

月球的平均密度：$\rho=3.34$ 克/厘米^3；

月球表面的引力约为地球表面引力的1/6。

2.2.5 盈亏现象

在不同夜晚观察到的月球呈现不同的形状，月球的各种视形状统称为月相，月相的变化现象叫做月球的盈亏现象。盈亏现象来源于两个方面：第一，月球本身不发光，它被太阳照着的半边是亮的，未被太阳光照到的半边是暗的；第二，月球每月绕地球一周，又跟着地球每年绕太阳转一周，日、月、地三者的相对位置不断变化着。

另外，月球在绕地球转动的同时，本身也在自转着，自转周期等于绕地球转动的周期，都是27.32天。

由于月球绕地球公转和月球自转的周期相等，所以月球始终只有一面对着地球，人们无法看到月亮的另一面。在没有空间飞行器的时候人们只能想象月球背面的情况。一直到1965年7月，人类才完成对月球背面的拍摄任务，总算有了一个完整的月亮背面的图像。这是一件艰难的工作，因为仅在1964年至1965年间，空间飞行器发回的照片就达1.7万余帧，通过拼接合成才获得月球背面的整体照片。

2.2.6 月球的表面状况

月面上有些部分暗些，有些部分亮些，用望远镜观测，就可看出暗的部分比较平坦，亮的部分高低不平。平坦区域如同一面镜子，把大部分太阳光反射到某一方向去，那个方向一般不是正好朝向观测者的方向，所以显得暗，而高低不平处总有部分反射光被观测到，所以显得亮些。

月球上较大的暗淡部分称为“海”，较小的为“湖”，最大的“海”叫风暴洋，面积为5 000 000 千米^2。月球上还有许多环形山。环形山大部分是由于流星体或小行星撞击而形成的，少数是由月球火山爆发形成的。最大的环形山面积为236 千米^2，位于月球背面，用月球火箭可以观测到。大环形山里面又有较多小环形山。月球最高的山峰高约6 000 米。

月球上基本没有大气，也没有水，昼夜（相当于地上的一个月）温差大，中午温度可达摄氏127度，半夜则降到零下183摄氏度。月球表面大部分被一层月尘和岩屑覆盖。

上面关于月球表面状况的描述得到了美国宇航员阿姆斯特朗和奥尔德林的证实，他俩于1969年7月20日驾驶“阿波罗11”号宇宙飞船的登月舱降落在月球表面一个称之为静海的地方。这是人类第一次登上地球以外的其他天体，也是人类第一次从其他天体上观测自己居住的地球。

2.2.7 日、月、地天文现象

日、月、地之间产生的主要天文现象有潮汐、日食、月食。

月球对地球的引力作用，可引起海水的潮汐现象，并通过潮汐作用使地球的自转逐渐变慢。因为月球连续两次上中天的时间间隔为24小时50分，因此一般情况下，每24小时50分期间内海潮形成两次高潮和两次低潮。地壳和大气也会有相应的涨落现象，称为固体潮和气体潮。太阳也会在地球上引起潮汐现象，但由于日地距太大，太阳的起潮力不及月球起潮力的一半。当日、月、地处于同一直线上，且月球在日、地中间时，就是常说的天文大潮。

图2-5是太阳和月球引起地球海洋潮汐的示意图。近月亮和远月亮的海水总是隆起。太阳只起辅助作用，太阳的位置使得潮汐有大潮和小潮之分。

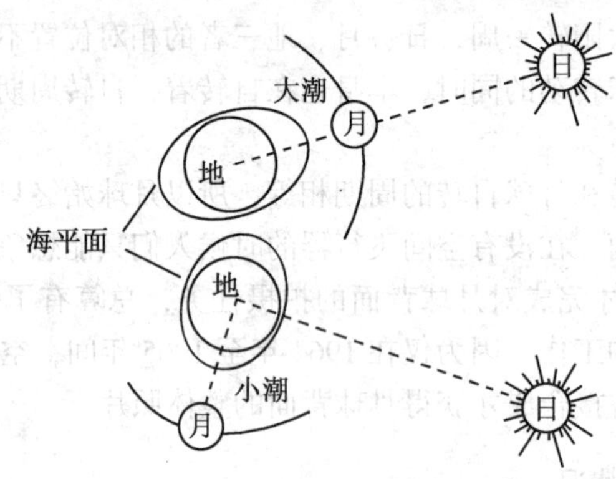

图2-5 地球的潮汐现象

无论是海潮还是固体潮都会产生潮汐摩擦，例如海潮与海底的摩擦、地球内部各个层壳之间的摩擦。潮汐摩擦在地球形成的时候起过相当重要的作用，有人认为这个作用比太阳的作用还大，并且还在不断地影响着地球。根据潮汐理论计算表明，月球引起的潮汐会使月球慢慢地远离地球，速度是每年3厘米，另外使地球的自转变慢。几百万年以前，月球自转周期较短。正是由于长期的潮汐摩擦作用才使它的自转周期慢慢等于公转周期，达到了目前的稳定状态。研究表明，几百万年以后，由于这种潮汐作用，地球的自转周期将变为现在的几十倍。

地球和月球本身是不发光的，太阳光在地球和月球后面都投出长长的影子。当月球绕地球转动中走进地影时，就发生月食；当月球的影子投到地球上时，在月影遮蔽部分的观测者就能看到日食。图2-6是日食、月食的示意图。

图2-7给出了月影的结构示意图。(图2-6和图2-7未按实际大小比例绘制)。*A*区为本影区，*B*区为半影区，*C*区为伪本影区。日食的类型有日全食、日偏食和日环食3种。当地球表面处于月球本影区时，人们看到整个太阳的视圆面都被月球遮挡，称之为日全食。当地球表面处于月球半影区时，人们看到太阳的一部分视圆面被月球遮挡，这一现象称为日偏食。日环食指地球表面某地区处于月球的伪本影区时，月球仅挡住了太阳圆面的中心部分，周围还有一圈明亮的光环，这一现象称为日环食。从图2-7中可以看出，当月球距离地球最远时，才可能发生日环食。

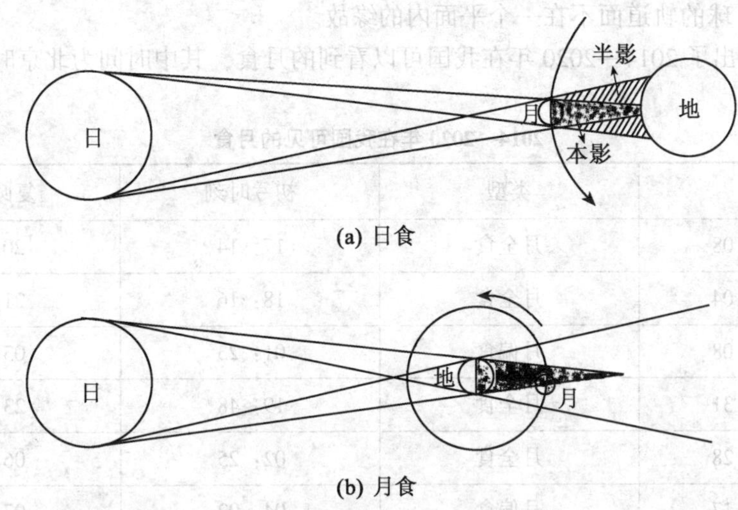

(a) 日食

(b) 月食

图 2-6 日食和月食示意图

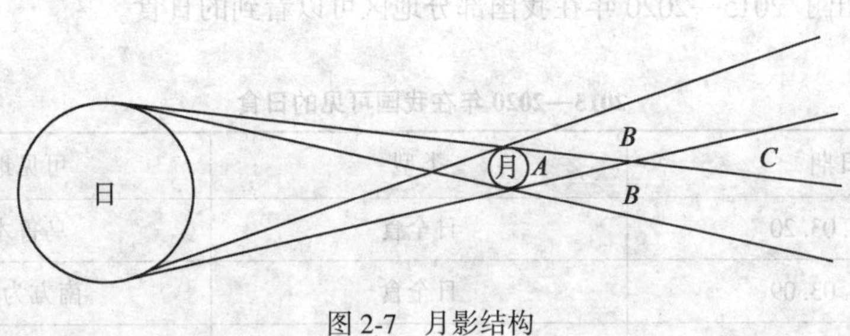

图 2-7 月影结构

日食每年最多可发生 5 次，最少发生 2 次。由于月球自西向东绕地球转动，所以日食总是从日轮的西边缘向东边缘发展。日全食按先后顺序可分为 5 个阶段。

初亏：月轮的东边缘与日轮的西边缘外切。

食既：月轮的西边缘与日轮的西边缘内切，日全食开始。

食甚：月轮的中心和日轮的中心相互重合。

生光：月轮的东边缘和日轮的东边缘内切。

复圆：月轮的西边缘和日轮的东边缘外切。

一个完整的日全食过程可以延续 2 小时左右，但日全食往往只有 2~7 分钟时间。日偏食只有初亏、食甚和复圆 3 个阶段。

月食分为月全食和月偏食两种。这是因为地球直径比月球大 4 倍，地球的本影远比月球的轨道半长径长，所以月球只能穿越地球的本影区，永远不会进入地球的伪本影区。月球进入地球的本影就发生月全食，当月球从地球本影的边缘掠过时，就形成了月偏食。

一个完整的月全食过程为 1~4 个小时，也可像日全食一样分为 5 个阶段，这里不再重复。一年内最多可发生 3 次月食，也有可能 1 年内 1 次月食也不发生，这是因为地球轨道面与月球的轨道面不在一个平面内的缘故。

表 2-1 给出了 2014—2020 年在我国可以看到的月食，其中时间为北京时间。

表 2-1　**2014—2020 年在我国可见的月食**

日期	类型	初亏时刻	复圆时刻
2014. 10. 08	月全食	17：14	20：34
2015. 04. 04	月全食	18：16	21：46
2017. 08. 08	月偏食	01：23	03：19
2018. 01. 31	月全食	19：48	23：11
2018. 07. 28	月全食	02：25	06：20
2019. 07. 17	月偏食	04：02	07：01

表 2-2 给出了 2015—2020 年在我国部分地区可以看到的日食。

表 2-2　**2015—2020 年在我国可见的日食**

日期	类型	可见地区
2015. 03. 20	日全食	乌鲁木齐
2016. 03. 09	日全食	南方为偏食
2018. 08. 11	日偏食	西部
2019. 01. 06	日偏食	大部分区域
2019. 12. 26	日环食	部分地区为偏食
2020. 06. 21	日环食	西藏、四川、贵州等

当人们还不明白天体运动规律的时候，日食、月食这种自然现象曾引起人们极大的恐慌。现在人们已经认识了这种极为普遍的自然现象，并且能计算出上百年甚至上千年的日食和月食发生的时间和地点。日食特别是日全食似乎已经成了研究天体、太阳和地球的科学家的重大节日。因为日食观测，爱丁顿于 1919 年验证了爱因斯坦广义相对论的正确性。当日食发生时，月亮遮住太阳表面的光线，这给研究太阳大气带来了绝好的机会。水星的内侧还有没有太阳系的另外一颗行星，这是长时间争论的问题。虽然爱因斯坦早就用广义相对论说明不存在行星，但是还有孜孜不倦的科学家在日食的时候企图找到水星内侧的行星。

2.2.8　日地空间

日地空间是指太阳和地球之间的空间。人们常说，地球是我们的家园，太阳是能量的来源，因此，日地空间就是我们生活的环境。

太阳和地球相距1.5亿千米。在这广阔的空间里，有什么形态的物质？有哪些自然现象？它们与人类的生活有什么关系？这些问题很早就引起了人们的兴趣。可是真正成为一门独立的学科，也只是近几十年的事。以前对日地空间的认识，只能通过在地面上进行些间接的观测，所获得的认识比较有限，而且粗糙、片面。自从有了火箭、人造卫星、宇宙飞船、空间站、航天飞机等新的技术手段，人类才有可能直接深入到外层空间里去探索。今天，我们已经在日地空间中发现了许多出乎意料的现象，大大丰富了我们对这个空间环境的认识。

日地空间大体可以划分为两个势力范围：一个属于地球，一个属于太阳。地球的势力范围很小，只有它附近的几十万千米，不到日地距离的1%，其余的范围全属于太阳。古希腊的亚里士多德曾经主张，月亮以下是地的世界，月亮以上是天的世界。如果把这个界限作为日地空间两个范围的分界线，在今天来看，大体还是正确的。不过亚里士多德接着说，天界是由一种地上没有的、神秘的“以太”构成的，这就完全错了。

天体物理早就证明，构成太阳、恒星以至更遥远的星系的物质丝毫也不神秘，空间的直接探测更证明了在月亮之上的空间中，充满着一种电离了的气体。电离气体由正离子和电子构成，它的行为与通常的固态、液态和气态是大不相同的，故人们把它称为物质的第四态，给了它一个名字——等离子体。等离子体能导电，能够维持自己的磁场，还可能产生电磁波。实际上，在地球表面50千米以上就存在由等离子体组成的电离层。

地球就是在这样一种等离子体环境中环绕太阳运行的。这种等离子体介质的密度是每立方厘米10个粒子。大家知道，大气在海平面处的密度是每立方厘米27×10^{18}个分子。所以在行星际空间，物质密度几乎是等于零的。如果以为如此稀薄的介质不会有什么作用，那就大错特错了。正是这种稀薄气体和磁场的相互作用，产生了形形色色的效应，如对无线电通信的干扰等。

现在知道，日地空间中的这种等离子介质是太阳以“风的形式”吹出来的。太阳大气的日冕部分，温度高达100万~200万开。根据流体力学理论，日冕不可能静止，而是处于流动的状态。因为日冕气体温度极高，即使在离太阳相当远的地方也不可能把气体压力减小到和恒星际气体压力相平衡的程度，于是日冕不断扩张到太阳系外的星际空间中去，而新的物质则从太阳大气低层流入高温日冕区对它进行补充。于是在太阳系空间中，形成了一种不断向外吹的“风”，这就是太阳风。我们的地球就在这“风”中绕太阳不停地运行。太阳风的存在很快就被人造卫星的直接观测证实了。

按照天体演化的理论，目前还是太阳风比较温和的时期。如果回到几十亿年前太阳初生的时候，或者到太阳进入晚年的时候，太阳风要强大得多。现在的太阳风有多大呢？我们知道，地面上的风速不超过每秒几十米。即使风洞实验室中人造的最强风也不过每秒数千米。但是吹向地球的太阳风，速度在350~800千米/秒。如此强的风，会把空间中的许多东西刮跑。见过彗星的人，都会对彗尾留有深刻的印象——有的彗尾又长又大，背向着太阳，这就是由于太阳风向外猛吹造成的。地球同样也遭到太阳风的强大压力，所以同彗星相类似，也拖着一条背向太阳的“尾巴”。这条“尾巴”有几百万千米那么长。不过这条“尾巴”主要由磁场和稀薄的带电粒子构成，它不发光，用肉眼是发现不了的。

太阳风中的主要成分是电子和质子，也有少量氦离子。因为它是一种等离子体，所以太阳风夹着磁场。由于太阳本身也在自转，太阳风等离子体和磁场都呈螺线形向外延伸。太阳风中还存在着各种大小不同的结构，如高速粒子流、行星际激波、磁流波引起的起伏、等离子体湍流等，它们与太阳本身的活动密切相关，并对地球附近的环境有着显著影响，如产生地磁暴、极光、电离层暴等地球物理现象。同时，太阳风中那些太阳爆发时发出的高能粒子流，还能摧毁有机体，这是人类进入太空所必须考虑的一个问题。

除了以上太阳微粒以外，危及人类生命的还有太阳光中的紫外线、X 射线等成分。太阳不仅是万物生长的源泉，也可能是扼杀生命的刽子手。不除去对人类有害的成分，暴露在太阳辐射中的生命是难以存活的，这也是其他行星上没有生命存在的重要原因。值得庆幸的是，地球附近的空间把太阳辐射中的有害成分都拒之门外，使生物和人类得以生存繁衍。

地球的空间势力范围是如何完成这一任务的呢？原来，它设置了一道道防线，把不利于生命的成分都挡在外面。

第一道防线是地球磁场构成的。在地面现象中，地磁场的效应是很小的，只有用指南针时才会感到它的存在。但是，在地球上空 1 000 千米以上直到数万或数十万千米的范围，地球的磁场起着主宰的作用。因为在那样的地方，物质都处于等离子体状态，磁场对带电粒子的作用比地球的引力作用要强得多。整个由地球磁场控制的区域叫做磁层。对于太阳风来说，磁层就是一堵挡风的墙。太阳风受阻于磁层，大多数太阳粒子只能沿着磁层的外围滑走而不能进入地球，如图 2-8 所示。而磁层在太阳风的冲击下也形成一种“拖着长尾巴的水滴”形状，在向阳的一侧，它只能伸展到 10 倍地球半径处，而在相反的方向上则可以延伸到 30 倍地球半径处。由于太阳的活动，会产生太阳风中的阵风，磁层与太阳风的界面弓形激波也会随风的强弱而进退。

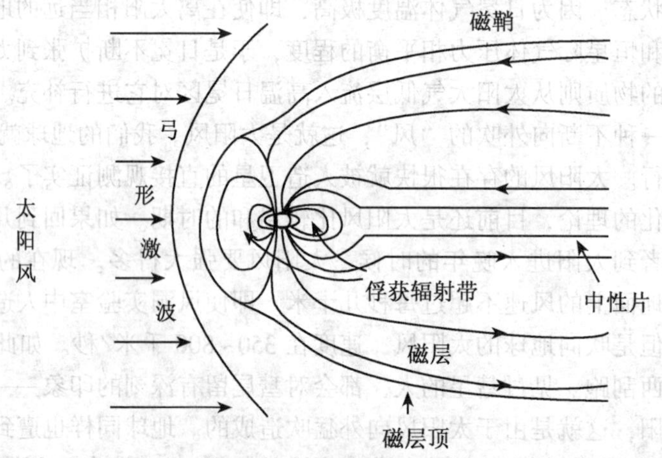

图 2-8　地球磁层及其作用

日地空间中的高能粒子也有少数能突破磁层屏障而闯进磁层内。但一旦进入磁层，它们会被磁场俘获，囚禁在高空中。这一点已得到美国“探险者1号”卫星探测器的确认。

在磁层以下，是地球的第二道防线，这就是地球的大气。阳光中的有害成分主要是靠大气来阻挡的。地球的大气从地面一直延伸到大约500千米的高度。日常熟悉的风云雷雨现象，只发生在大气底层十多千米的高度以下。上层大气的物理性质与底层很不一样。在50千米以上的高空，空气相当稀薄，由于阳光的照射，形成了电离层。电离层削弱了太阳辐射中的有害成分。剩余的紫外线由臭氧层来消灭。在电离层以下的区域，由于太阳辐射的作用，在大气中产生了微量臭氧。尽管臭氧的含量只占空气的四百万分之一，但它吸收紫外线的本领却很强，以致太阳辐射中的紫外线很少能到达地面。在地球的早期，大气中缺乏氧，也就不会有臭氧层。那时，地面上很难维持生命现象。有的演化理论猜想，那时生命现象都发生在水里，因为水也是吸收紫外线的有效物质。对地球早期生物化石的研究证实了这一点。最近几十年来，由于制冷剂氟利昂的大量应用，而氟利昂是高挥发性物质，极易泄漏到空气中，加之它的比重小，逐步上升到臭氧层，致使臭氧还原成氧，从而大大降低了臭氧的浓度，致使两极地区的臭氧层空洞越来越大，已经开始危及地球生命，所以保护臭氧层就是保护人类自身。

总的来说，日地空间是由太阳风、磁层、电离层以及低层大气组成的，各部分依照动力学和热力学的过程相互联系着。因此，只要在一个环节上偏离了平衡，就会影响到其他环节。这里，太阳的状态起着主导的作用。破坏平衡的事件在太阳上是时常发生的。例如太阳时常有大大小小的爆发活动，使太阳风的强度、方向和粒子能量发生变化，太阳风的增强会使磁层收缩，进而又触发磁层中的爆发，致使人造卫星带电而被损坏或击毁。太阳活动对电离层的骚扰会影响短波通信，严重时会使通信中断。太阳活动也会通过一系列环节影响低层大气，造成气候异常或剧变。

为了更好地了解太阳和地球之间各类活动、现象之间的因果关系，并将太阳扰动和地球效应之间相互作用的各个环节联系起来，国际上进行了大规模的科学合作研究计划。从20世纪90年代以来，美国已发射“WIND”、“EQUATOR”和“POLAR”3颗探测卫星；欧洲空间局则发射了“SOHO”探测卫星和“CLUSTER”四星探测系统。1996年6月4日，欧洲空间局用首枚阿丽亚娜5型火箭发射“CLUSTER”时，由于火箭故障而使4颗卫星均遭损失。2000年7月16日和8月9日，欧洲空间局分两次把4颗“CLUSTER”卫星送上了轨道。日本则发射了“GEOTAIL”探测卫星。我国空间中心也于21世纪初发射了2颗探测磁层的小卫星，这就是大名鼎鼎的双星计划。

我国的国家天文台、空间科学与应用研究中心和武汉大学电子信息学院等一直在从事日地关系的研究，并取得了相当可观的研究成果。

这里简单介绍一下现任南昌大学副校长的邓晓华教授，他在日地空间领域的研究成果得到了国际科学界广泛认可。

20世纪六七十年代有学者认为日地空间存在一种新的能量传输形式——**磁场重联**，但一直没有找到观测证据。20世纪末邓老师利用在日本京都大学做访问学者的机会，从GEOTAIL卫星提供的海量数据中找到了磁场重联的观测证据，随后将这一研究成果发表在自然科学的顶级刊物 *Nature* 上，受到了国际学术界的广泛重视，并获得巨大反响，世界空间物理泰斗、太阳风的发现者 E. N. Parker 教授亲笔来信表示祝贺和赞赏。学术界认为邓教授的这一研究涉及困扰天体物理、空间物理和等离子物理近半个世纪的有关磁能释放机制的重大难题，开辟了磁场重联研究的新领域，对推动磁场重联研究和解释宇宙中的快速爆发现象具有极其重要的意义。

2.3 太阳系的其他天体

2.3.1 八大行星

根据质量、大小和化学组成不同，可将行星分成三类：

类地行星：它们的体积小、密度大、中心有铁镍核。包括水星、金星、地球和火星。

巨行星：包括木星和土星两颗行星。其特点是体积大、密度小，主要由氢氦等元素组成，是无固体表面的流体行星。

远日行星：包括天王星和海王星。它们的体积、密度介于上述两类之间。主要由氢、氦、甲烷、氨等元素组成。由于表面温度很低，可能大部分处于冰冻状态。

八大行星的主要参数按离太阳的距离由近到远排列见表 2-3。

表中有关卫星个数的数据截止日期为 2013 年。

表 2-3　　**太阳系八大行星主要参数**

行星	到太阳距离(天文单位)	公转周期(天)	轨道倾角(度分)	轨道偏心率	质量(千克)	赤道半径(10^3千米)	平均密度(10^3千克/米^3)	表面重力加速度(米/秒^2)	逃逸速度(米/秒)	已知卫星数(个)
水星	0.387	87.97	7°01′	0.206	3.3×10^{23}	2.44	5.43	3.63	4.3	0
金星	0.723	224.7	3°24′	0.007	4.87×10^{24}	6.07	5.25	8.60	10.3	0
地球	1.000	365.256	0°0′	0.017	5.976×10^{24}	6.378	5.52	9.82	11.2	1
火星	1.524	686.98	1°51′	0.093	6.42×10^{23}	3.395	3.96	3.76	5.0	2
木星	5.205	4 332.6	1°18′	0.048	1.989×10^{27}	71.4	1.33	25.92	59.5	66
土星	9.576	10 759	2°29′	0.055	5.684×10^{26}	60.0	0.70	11.29	35.6	60
天王星	19.28	30 685	0°46′	0.051	8.686×10^{25}	25.6	1.24	11.49	21.4	25
海王星	30.13	60 189	1°46′	0.006	1.029×10^{26}	24.75	1.66	11.59	23.6	9

从表 2-3 中可以看出，行星公转轨道的偏心率都很小，除最内侧的水星外，偏心率都在 0.01~0.09 之间，它们都沿同一方向自西向东绕太阳转动，轨道大致在同一平面上。

大部分行星有一个或若干个小天体环绕自己运动着，这些小天体称为卫星。月球就是地球的卫星。随着观测手段的提高，越来越多的卫星将会被发现。

天王星是 1781 年赫歇耳用望远镜发现的。在它被发现后的 40 年里，天文学家逐渐注意到这颗行星的实际观测位置和计算出来的位置不符，而且差距越来越大。1822 年以前，天王星走快了，像有一股力量在拉它向前；1822 年以后，天王星走慢了，像有一股力量在拉它向后。人们便猜测在天王星轨道之外还存在着一颗尚未发现的行星，是这颗行星对天王星施加引力影响：1822 年以前天王星在那颗未被发现的行星后面，因此被拉向前；1822 年天王星追上了那颗行星，以后被那颗行星拖向后退。但这颗新行星是否真正存在呢？这必须通过观测来回答。

为了找到这颗新的行星，需要先根据天王星运动中的不规则性来计算出这颗新行星的轨道参数以及在各个时刻的位置，然后根据计算结果用望远镜来进行寻找。对当时的条件而言，计算是非常繁杂的。英国的亚当斯和法国的勒威耶在不长的时间内完成了这项艰巨的任务，遗憾的是英国和法国的学术权威并不支持他们的工作，他们只得写信给德国人加勒，请他按照所预报的位置来观测寻找这颗新行星。1846 年 9 月 23 日，加勒在收到信的当天晚上就用 9 英寸口径的折射望远镜在宝瓶座发现了这颗星图上没有的行星，第二天的观测证实了这个结论。9 月 25 日，加勒公布了这一发现，海王星终于被发现了！海王星发现后 17 天，海卫一又被发现了。

考虑到海王星的引力影响后，人们发现天王星的观测位置和计算位置仍然存在小的差别，而且，海王星的观测位置与计算位置也不完全符合，只能认为在海王星之外还存在一颗行星。1930 年 2 月，美国人汤博终于找到了这颗预言的行星，并命名为冥王星。可惜冥王星仅为矮行星，而非大行星。

水星、金星在地球轨道之内，故又称为内行星。水星比金星距太阳更近，只有日出以前和日落以后的很短的时间才能看到。水星离太阳太近，所以要看到水星不太容易。金星是易看清和识别的行星，它常常挂在西南方向黄昏的天幕上，有时挂在黎明以前东南方向的天幕上。中国人称之为金星，西方人称之为爱神维纳斯，都是因为它美丽的外表。

按牛顿力学推算二体问题的轨道应该是椭圆，一般的行星运动不是纯二体问题，故应考虑其他行星的影响。对水星而言，除考虑太阳的作用外，还需考虑邻近的金星、地球和木星的影响。水星的绕日运动是如图 2-9 所示的进动。根据计算，每百年有 5 557.62″的进动，实际观测值是 5 600.73″，比理论计算值多 43.11″。这个微乎其微的值长期困扰着天文学家。鉴于海王星被发现的经验，1859 年勒威耶如法炮制，将这一误差归因于在太阳附近还存在一颗很小的未知行星，正是由于它的作用才引起了水星的异常进动。他还预言，这颗行星将随太阳一起升落，所以只能在日全食时观测到，或者当它从太阳面前通过时被观测到。由于它距太阳太近，表面温度很高，所以勒威耶将它取名为火神星。由于当时勒威耶已是巴黎天文台台长，威望极高，大家都很相信他的预言。很多天文学家甚至投入了寻觅火神星的工作，然而几十年里却毫无收获，最终大家只能认为火神星是不存在的。

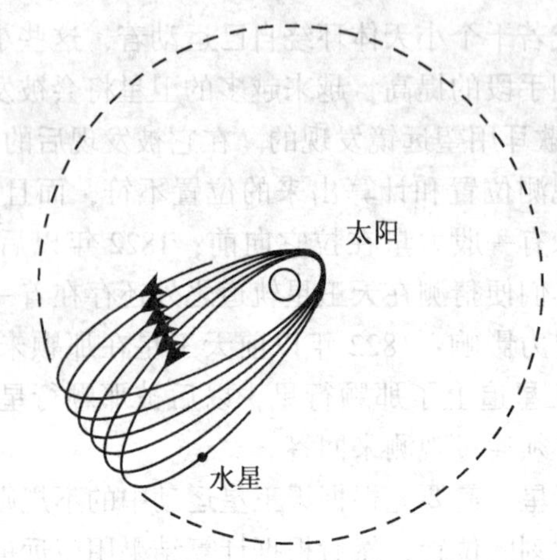

图 2-9 水星轨道近日点进动示意图

1916 年爱因斯坦的广义相对论发表后，水星进动异常的问题获得了圆满解决。爱因斯坦指出，如果计及广义相对论效应，水星近日点每百年的进动应该有 43. 03″的附加值，由于此数值与观测结果十分接近，因此被看做是广义相对论创立初期最重要的验证之一。同时这个结论也宣告了勒威耶预言的失败。尽管如此，最近几年仍然还有许多天文爱好者和部分天文学家奔赴各个日全食地区，以寻找心目中的“火神星”，更有甚者说他们已在日全食时找到了火神星……

金星是全天空最亮的星。1610 年伽利略用望远镜首先发现金星也有盈亏的位相变化，这是确立哥白尼日心说地位的重要证据。

金星拥有一个比地球还浓密百倍的大气层，大气中 96%是二氧化碳，3%是氮气。这层大气使得金星表面气压高达 88 个大气压，表面温度达 480 摄氏度。金星还有一个与众不同的地方：它的自转周期长达 243 天，而且是自东向西逆转，所以金星上一天相当于地球上 117 天，并且“太阳从西边出来”。金星是太阳系内唯一逆向自转的大行星。

火星的自转情况与地球相似。自从发现火星有稀薄的大气以后，许多人坚信火星上有高等生命存在，“火星人”屡次出现在小说中和屏幕上。其实火星的自然条件比地球差得多，大气比地球大气稀薄得多，相当于地球 30~40 千米处的大气密度，而且 95%是二氧化碳，3%是氮，1%~2%是氩，氧还不到 0. 1%。

探测器已成功在火星登陆多次，有的在火星上工作了很多年，并送回许多有用的资料。这些资料无一能说明火星存在任何形式的生命。

火星每年都要刮数次特大尘暴，风速达到每秒 180 多米，大风暴可以席卷整个火星。

木星是太阳系中最大的行星，相当于地球体积的 1 316 倍。木星绕太阳一周需要 12 年，自转周期却只要 9 小时 50 分 30 秒。木星上有很强的磁场，磁场强度大约是地球的

10倍，而且磁场与地球磁场的方向正好相反。

木星的内部结构也与众不同：它没有固体外壳，在浓密的大气之下是液态氢组成的海洋。液态氢层厚达14 000千米，大气中的氢占88%，11%是氦。木星背面还发现长达30 000千米的极光，它是除地球以外第二个发现有极光现象的天体。木星是一个发光的行星，它不断辐射红外光和射电波，仅射电部分的辐射能量就达1亿千瓦，它甚至还能发出X射线和高能电子。

木星有66颗卫星，木星的卫星是按发现的先后次序编号的。1610年1月伽利略用自制的望远镜首先发现了4颗木星的卫星，其中木卫一是最著名的，因为在木卫一上有火山爆发，而且它是迄今在太阳系中所观测到的火山活动最为频繁和激烈的天体。

土星是仅次于木星的大行星，体积是地球的745倍，但是它的平均密度为0.7克/厘米^3，比水还轻。

土星的显著特征是有一个光环，光环是由直径几厘米至几米的冰块组成的，它们以很快的速度绕土星运转。光环的直径约为27万千米，厚度为10千米。

土星是太阳系中卫星数目较多的一颗行星，迄今已发现60颗卫星。其中土卫六是最著名的卫星，它比水星还大，它是太阳系中唯一有大气的卫星，大气中氮占98%，甲烷占1%，大气层厚度为2 700千米。土卫六的表面温度很低，在-210~-190摄氏度之间，所以它的表面是液氮的海洋。

2.3.2 太阳系的小天体

太阳系有很多小行星、彗星、流星等小天体。有些小行星甚至比大行星卫星的体积还要小。

1. 小行星

如果仔细阅读表2-3就会发现火星、木星轨道之间的距离异常地大。如果将各行星到太阳的距离大小按比例画于图2-10的话，这一现象将更加清晰。地球轨道内还有一颗行星——水星的轨道已无法画出。可见火木之间空隙太大。对比例问题特别敏感的天文学家开普勒发现这一异常后，设想在这个区间还有一颗行星在其中运行。但这一假设由于缺乏观测证据而无法让大家接受。

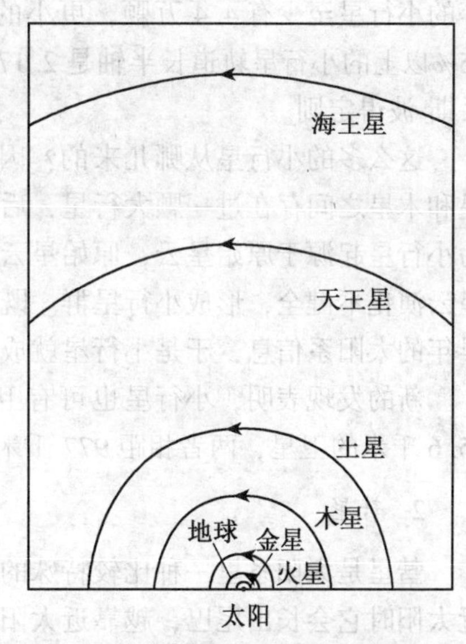

图2-10 太阳系行星轨道示意图

1764年德国的一位中学教师提丢斯发现行星的排列有一个规律：如果令土星到太阳的距离为100个单位，那么：

水星离太阳 4+0=4个单位；

金星离太阳 4+3=7个单位；

地球离太阳 4+6=10个单位；

火星离太阳 4+12=16 个单位；

? 离太阳 4+24=28 个单位；

木星离太阳 4+48=52 个单位；

土星离太阳 4+96=100 个单位。

当时在离太阳 28 个单位处并未发现有行星。柏林天文台台长波得把提丢斯的想法总结成为提丢斯-波得定则，可写成如下的数学公式：

$$R_n = 0.4 + 0.3 \times 2^{n-2},$$

单位是日地距离，即天文单位。序号 n 是从太阳由近及远排列的行星的序号，规定对水星不取 $n=1$，而是取 $n=-\infty$，金星 $n=2$，其他各行星按顺序取为 3，4，…。对木星的距离，计算时不是取 $n=5$，而是取 $n=6$ 才合适，这就启发人们去寻找与 $n=5$ 相适应的位置处的行星，这颗行星应该在 $R_5=2.8$ 天文单位处。

和开普勒一样，提丢斯和波得坚信在 $n=5$ 处有一颗没有被发现的行星，但是很少有人相信提丢斯-波得定则的正确性，甚至有人认为这个定则不过是一种数学游戏。直到 1781 年赫歇耳发现了土星轨道以外的天王星，人们才惊奇地发现，天王星与太阳的距离也可用提丢斯-波得定则来描述，只要取 $n=8$ 就行了。这一结果改变了人们对提丢斯-波得定则的看法，并且在欧洲大陆掀起了寻找与 $n=5$ 对应的行星的热潮。

1801 年 1 月 1 日，意大利天文学家皮亚齐找到了这颗新行星，它后来被命名为“谷神星”。由于这颗行星的直径只有 770 千米，比月球还小，故又称为小行星。小行星能与地球、火星等大行星相提并论吗？

继续寻找是唯一的出路。遗憾的是至今为止，在 $n=5$ 处并未找到一颗大行星，而是陆续找到了智神星、婚神星、灶神星和义神星。这些都是直径为几百千米的小行星。到 2013 年年底，算出轨道并获得国际编号的小行星已有 12 000 多颗。人们估计暗至 19 等的小行星至少有 4.4 万颗，更小的就更多了，估计总数在 50 万颗以上。根据统计，95%以上的小行星轨道长半轴是 2.17~3.64 天文单位，平均为 2.77 天文单位，符合提丢斯-波得定则。

这么多的小行星从哪儿来的？因为符合提丢斯-波得定则，所以很自然就会想到火星和木星之间存在过一颗大行星，后来爆炸成小块，形成了小行星群。还有一种观点认为小行星起源于原始星云，原始星云在逐渐形成太阳和太阳系的行星的时候，有一部分星云演化不健全，形成小行星群。既然小行星群是发育不健全的产物，那么肯定携带了早年的太阳系信息，于是小行星就成了研究太阳系的原始标本了。

新的发现表明，小行星也可有卫星，如直径 243 千米的大力神星就有一颗直径为 45.6 千米的卫星，两者相距 977 千米。

2. 彗星

彗星是太阳系里一种比较特殊的天体，当它远离太阳时呈现为一个云状小斑点，接近太阳时它会长出尾巴，越靠近太阳，尾巴越大、越长，如图 2-11 所示。

人们习惯于匀称的天体，所以对一个带有尾巴的彗星自然是不习惯了。在历史上，人们认为彗星总是和灾难联系在一起的，因此出现彗星的时候往往会引起全社会的恐

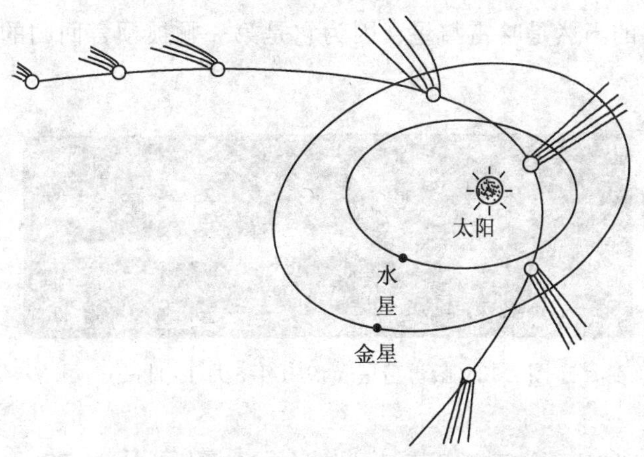

图 2-11 彗星尾巴随距太阳距离的变化而变化

慌。现在人们已经明白彗星只是太阳系中一个“微不足道”的小天体，由冰冻着的杂质组成，故彗星又称为脏雪球。它们与其他行星一样有自己的轨道，沿着这些轨道绕太阳运转。所不同的是，有的彗星的轨道是抛物线或双曲线，即使是椭圆也是极扁的椭圆。彗星中较亮的中心部分称为彗核。彗星在离太阳很远的地方是没有尾巴的。只是进入火星轨道区域之后，太阳的光和热使其表层部分慢慢融化，蒸发出来的气体逐渐形成一个云雾状的包层，这就是彗发。彗发和彗核组成彗头。随着与太阳距离日渐缩短，彗发急剧膨胀起来，在太阳辐射和太阳风的作用下形成长达几亿千米的彗尾。彗尾分Ⅰ型和Ⅱ型。Ⅰ型彗尾的形状长而直，它是气体彗尾，实际上由电子和等离子组成。这类彗尾结构复杂，活动频繁。Ⅱ型彗尾的成分是尘埃，是中性物质。作者 1983 年 7 月从南京大学天文系本科毕业时，所写的毕业论文就是关于彗星气体分子组份分析。该论文发表在 1983 年 10 月的《空间科学》杂志上。Ⅱ型彗尾形状弯曲、较宽，形状简单。绕过太阳以后，彗星慢慢恢复原来的面貌。彗星的轨道不仅偏心率很大，而且轨道倾角也很大，大约有一半是超过 90°的逆行彗星。所谓逆行就是公转的轨道运动与八大行星相反。例如哈雷彗星就是一颗逆行彗星。彗星的公转周期一般都很长，在 300 多颗已知轨道为椭圆的彗星中，周期小于 200 年的只有 130 颗左右，已知周期最短的是恩克彗星，周期是 3.298 年。

在很长时期内，人们对彗星的认识是不正确的，甚至有人认为彗星不是太阳系内的天体。哥白尼认为它诞生于地球高层大气中。直到 16 世纪末，第谷测出彗星比月亮远，这才纠正了上述的错误认识。20 世纪 50 年代，荷兰天文学家奥尔特认为彗星来自太阳系的边缘，在离太阳 3 万~10 万天文单位的地方有一个大冰库，大冰库中至少有 1 千亿颗彗星，但总质量却只有地球质量的$\frac{1}{100}$~$\frac{1}{10}$。这个冰库现称为奥尔特云。奥尔特云中的彗星偶尔在附近恒星的作用下可能改变原来的运动，进入行星区域，慢慢靠近太阳，形成人们所看见的彗星。能改变运行轨道进入行星区的彗星很少，发生的几率大约只有十万分之一。

彗星中最著名的当然是哈雷彗星，因为它是第一颗被预言回归的彗星，如图 2-12 所示。

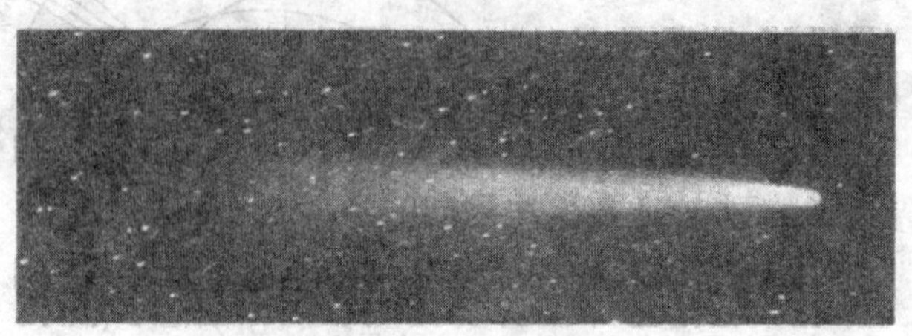

图 2-12 哈雷彗星（1910 年 5 月 13 日摄）

1682 年天空中出现了一颗肉眼可见的彗星，哈雷认为它不是第一次来到地球，它曾经于 1531 年 8 月 26 日、1607 年 10 月 27 日、1682 年 11 月 15 日通过近日点，之间的间隔为 75.05 年。哈雷预言这颗彗星将于 1758 年年底或 1759 年年初再次通过近日点。1758 年年底这颗彗星果然又回来了，后来这颗彗星被命名为哈雷彗星。现在认为，哈雷彗星的周期为 76 年，下一个回归年是 2061 年。

彗星质量在 $10^2 \sim 10^8$ 亿吨之间，主要集中在彗核内，彗核的大小约为数千米，彗核的密度约为 1 克/厘米^3，而彗尾物质极为稀薄，约为地面空气密度的十亿分之一。1910 年，哈雷彗星的彗尾扫过地球，但并未对地面产生任何能觉察到的影响。彗星在运动，不断散失质量。如哈雷彗星每公转一圈，质量减少约 20 亿吨。另外，彗星的彗核还会分裂成几块甚至完全瓦解。

科学家认为彗星物质仍然是太阳系 45 亿年前形成时的原始状态，因此对彗星的探测研究可获得太阳系初始状态的有关信息。最近的研究表明，彗星最先起源于太阳系中现今天王星和海王星所处的区域，在行星形成时把彗核抛到了几乎超出太阳引力范围之外，现在这些彗星就处在以太阳为中心的巨大云环中，这个云环就是奥尔特云。

1995 年 6 月，美国哈勃太空望远镜找到了位于太阳系边缘的彗星“产房”，那里至少聚集了 2 亿颗彗星。这一观测结果证实了奥尔特云的存在。

1994 年 7 月 16 日发生了一件重大的天文事件，“苏梅克-列维 9 号”彗星与木星发生猛烈撞击。“苏梅克-列维 9 号”彗星是 1993 年 4 月 24 日由美国天文学家苏梅克夫妇和加拿大业余天文爱好者列维在美国帕洛马山天文台一起发现的。发现时的亮度为 14 等，已经分裂为 21 块，一字排开类似一串珍珠项链。1994 年 7 月 16 日 20 点 15 分，“苏梅克-列维 9 号”彗星的第一块碎片以 60 千米/秒的速度撞到木星大红斑的东南方，此后 5 天半内，其他的 20 块碎片像一连串的炮弹相继击中木星。彗木相撞期间，地面上数百个天文台的望远镜以及哈勃太空望远镜、伽利略号空间探测器等都将这一惊心动魄的壮观场面记录了下来。

天文学根据各种观测资料，计算出第一块碎片撞击木星时的能量——2000 亿吨 TNT 当量（约 4.2×10^{16}焦），其释放的能量相当于 1945 年美国扔在日本广岛的原子弹的千万倍。撞击时的温度高达 3 万开，在木星大气中撞出的黑斑状窟窿直径达 1 000 千

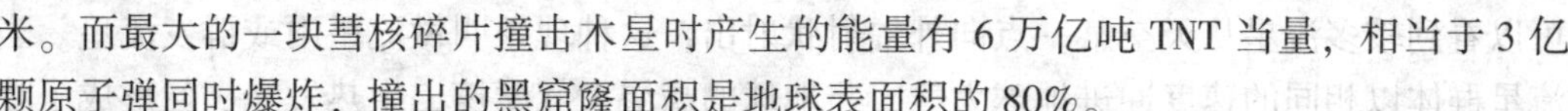

米。而最大的一块彗核碎片撞击木星时产生的能量有6万亿吨TNT当量，相当于3亿颗原子弹同时爆炸，撞出的黑窟窿面积是地球表面积的80%。

彗星类似大小的碎片可能袭击地球吗？古生物学家认为这是可能的，恐龙的灭绝也许就是彗星撞击地球而惹的祸。

当彗星撞击地球产生的烟尘覆盖了大部分地球表面时，地面上烟云密布，植物无法进行光合作用。如果烟尘的消失耗时数年，巨型食草动物恐龙将得不到足够的食物而灭绝。

1908年6月30日，一次巨大的爆炸震撼了西伯利亚通古斯地区的原始森林。这就是震惊世界的"通古斯大爆炸"。这天早晨大约7时左右，通古斯地区的居民目睹了罕见的天空奇观：一颗比太阳还要耀眼夺目的巨大火球，发出难以想象的巨大声响，以泰山压顶之势冲向地球，在通古斯河谷附近的原始森林上空发生剧烈爆炸，一团巨大的火柱拔地而起，升起的黑色烟柱在450千米以外也能看到，1 000千米以内均能听到爆炸巨响。大火吞噬了方圆60千米内的大片原始森林，在400千米的范围内，强劲的狂风卷走了屋顶，推倒了墙壁，树木纷纷倒地。

幸亏这次惊天动地的爆炸地点在人烟稀少的通古斯地区，才未造成重大人身伤亡。也正因为此以及其他方面的原因，当时科学界并未对此事件进行详细调查研究。直到1927年，原苏联的科学家才首次进入核心区域进行考察。现场发现有3个直径约90~200米的大陨坑，但没有找到，也没挖出任何陨石或碎片，只找到一些嵌入地里的微小而熔凝的金属块。现在，大部分学者认为，通古斯大爆炸是由彗星的彗头撞击地球而引起的，估计彗星的直径为数千米，重量为数十万吨；也有部分学者认为是特大陨星，陨石已钻入地球深处。当然也有人认为是核爆炸，更有甚者认为是外星人的宇宙飞船进入地球大气层其核动力舱发生的爆炸。

1934年诺贝尔化学奖得主美国科学家尤里和英国天文学家霍伊尔的研究表明，地球和彗星相撞的可能性是不容怀疑的，碰撞概率是40亿分之一。如果平均每年出现10颗彗星，在地球诞生的45亿年里，这种碰撞已经发生了500次左右，以后还会发生彗地碰撞。当今的观测手段可使我们提前若干年预报彗星和大的陨星的来访，通过发射宇宙飞船和火箭拦截或阻止它们的来访，要么将其炸毁，要么使其改变运行轨道，远离地球。

3. 流星和陨石

夜晚，人们有时会看到一道亮光划破夜空，这就是常见的流星现象。

在太阳系空间存在无数尘粒和小固体块，总称为流星体。它们都绕太阳公转，大小为10^{-6}~10米。地球绕太阳公转时常会和流星体相遇，它们闯入地球大气层后，摩擦生热、燃烧、发光。流星体进入大气的速度从每秒几千米到几十千米不等，流星现象一般出现在离地面80~120千米高度处。当流星体速度降到每秒1千米、高度为七八十千米时便不发光了。估计每天进入大气的流星体总质量为20万吨，其中绝大部分穿过大气后被气化了。质量在5千克以上的流星体在停止发光时还会有残余的未气化部分，假如它落到地面上就成为陨星或陨石。

除了上述单个、零星的流星外，还有一类周期性流星，在每年大致相同的日子里，可以看到较多流星从天空某一点向外辐射状射出，这种现象叫做流星雨或群发流星。当流星群体以相同的速度冲进地球大气，与地球的高层大气摩擦，生热发光，便形成了壮观的流星雨。

由于人的眼睛有透射效应，会把遥远的做平行运动的流星，看成是从一个辐射点发射出来的，这如同我们看到的两条平行铁轨，似乎在遥远的地方汇聚在一起一样。这个辐射点在哪个星座，就用哪个星座的名称来命名这个流星雨。如辐射点在狮子座的流星雨叫狮子座流星雨。

一般来说，流星体的密度较低，是一种多孔性的、松散结构的固体。流星光谱资料表示它由氢、氧、钠、镁、铝等元素组成。

流星雨实际上就是彗星碎裂或瓦解后的残骸。当彗星接近太阳时，由于太阳的高温、辐射压力和太阳风的作用，彗星的脏冰物质蒸发升华，并抛撒出气体和尘埃颗粒。彗星抛撒的尘埃颗粒或残片由于速度和方向都不同，加之互相碰撞，从而形成很宽的椭圆轨道流星群区。当地球穿过流星群区时，流星雨现象就产生了。

大的陨星在下落过程中通常会发生爆裂，分成许多小块，一齐飞流直下，宛如冰雹一般，这就是陨石雨。1997年2月15日深夜，在山东省鄄城县董口乡发生了陨石雨现象。直径在半米左右的一块流星体自东向西以200千米/秒的速度冲入地球大气层。该流星体在大气层中先后发生过两次爆裂。爆裂后的陨石块降落在大约15千米^{2}的椭圆形地带。1983年4月11日，江苏无锡市还发生过一起罕见的陨冰事件，流星体的主体为冰块。

陨石按化学成分可分为三种：以硅酸盐为主的石质陨石，以金属铁和镍为主的铁质陨石，以磁石为主的磁陨石。最常见的陨石是石陨石。目前世界上最大的石陨石是在我国发现的吉林1号陨石，重1 770千克，最大的铁陨石是非洲纳米比亚的戈巴陨铁，重约60吨。

此外，地球上还发现了来自月亮和火星的陨石。1981年在南极洲发现的陨石ALH81005，重0.03千克。经科学家辨认，它与地球上的岩石不同，而与阿波罗宇宙飞船从月球带回的岩石成分类似，可能是月球上发生了碰撞或爆裂事件，使之落到地球上，形成月亮陨石。1984年在南极洲发现的陨石ALH84001，重2千克，则是来自火星的陨石。科学家对此陨石石缝中存在的气体成分进行分析，发现与地球大气中的成分不同，而与从火星探测器中采集并分析的火星岩石中气体的成分一致，进而得出火星陨石的结论。

陨石冲击地面形成的坑穴称为陨石坑。最著名的陨石坑位于美国的亚利桑那州温斯洛，直径达1 240米，深达170米。研究表明，此坑形成于25 000年前，由一颗直径约50米、重20万吨的流星体撞击而成。而最大的陨石坑则位于墨西哥湾尤卡坦半岛奇克休卢镇附近。此坑的直径为180千米，年龄为6 500万年。而这正是恐龙灭绝的年代。或许正是这次撞击改变了地球的物种构成。

每天能到达地面的陨石平均重约10吨，科学家已经在这些陨石中发现了有机物质。这就是说，形成地球生命的有机物有可能是被陨石带入地球，并在地球适宜的环境下不断发展、演化的。

2.3.3 柯伊伯带和冥王星

2002 年 10 月，美国加州理工学院的行星科学教授麦克·布朗和特鲁希略在美国天文学会行星科学部的一次会议上宣布，他们在太阳系的最外缘发现了一个球形天体。

新天体代号为 2002LM60，命名为夸欧尔。夸欧尔绕太阳公转的周期为 288 年，直径约为 1 290 千米，相当于冥王星的一半，位于太阳系边缘的柯伊伯带，距地球 64 亿千米。夸欧尔由冰和岩石组成。这是自 1930 年发现冥王星以来，太阳系中最重要的发现。

柯伊伯带是比冥王星绕太阳轨道更远的一个带状区域。天文学家认为彗星就是从这一地带起源的，所以这一带状区域又被称为是彗星的“产房”。早先的天文观测表明，柯伊伯带中存在着大量由冰和岩石组成的天体，但天体体积普遍较小。天文学家们一直推测，这一区域中可能存在着体积接近行星的更大天体。布朗和特鲁希略的新发现在某种程度上证实了这一推测。

布朗等的发现使得有可能在柯伊伯带中找到一些新的大天体，其中某些天体甚至可能比冥王星还大。事实上冥王星就是在柯伊伯带中发现的一颗行星，也就是说，冥王星是在柯伊伯带中发现的“大”行星。正如谷神星是在对应 $n=5$ 时的小行星带中发现的行星一样（但它被称为小行星），因此冥王星也只能算是柯伊伯带中的“大行星”。布朗的发现动摇了冥王星作为太阳系中大行星的地位。

布朗他们最初是在 2002 年 6 月 4 日利用加利福尼亚州帕洛马山天文台的巨型望远镜发现 2002LM60 的。随后，他俩又用哈勃太空望远镜对这一天体进行了详细观测。

1992 年，人们找到了第一个柯伊伯带天体（KBO）。如今已有约 1 000 个柯伊伯带天体被发现，直径从数千米到上千千米不等。天文学家认为：由于冥王星的大小和柯伊伯带中的小行星大小相当，所以冥王星应排除在太阳系大行星之外，而归入柯伊伯带小行星行列当中。

2006 年，在布拉格召开的第 26 届国际天文学联合会会议上通过决议，剥夺了冥王星作为太阳系大行星的地位，将其降为矮行星。此次会议还给出了大行星的三个基本要求：位于围绕太阳的轨道上；有足够大的质量来克服固体应力，达到流体静力平衡的形状（近于球形）；具有清空自身轨道附近区域杂物的能力。显然冥王星不能满足第三条要求。

矮行星体积介于大行星和小行星之间，它不是卫星，现在已经被命名的矮行星有 6 个：

冥王星：直径约 2 300 千米，1930 年发现；

卡戎星：直径约 1 000 千米，1978 年发现；

阋神星：直径约 2 500 千米，2003 年发现；

谷神星：直径约 950 千米，1801 年发现；

鸟神星：直径 1 300~1 900 千米，2005 年发现；

妊神星：直径约 1 500 千米，2004 年发现。

除了谷神星位于小行星带外，其余矮行星都属于柯伊伯带，且阋神星、鸟神星、妊神星均由加州理工学院布朗参与发现。

2.3.4　太阳系有其他大行星吗?

数百年来，不断有人宣称发现了太阳系的第十大行星，这里既有天文学家，也有天文爱好者。2005 年 7 月 29 日，发现“夸欧尔”的美国加州理工学院行星科学教授麦克·布朗再次向新闻界宣布他发现了太阳系内的第十大行星。布朗说这颗行星位于太阳系外围的“柯伊伯带”，距离太阳约为 145 亿千米，是地球距太阳距离的 79 倍。从亮度判断，它的直径至少相当于冥王星的 1.5 倍，也即其赤道半径大于 1 700 千米，与月球相当。这一发现被认为有可能刷新人类已知的太阳系星空图，在天文学界引起了不小的轰动。

这颗行星根据发现的时间编号为“2003-UB313”，是布朗等人在 2003 年 10 月第一次发现并拍到了这颗行星。2005 年 1 月布朗等再次发现了它并认识到它的与众不同。原来他们准备在更精确地计算出它的尺寸和轨道后再宣布这一发现，但 7 月 28 日另一个天文学家小组宣布在柯伊伯带发现了高亮度的星体，同时布朗等发现他们保存研究资料的网站被黑客侵入，不得不在 7 月 29 日下午仓促发布“2003-UB313”的消息。布朗等已为这一新天体想好了名字，叫 Lila（他女儿名字为 Lilah）。

如前所述，柯伊伯带只有小行星和彗星出没，但这颗新行星的尺寸已超过了冥王星，故布朗等人将其定义为太阳系中的第十大行星。显然，“2003-UB313”比“夸欧尔”（2002LM60）要大很多。布朗等是根据“2003-UB313”的亮度，也就是它反射太阳光的多少来判断其尺寸的。从地球上观测，这颗新星是柯伊伯带中亮度第三的星体。第一和第二分别是冥王星和“夸欧尔”。注意，尽管“2003-UB313”比冥王星和“夸欧尔”大，但由于其距太阳的距离比后两者大 1 倍以上，故亮度反而小些。

布朗等认为，“2003-UB313”表面与冥王星类似，由固态甲烷构成，之所以这颗行星以前没有被注意到，是因为它的轨道平面和其他行星的轨道平面成 45 度角，从地球上看起来它有点出没无常。现在天文观测者可在凌晨时分，在天穹东部的鲸鱼座看到它的存在。

尽管这一发现对天文学界震动不小，但大部分学者认为要确定“2003-UB313”为太阳系第十大行星还为时太早。

自 1930 年冥王星被发现以来，很多人都宣布发现了太阳系第十大行星，但他们发现的天体没有一个直径是大于冥王星的。此次发现打破了这一记录。但随着观测资料的进一步完善，“2003-UB313”的直径被确定为 2 500 千米左右，仅比冥王星略大，无法成为大行星，事实上，它就是矮行星——阋神星。可见要在太阳系中找到更大的未知天体，还须更长的时间，也许它根本就不存在。

2.4　太阳系的起源和演化

至此，我们考察了太阳系的各类成员——大行星、矮行星、小行星、卫星、彗星和陨星的主要性质。摆在我们面前的任务是把这许多孤立的信息编织成一幅统一的太阳系图景，以便了解它的起源和演化。注意，太阳系的起源和演化是指太阳系中除太阳以外的其他天体的起源和演化，它不涉及太阳的起源和演化，因为太阳的起源和演化属于恒星问题。

太阳系作为一个整体，其最惊人的特点之一是行星轨道的规律性。行星轨道不仅同正圆相差很少，而且它们几乎全都位于同一个平面内。所有行星的轨道对太阳系平面的倾角没有一个超过7°的，参见表2-3。如果把海王星以内的整个行星系统放入一个直径为100厘米的盒子里，那么这盒子的高度仅有2厘米。另外，所有的行星都朝着相同的方向绕太阳转动，而这个方向又正是太阳绕轴自转的方向。

所有的这些规律性我们还不能作出完整的解释，我们正是希望通过研究这种规律性来获得一种能对太阳系起源作出解释的理论。但有一点是肯定的，太阳系的有序性代表着一种有效的自动调节方式。行星的接近正圆的轨道保证了其运行的安全性。不遵守这些"交通规则"的天体或早或迟要同其他天体靠得过近，其结果或者是被潮汐力撕碎，或者是被加速到彻底离开太阳系——这是彗星常常遭到的下场。

太阳系的另一个明显特点是质量和角动量的分布：质量占太阳系质量99.86%的太阳，其角动量只占太阳系总角动量的不到2%，而只占太阳系总质量0.14%的行星、小行星、卫星等，它们的角动量却占了太阳系总角动量的98.4%以上。太阳系角动量的异常分布，是各种太阳系起源学说最难说明的一个观测事实。

一个合理的太阳系起源理论，首先要能解释下列事实：

(1) 各行星沿共同的方向在同一平面内在接近正圆的轨道上运动。

(2) 行星分布的提丢斯-波得定则。

(3) 太阳系角动量的荒谬分布。

(4) 无论是质量还是组成都有很大不同的两类行星——类地（球）行星和类木（星）行星。

(5) 类地行星的自转速度比类木行星的自转速度慢得多。

(6) 在火星和木星的轨道之间有几十万颗小行星，且都顺行，该区域预计应有一颗大行星。

(7) 卫星和彗星是如何产生的？特别是彗星，既有顺行又有逆行。

2.4.1　太阳系起源的研究简史

自哥白尼提出日心说以后，人们开始研究太阳系的起源。关于太阳系起源和演化的学说有很多，本质来说可分成两大类：灾变说和星云说。

灾变说的核心是太阳系诞生于某种偶然的和不可测事件，这个事件使原来的天体系统发生了灾难性的巨变。

法国动物学家布封在18世纪提出了第一个灾变说。他认为，在几万年前天空中出现了一颗巨大的、轨道特别扁长的大彗星，在经过太阳近日点时和太阳表面碰擦了一下，使得固态的太阳自转起来。这颗彗星撞破了太阳的表层，使内部炽热的物质流溢出来，速度大的物质逃逸出太阳的控制形成行星，行星在凝固以前又分裂出一些小块物质，这些物质形成卫星。现在看来，布封理论的错误是明显的，因为太阳并不是硬壳包着炽热的物质，而且再大的彗星和太阳相撞也不会改变太阳的运动。因为彗星的动能太小了。但是布封是位勇敢的人，他在考虑太阳系起源的时候没有把上帝放在眼里，因此教会曾经传讯过他。布封的灾变说虽然没有被接受，但是19世纪甚至到了20世纪40年代还有人不断提出灾变说，不同的是把彗星改成恒星。灾变说最终没有作为正确的理论被人们接受，是因为在宇宙中两颗恒星相撞的几率几乎为零，两颗恒星长达10^{15}年才有一次碰撞，而宇宙的年龄只有10^{10}年。

最先提出星云说的是法国科学家笛卡儿。他认为在太初的混沌中，由于粒子互相迭代运动使它获得了旋涡，各种大小的涡流运动通过相互摩擦和作用，有的物质流向中心形成太阳，有的物质向四处散开形成行星和卫星。在笛卡儿时代，哥白尼的日心说还没有确立，望远镜太小，所以人们对太阳系的了解很少。笛卡儿的旋涡星云理论和古希腊哲学家的思想一样带有很浓的思辨色彩。

牛顿发现万有引力以后，人们理解了哥白尼日心说和行星的运动，同时也认识到太阳系的起源和演化应该以牛顿万有引力为立足点，任何离开万有引力的太阳系起源和演化的理论都是错误的。

1745年，德国哲学家康德提出了真正科学意义上的星云说。康德认为，太阳系内所有天体都是由同一星云通过万有引力作用而形成的。他认为，星云主要由固态的尘埃微粒构成，其中较大的质点由于引力会把小质点吸引过去而先变成更大的团块。星云中心团块越变越大，最后集聚成太阳。太阳形成以后，外面的团块和尘埃在太阳引力的作用下向太阳中心坠落，坠落过程中和别的团块相撞，团块越来越大。在相撞过程中若发生偏离，就可形成绕太阳公转的云团。大的团块发展成行星，行星对周围的团块起着相同的吸引作用。同样的过程会形成卫星。康德的星云说开始并没有引起人们的注意，只是在康德成为伟大的哲学家以后，他的早期著作得以重版，才使得人们注意到他的星云说。

获得很大成功的是拉普拉斯提出的星云说。拉普拉斯认为星云是一团庞大的、炽热的气体星云。这团星云在宇宙中缓慢自转，由于温度下降而收缩，自转加快，在引力与离心力的共同作用下，星云逐渐变为盘状。当离心力增大可与引力抗衡时，一部分星云留在原处形成圆环状的星云，如此的过程可以形成与行星一样多的圆环。中心物质形成太阳以后，环内物质集聚在密度最大的地方演化成一颗行星。拉普拉斯在计算中还考虑了温度变化，其理论几乎可以解释当时所知道的太阳系的一切重要性质，以至于使许多人认为太阳系起源的问题已经解决了。康德、拉普拉斯的星云说被称为古典星云说。

康德和拉普拉斯的理论在提出后的一百多年时间内并未受到重要挑战。尽管有些前提得到修正，它们仍然是现代模型的基础。我们收集到的陨星物质，年龄都在46亿年左右，有理由认为它们是同一过程的产物。但康德和拉普拉斯星云说不能说明太阳系角动量分布极不均匀的原因。

除了上述灾变说和星云说，还有一些其他假说。如星子说，潮汐说，双星说，但它们都具备某种灾变的味道。

星子说：当一颗恒星走到太阳附近，在太阳的正面和反面都形成很大的潮，抛出的物质向恒星走过的方向偏转，形成螺旋状的两股气流，逐渐汇合成一个环绕太阳的星云盘。气体最终凝结成为固体质点，固体质点集聚成星子，较大的星子成为行星胎，逐渐长大而成为行星。开始时行星轨道的偏心率很大，行星过近日点时，太阳对行星的潮汐作用导致卫星的形成。行星后来由于常和残余的星子碰撞使得偏心率变小，轨道变圆。那颗恒星在离开太阳时吸引了从太阳抛出的物质，由这种物质形成的行星才具有比太阳大得多的角动量。

潮汐说：当另一颗恒星走近太阳时主要从太阳正面拉出物质，因为太阳反面的潮小得多。从太阳正面出来的物质未散开，而是形成一长条。在那颗恒星的吸引下，"雪茄"形长条朝恒星离去的方向弯曲，并形成了行星。由于长条中部较粗，两头较细，所以由中部形成的木星、土星较大。

双星说：认为太阳是双星的一个子星，另一个子星曾经被第三颗星碰了一下，碰后两星拉出的长条物质形成了行星。

2.4.2 太阳系起源的现代观点

自20世纪40年代以来，随着大量观测资料的积累以及恒星演化理论的建立，有力地支持了星云说，现代星云说成为太阳系起源的主要理论。

迄今为止，世界各国科学家提出的新星云说有三十多个。这些星云说大体上可以分为两类：

俘获说：认为太阳从恒星际空间俘获物质，形成太阳周围的星云，然后星云再集聚成行星和卫星。

共同形成说：认为太阳和行星、卫星由星云同时形成。它又包括旋涡学说、原行星说、电磁说等。

人类对太阳系起源的认识经历了一个长期的曲折发展过程。虽然对它的真实过程的认识在不断提高，但至今还没有一个假说能够圆满地说明太阳系的所有特征，还没有一个公认合理的学说。

所有的星云理论都认为，首先存在一团质量巨大、密度均匀的恒星际气体——尘埃云，气体中的粒子处于无序运动状态，因而湍动得以存在，结果使净自转和角动量却很小。星云在自身引力场的影响下逐渐收缩并在不断收缩过程中越转越快。大概在这时，有一部分气体和尘埃旋转到外面，它们在星云的外缘形成彗星。

星云继续收缩，自转速率增高以维持角动量不变。星云早已不再是当初那样一团混浊的物质，而成为一个扁平的球形，密度很大的中央隆起后形成了原太阳。这时，整个星云的密度已开始增大，于是尘埃粒子得以集结成更大的粒子。当原太阳的引力势能转变成为热能时便开始辐射热量，结果靠近正在辐射热量的原太阳的粒子丧失了它们的挥发性物质，而距离较远的粒子由于中间有星云阻挡而没有受到中心辐射的作用。

当这种过程继续进行时，粒子吸积成像小行星那样大的星子。由于引力吸引不断增大，星子的体积也不断增大。当这些星子把位于它们的轨道所在区域的星云吸引过来时，便成长为原行星。原行星通过引力吸引获得了气态外壳，而靠近原太阳的那些原行星由于受到原太阳的潮汐力其速率减慢下来。后来把内侧的类地行星和外侧的类木行星分开的那个区域，受到了来自类木原行星的引力摄动，因而在这个区域没有行星形成，而是形成了小行星带。

原太阳不仅减慢了类地行星的自转速度，而且由于它当时产生了大量的辐射热，因此还使类地行星周围的气体电离。电离气体同太阳发生了磁耦合。当这些气体逃逸到宇宙空间时便把太阳的大部分角动量带走。最后，原太阳点燃了热核反应，从此变成了一颗稳定的恒星。

2.4.3 太阳系的演化

太阳系自从46亿年前形成以来一直是非常稳定的，当然这并不是说太阳系是静止的。根据我们的证据，如月岩和陨石样品告诉我们，太阳系的形成用了1亿年左右的时间。有的证据还表明，在行星形成的时代，太阳风要比现在强一千万倍。这些证据来自对地球和月亮外壳中的岩石分析：这些岩石含有非常多的放射性物质，外壳中非放射性元素可能是由于受到太阳风中的原子和亚原子粒子的轰击而变成放射性的。

对古代岩石的分析也表明，行星的形成是在高度富氢的条件下发生的。类木行星保留着它们的以氢、氮为主的原始大气。类地行星可能是通过缓慢放出其内部的气体而形成它们现在的大气的。当长寿命的放射性元素开始衰变时就会缓慢地积累起热量，衰变生热的多少是与行星的大小成比例的，地球和金星按照这个方式达到的温度比水星和月亮的要高。

地质记录还指出，地球在35亿年前已存在液态水，年代如此久远的变质岩令人信服地证明地球当时的温度高于水的冰点。然而在30亿年前，太阳的体积仅为它现在的50%，这就意味着当时地球表面温度应该不会超过水的冰点。解决这个矛盾只有两种可能性：要么在35亿年前地球到太阳的距离比现在要近10%；要么地球上当时存在“温室”效应，致使太阳的辐射热更有效地由像二氧化碳这样的气体储藏起来。

另外，月球的岩质表明，月球曾经受巨大陨星和大小如小行星的天体的猛烈撞击，这些撞击造成了月海的巨型盆地并触发了充满熔岩的火山喷发。类似的地质形态在其他类地天体上也有发现。地球上的撞击盆地大都面目不清了，这些盆地的产生大多在40亿年以前，类地天体的这些“疤痕”全都是由在太阳系形成后遗下的碎块撞击而成的。

关于太阳系小天体的形成和演化至今也无统一的说法，特别是规则和不规则的卫星的存在，使得理论更为复杂，难以给出完美的结论。

从空间探测发回的资料表明，许多行星、卫星的表面都像月球那样，具有圆形的环形山或凹坑，这是因为经历了星子频繁撞击的结果。

如果现代星云理论是正确的，人们应该在宇宙中看到某个行星系统形成的某一阶段。现在有一些观测似乎证明存在这样的阶段：1983年1月，世界上第一颗红外天文卫星升空，不久它便发现在天琴座（织女星）旁有一个特殊的红外源。经分析，这个发出红外线的奇特天体很可能是一个较大的行星系统。1984年，美国天文学家宣称在矩尺座内沃尔夫630星附近探得一个尚未成形的行星胎，并且算出它的质量为木星的30倍，温度达1 000开。而绘架β是一颗年轻的恒星，人们发现在这颗恒星周围有一个由粒子组成的圆盘，这和现代星云说中的星云盘很相似。

1995年，两名瑞士天文学家米歇尔·迈耶和迪迪尔·奎洛兹宣布发现了太阳系外存在的一颗带有一颗行星的恒星。这一成果被称为是20世纪末最重要的天文学发现。这颗恒星被称为柏伽索斯51号，即Peg51。Peg51与太阳相仿，它附近存在着一颗与木星相似的行星绕其运行。这是人类首次发现与太阳系类似的行星系统。

Peg51位于飞马座，距地球约40光年，其行星的颜色呈深红色，大小约为地球的1 000倍，但表面温度较高，约有1 000开，绕Peg51公转一圈约需4天时间。

Peg51的发现有两个重大意义：第一，证实了行星系统的存在不是太阳系的专利，随着各种处于不同时期的行星系统的发现，将使太阳系起源和演化的理论得到发展和完善。第二，为人类寻找宇宙中的“知音”提供了可能。尽管Peg51的行星温度太高，不适合生命的存在，但不能排除在该恒星附近存在与地球相仿的行星的可能性，生命现象有可能在该恒星的其他行星上发生，也就是说，生命的存在也不应是太阳系的专利。

自1996年以来，天文学家已发现了一批距地球70光年以内的具有行星系统的恒星。如距地球46光年的大熊47星，它有2个木星大小的行星。

1998年，哈勃太空望远镜在猎户座火星云中发现一盘状物。据推测，这很可能是行星系统，并且该行星系统的恒星与我们的太阳大小相当。

1999年，天文学家发现仙女座V星有3颗行星，同年还发现HD209458恒星有行星“凌日”① 现象。2000年又探测到HD209458恒星由于被行星掩食而发生的光度变化。

至今为止，已发现有行星系统的恒星数以百计。

2.4.4 太阳系起源和演化的哲学思想

康德在他的星云说里基本上坚持了唯物主义的观点，宣扬了无神论的思想。他有一句名言：“给我物质，我就用它造出一个宇宙。”这就是说，只要给我“原始星云”，我就可以向你们指明，怎样从“原始星云”开始，得到一个井然有序的太阳系的诞生过程。这都是大自然中物质自身自行发展的结果，没有任何超物质的成分，无需“上帝”插手。

康德在他的《宇宙发展史概论》一书中坚持了辩证法的观点，批判了宇宙不变论，阐述了宇宙的进化理论。大家知道，牛顿的经典力学体系尽管是唯物的，但却是形而上学的。按照牛顿理论，宇宙间充满了由原子组成的各种天体，它们依靠万有引力互相联系在一起，恒星永远固定在一定的位置上，行星、卫星由于上帝的“第一次推动”而运转起来，并且沿着固定的轨道永恒地运转下去。针对牛顿的宇宙不变论，康德提出两点批判：

第一，批判了牛顿的外因论，强调了内因论。他指出，行星、卫星绕中心天体旋转的原因并非来自上帝的“第一次推动”，而是由于原始弥漫物质内部的引力与斥力的相互作用所引起的运动及其转化造成的。

第二，批判了牛顿的永恒不变论，强调了发展论。他指出，在宇宙中，包括太阳系

---

① 所谓凌日是指行星运行到太阳和地球之间时，我们在太阳圆面上会看到一个小黑点穿过，这种现象称为行星凌日。水星凌日现象较常见。

在内的一切天体，既是有生有灭的，又是有灭有生的，它们处于永恒的生死成毁的循环发展过程中。

200 年来太阳系起源和演化的研究史表明，假说在人们探索太阳系起源和演化的客观规律中具有重大的方法论意义。自从康德提出了一个科学的太阳系起源假说之后，又有几十种假说相继提出，从不同的角度揭示了太阳系起源的秘密。

所谓假说，就是根据已知的科学事实和科学原理，对未知的自然现象及其规律所作的一种推断和解释。人们对客观的真理性认识，总是有一个过程的。它往往需要借助假说的形式，不断地积累观测资料，综合地运用已知的各种科学理论去探索未知的客观规律，增加假说中的科学内容，减少假定的成分。随着新的观测事实的发现，又会出现原先的假说所不能解释的新现象，这就需要提出新的假说。这就是科学的世界观和方法论，它是指导我们探索宇宙，进行科学研究的唯一有效的认识过程。

思 考 题

1. 太阳系包括哪些成员？
2. 试述太阳的主要特征参数。
3. 你能在地球上找到地球自转的证据吗？
4. 试述日食和月食发生的条件是什么？
5. 提丢斯-波得定则的内容是什么？
6. 太阳系天体的运行轨道有哪几种形式？
7. 天王星和海王星是如何被发现的？
8. 日地空间有哪些现象？
9. 类地行星和巨行星的主要区别是什么？
10. 估计一下地球上的山能“长”多高。
11. 康德、拉普拉斯星云说的核心是什么？
12. 关于太阳系起源和演化有哪些理论？
13. 如果太阳的质量突然增大了一倍，地球轨道会怎样改变？
14. 月球的质量约为地球的 1/80，月球的半径是地球半径的 1/4，计算两者的重力加速度之比。
15. 为什么彗星的彗尾背向太阳？
16. 如果某一小行星进入地球轨道附近，如何消除它对地球的威胁？
17. 你会区分陨石和普通石头吗？
18. 一年最多发生几次日食或月食？说明理由。

第 3 章 恒 星

前面已经介绍了太阳系。太阳系只是宇宙空间的极微小的部分，下面我们将进入到浩瀚的宇宙空间。

在浩瀚的宇宙空间，存在着无数的恒星和其他天体，以及由它们构成的巨大的恒星系统。研究恒星和恒星系统有很重要的意义。首先，它是解决现代最基本的理论之一——天体的起源和演化问题所不可缺少的。其次，恒星和恒星系统是巨大的天然物理实验室。在这个实验室里有着目前地球上的实验室无法达到的条件，如持续高温、高压、高密度、大尺度等。对其中的物理过程的研究有助于解决现代物理学中的一些基本理论，如基本粒子理论、引力理论等，并启发我们寻找新的能源。目前，对恒星和恒星系统的研究越来越受到人们的重视，并已取得了很大的成就。再次，这个问题的研究，对哲学的进步起着积极的作用，因为恒星和恒星系统是唯物主义宇宙观和唯心主义宇宙观激烈斗争的重要方面。

恒星是指由内部能源产生辐射而发光的大质量球状天体。太阳就是一颗典型的恒星。自古以来，恒星世界一直是人们探索自然界规律的一个重要对象。人们对恒星世界的认识是随着观测工具的改进而深入的，而观测工具在很大程度上反映了科学技术水平的高低。人们用来研究天体的最原始的工具是人的眼睛，最“好”的眼睛最多只能看到 6 000 余颗恒星。望远镜发明以后，人们可以看到眼睛看不见的恒星。早先用美国帕洛马山天文台直径为 5 米的望远镜可以观测到的恒星达 20 亿颗，哈勃太空望远镜升空以后已经把人眼识别天体的能力提高了 40 亿倍。人们利用这样的观测工具大大扩展了人们所能观测的宇宙的范围。人们逐渐认识到恒星不仅仅发出可见光，还发出其他波段的电磁波，它通过可见光给人们的信息较之它发出的总信息实在太微不足道了。射电天文学、X 射线天文学、γ 射线天文学、中微子天文学、红外线天文学、宇宙线天文学的兴起和发展使人们能够充分地利用恒星所给出的信息。人们逐渐认识恒星的组成、状态以及它的过去和将来，人们认识恒星的过程也是人们认识自然界规律的过程。20 世纪物理学发生的革命性的变化帮助人们更清楚地认识恒星，而认识恒星的过程又检验和推动人们对自然的认识过程。

对恒星光谱的研究表明，恒星主要是由氢组成的气体球。氢聚变成氦而放出能量，然后氦又可聚变成更重的元素放出能量，因此，恒星的化学组成同它的年龄有关。有关恒星大小、温度、质量、光度等参数的变化范围见表 3-1 所示。其中 $M_{\odot}$ 为太阳质量，$R_{\odot}$ 为太阳半径，$L_{\odot}$ 为太阳光度。

表3-1 **恒星的主要参数范围**

参数	变化范围
质量 M	$10^{-1}M_{\odot}\leqslant M\leqslant 10^{2}M_{\odot}$
半径 R	$10^{-3}R_{\odot}\leqslant R\leqslant 10^{3}R_{\odot}$
表面温度 T	$10^{3}\mathrm{K}\leqslant T\leqslant 10^{5}\mathrm{K}$
光度 L	$10^{-4}L_{\odot}\leqslant L\leqslant 10^{6}L_{\odot}$

恒星的光度并不是固定的，许多恒星的光度甚至在短期内出现大的变化，这类恒星被称为变星；另一些恒星的光度则是发生突发性变化，变化的幅度高达$10^4\sim10^8$倍，这类恒星被称为新星或超新星。

恒星往往组成各种大大小小的集团。两颗恒星在一起互相绕转的双星占全部恒星的1/3，另外还有多颗甚至几万颗恒星组成的星团。

恒星与恒星之间也非绝对真空，而是处于极稀薄的星际气体和尘埃之中，这些平均密度只有每立方厘米一个原子的物质被称为星际物质。星际物质比较密集的地方则形成了常说的星云。星际物质既是形成恒星所需的原料，也是恒星在演化过程中向宇宙空间抛射物质的余迹，又是恒星消亡的余烬。

严格来说，恒星的质量范围是$0.1\sim70M_{\odot}$。质量小于$0.08M_{\odot}$的天体靠自身引力不能压缩它的中心区达到足够高的温度，从而使氢点火，因而它们不能靠核反应产能而发光。这种天体，不能称为恒星。如木星$M=1.989\times10^{27}$千克$=0.001M_{\odot}$，它无法成为恒星。

质量大于$70M_{\odot}$的天体，由自身引力压缩，它的中心可达到极端高温。在如此条件下，辐射压开始大大超过物质压，使得超大质量恒星很不稳定，至少目前还未观测到$M>70M_{\odot}$的恒星。现在已确定的最大恒星质量为$65M_{\odot}$，它的代号为HD47129。但用可见光和红外巡天望远镜，显示存在许多约$200M_{\odot}$的恒星的可能性。

3.1 恒星参数的测定

3.1.1 恒星的距离

恒星离我们非常遥远，除太阳外，距我们最近的恒星是半人马座比邻星，距离约为4×10^{13}千米，其他恒星的距离比这还要远。如此遥远的距离是如何测量的呢？

恒星的距离可以借助于测定所谓周年视差而获得的。如图3-1所示，S代表太阳的位置，E为地球的位置，T为某恒星的位置，选择E的位置，使$TE\perp SE$，这时$\angle STE$就定义为恒星T的周年视差或视差角，记为π。这就是说，周年视差π是从恒星T处

看地球轨道半径的最大张角。如果太阳到恒星的距离为 r，日地平均距离为 a（天文单位），则根据图 3-1 得

$$r = \frac{a}{\sin \pi}. \tag{3-1}$$

由于 π 很小，故 $\sin \pi = \pi$，这里 π 用弧度来表示，于是

$$r = \frac{a}{\pi}, \tag{3-2}$$

r 的单位，天文学上不用千米或天文单位，因为用这两种长度单位表示恒星的距离，必然造成数值过于庞大。天文学中取光年或秒差距（记为 pc）作为 r 的单位。光年是指以光的速度走一年的距离。秒差距是指从恒星角度看日地平均距离 a 的张角为 1 弧秒时的距离，

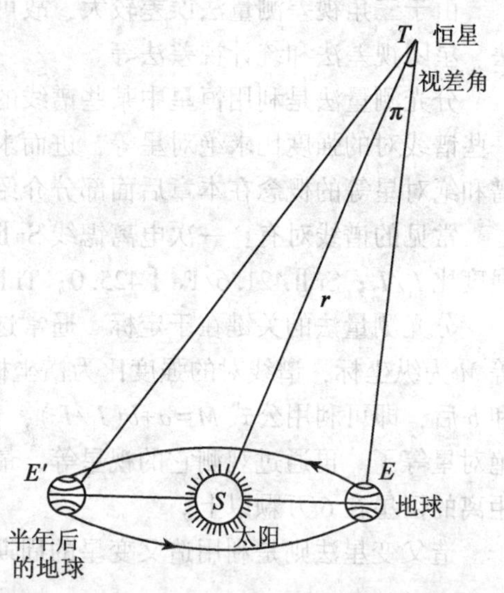

图 3-1　利用地球公转测定恒星的视差角

$$1\text{ 弧度} = \frac{360°}{2 \times 3.14} \approx 57.3° \approx 206\,265''. \tag{3-3}$$

从而得换算关系：

$$1\text{ 秒差距(pc)} = 206\,265\text{ 天文单位(au)} = 3.259\text{ 光年(ly)},$$
$$1\text{ 光年} = 0.307\text{ 秒差距} = 9.5 \times 10^{15}\text{ 米}.$$

当利用（3-2）式进行计算时，π 由观测求得，以弧秒为单位，记为 π''，a 用天文单位为单位，$a=1$，r 以秒差距为单位，则（3-2）式变为

$$r = \frac{1}{\pi''}(\text{秒差距}). \tag{3-4}$$

若 r 以光年为单位，则（3-2）式变为

$$r = \frac{3.295}{\pi''}(\text{光年}). \tag{3-5}$$

前面说过周年视差 π 可由观测得出。如果相隔半年在地球轨道直径两端 E 和 E' 分别测得该恒星在天球上的位置即视线 ET 和 $E'T$ 的方向，如图 3-1 所示，则此两方向的夹角近似为周年视差 π 的两倍，这种直接测量定出的视差称为三角视差。

现给出三个著名恒星距离，如表 3-2 所示。

表 3-2　　三个著名恒星距离

名称	视差	距离
比邻星	0.76″	4.3 光年
织女星	0.12″	27 光年
天狼星	0.37″	8.6 光年

由于三角视差测量法误差较大，故可改用其他方法测量，如分光测量法、造父变星法、星团视差法和统计视差法等。

分光测量法是利用恒星中某些谱线的强度比和绝对星等的线性经验关系，即由测定一些谱线对的强度比求绝对星等，进而求出距离。这种方法也称为分光视差法。关于光谱和绝对星等的概念在本章后面部分介绍。

常见的谱线对有：一次电离锶线 SrⅡ407. 8 纳米与中性铁线 FeⅠ707. 2 纳米谱线的强度比 I_1/I_2；SrⅡ421. 6/FeⅠ425. 0；TiⅡ416. 1/FeⅠ416. 7 等。

分光测量法的关键在于定标。通常选取一批已知三角视差的恒星，以它们的绝对星等 M 为纵坐标，谱线对的强度比为横坐标，绘图求出直线的截距 a 和斜率 b。当知道 a 和 b 后，即可利用公式 $M=a+b(I_1/I_2)$，对一些可以测定谱线强度比的恒星就可以求出绝对星等了。再通过观测它的视星等，最终可求出恒星的距离。能利用分光视差法测定距离的恒星在 6 万颗以上。

造父变星法则是利用造父变星的周期和光度关系来确定恒星的距离。详见 3. 3 节。

3. 1. 2　恒星的亮度和视星等

用肉眼看恒星就会发现，恒星并不是一样亮的，有的较暗，有的较亮。恒星的这种看起来的明暗程度称为视亮度，简称亮度，用 E 表示。在天文学上，星的亮度用星等表示。星等的概念对不是恒星的天体也适用。古人按照星的明暗程度把星分为 6 个亮度等级，天球上约 20 颗最亮的星称为一等星，肉眼刚刚能看到的星称为六等星。通常以拉丁字母 m 表示星等。这个星等系统原则上保留到现在，并给予标准化后推广到特别亮的天体以及肉眼看不见但用望远镜能看见的暗星上去。星等数越大，对应的星越暗；对很亮的星，星等数可以为零或负数。

太阳的星等为-26. 8 等，满月的星等为-12. 7 等，天空中最亮的恒星（太阳除外）为-1. 6 等，织女星为 0. 1 等，牛郎星为 0. 9 等。用 5 米望远镜能看到的最暗的星为 21 等。

根据长时间的观测，发现星等和亮度间有如下的关系式：

$$\frac{E}{E_0}=\rho^{m_0-m} \tag{3-6}$$

式中：E,m 为某颗星的亮度和星等；E_0,m_0 为另一颗星的亮度和星等；ρ 为常数，可由观测确定。

观测表明，当两颗星的星等相差 5 等时，亮度的比值为 100，将这些数字代入（3-6）式可得

$$\rho=\sqrt[5]{100}=2.512. \tag{3-7}$$

于是（3-6）式化为

$$\frac{E}{E_0}=2.512^{m_0-m}.$$

取对数：

$$\lg E-\lg E_0=0.4(m_0-m), \tag{3-8}$$

即

$$m - m_0 = -2.5(\lg E - \lg E_0). \tag{3-9}$$

以零等星的亮度为单位，即 $m_0=0$，$E_0=1$，则

$$m = -2.5\lg E. \tag{3-10}$$

根据式（3-10），只要由观测定出了某星相对于零等星的亮度，就可求出它的星等，反之也一样。

上面所谈的星等都是针对目视观测而言的，称为目视星等。而对不同的辐射接收仪器，它们对各种颜色的光线的敏感程度不同，所以用不同的辐射接收器测量同一天体得到的星等往往是不一样的，如用照相底片得到的星等称为照相星等。

3.1.3 恒星的光度和绝对星等

在实际生活中往往有这样的经验：同一光源，从远处看它觉得暗一些，从近处看它，觉得亮一些。实验证明，任一光源的视亮度与该光源到观测者的距离的平方成反比。因此，恒星视亮度并不代表恒星真正的发光本领。恒星真正的发光本领称为光度，用 L 表示。它是恒星每秒钟向四面八方发射的总能量。

既然恒星的视亮度与距离有关，因此单从视亮度就不能得出恒星的光度。为了比较不同恒星的光度，可以假想地把恒星都移到同样的距离，然后比较它们的亮度。天文学中把这个标准距离取为 10 秒差距，相应于 10 秒差距距离上的星等值称为绝对星等，用字母 M 表示。

若以 E 表示某恒星的视亮度，r 表示距离，以秒差距为单位，E_1 表示该恒星被假想地移至 10 秒差距处所具有的视亮度，由于视亮度和距离的平方成反比，所以有

$$\frac{E_1}{E} = \frac{r^2}{10^2}.$$

将此式代入（3-8）式，以 M 和 m 分别表示该恒星的绝对星等和视星等，则得到

$$M = m + 5 - 5\lg r. \tag{3-11}$$

再利用（3-4）式，则（3-11）式变为

$$M = m + 5 + 5\lg \pi''. \tag{3-12}$$

（3-11）式和（3-12）式表示，若知道某恒星的 r 或 π'' 及 m，则可求出其绝对星等。反之，若用某种方法测得 M，又由观测定出 m，则可求出恒星的距离 r。

太阳的绝对星等是 4.75 等，天狼星的绝对星等是 1.4 等。M 越大，恒星半径也越大。一般把 M 是 9 等左右的恒星叫**矮星**，M 是 -2 等的恒星叫**巨星**，M 为 -4 等以上的恒星叫**超巨星**。如天蝎座 ξ，$M=-9.4$ 等，它的光度比太阳大 50 万倍，是一个超巨星。佛耳夫 359 星，$M=16.68$ 等，光度仅为太阳光度的五万分之一，是一个白矮星。

3.1.4 恒星的大小、质量和密度

恒星的大小用其角直径的大小来表示。恒星的角直径非常小，即使用最大的望远镜也看不出恒星的视面，因而不能用望远镜直接测量的方法定出恒星的大小，只能用间接方法求出。

恒星角直径测量的主要方法有三种，即月掩星法、干涉法、光度法。

月掩星法：当恒星被月球边缘掩食时会产生星光的衍射图像，用快速光电光度计将图样变化记录下来，并与模拟不同角直径光源被月球掩食的理论衍射图样对照，从而定出被掩食恒星的角直径。为了减少太阳光的干扰，通常利用月球黑夜的那面进行测量。另外，由于恒星在天空的位置分布各不相同，并非所有恒星都能用月掩星法测得其角直径，此法仅限于在月球白道附近分布的恒星。

干涉法：用一带有两个小孔的光阑把望远镜的物镜盖住，并使两孔大小相等、对称地位于物镜光学中心的两侧，这就相当于一架恒星干涉仪。当测定恒星的角直径时，把恒星的圆面看做是两个半圆，并假定每个半圆面的光都是由半圆的中心射出的。当两个半圆的光束通过两小孔光阑时，分别产生两组明暗干涉条纹。调节两孔间的距离，获得所需条纹的宽度，并记取两孔间距离的数值，代入相关公式进行运算，即可求得恒星的角直径，此法对遥远的恒星有一定的局限性。

光度法：利用恒星的半径与恒星的光度、温度之间的关系，可以推算恒星的大小。设恒星的光度为 L，表面的有效温度为 T，半径为 R，则有关系式

$$L=4\pi R^2\sigma T^4, \tag{3-13}$$

其中 σ 为斯芯藩-波尔兹曼常数，可见由恒星的光度 L 和有效温度 T 可以求出半径，加上恒星的距离就可换算出恒星的角直径。此法具有较好的普遍性。但可靠性则不如前两种方法。

恒星的大小相差很大，有的直径比太阳大，有的直径仅为太阳的几十分之一，20 世纪 60 年代发现的中子星，其半径仅有十几千米。当然中子星已不是完全意义上的恒星了。太阳的大小在恒星中处于中等地位。典型数据如表 3-3 所示。

表 3-3　　**部分恒星的参数**

星名	视差（弧秒）	角直径（弧秒）	线直径（太阳直径为 1）
猎户座 α	0. 005″	0. 047″	1 000
鲸鱼座 α	0. 023″	0. 056″	480
金牛座 α	0. 048″	0. 021″	94
御夫座 α	0. 073″	0. 004″	13
天狼 A	0. 375″	0. 006″	1. 85
太阳			1. 00
天狼 B	0. 375″	0. 000 077″	0. 044
范玛伦星	0. 235″	0. 000 019″	0. 009

恒星的质量是很重要的一个参量，但是，除太阳外，目前只能对某些双星进行直接测定，其他恒星的质量都是间接得到的，如通过质光关系来测定。

测定双星质量的基本原理是依据开普勒第三定律——双星系统的总质量与轨道半长径的立方成正比，与轨道周期的平方成反比，即

$$m_1 + m_2 = \frac{a^3}{P^2}, \tag{3-14}$$

其中 m_1 和 m_2 为两子星质量（单位为太阳质量 $M_\odot$），a 为轨道半长径（单位为天文单位 au），P 为周期（单位为回归年）。

利用观测得到的周期 P 及轨道半长径 a，就可算出两颗子星的质量和，若结合天体测量法测出两子星相对质心的距离 a_1 和 a_2，则可知两子星的质量比

$$\frac{m_1}{m_2} = \frac{a_2}{a_1}, \tag{3-15}$$

从而可求出每个子星的质量。

对于质量大于 $0.2M_\odot$ 的主序星（见 3.6 节），恒星的质量和光度之间有很好的统计关系，称之为"质光关系"。恒星的质量越大，其对应的光度越强。观测表明，恒星中 90%的主序星符合如下的质量和光度关系

$$\lg \frac{L}{L_\odot} = 3.8 \lg \frac{M}{M_\odot} + 0.08, \tag{3-16}$$

式中 L 为恒星的光度，$L_\odot$ 为太阳的光度。通过观测求出恒星的光度 L 后，利用（3-16）式可求得它的质量。

观测和理论都表明恒星在质量上的差别不是很大。质量最小的恒星，其质量约为太阳质量的 1/15；质量最大的恒星，其质量不超过太阳质量的六七十倍，大多数恒星的质量在太阳质量的 0.2 倍到 4 倍之间。

恒星的平均密度相差很大，太阳的平均密度（1.4 克/厘米^3）在恒星中处于中等地位。有的恒星密度仅为水密度的百万分之一，如参宿四的平均密度为 6×10^{-7} 克/厘米^3；有的恒星密度很大，为水的百万倍；中子星的密度大得惊人，达到原子核的密度——$10^{14}\sim10^{15}$ 克/厘米^3，即 10 亿吨/厘米^3。

3.2 恒星光谱及其相关性质

大家知道，三棱镜可把太阳光分解为七种颜色。复色光通过棱镜或光栅分解成的、按单色光波长大小排成的光带，称为**光谱**。太阳的光谱是红、橙、黄、绿、蓝、靛、紫七色。那么究竟是什么原因使太阳具备七彩光谱呢？

3.2.1 光谱概念的物理基础

从研究天体的运动到研究天体的物理状态，从利用牛顿万有引力到利用所有的物理规律作为研究天体的理论基础，从主要的研究对象是太阳系到几乎已经是宇宙的边缘，这是天体力学作为天文学单一内容发展成天文学包括天体力学、天体物理等数十个分支的漫长的艰难过程。19 世纪恒星光谱的发现和照相技术的应用是这个过程的起点。在

19 世纪以前，说起天文学，人们就会想这是研究天体运动的科学。事实上从事天文研究的天文学家同时也是数学家、力学家。现在谈到天文学，人们会认为它是一门物理学，因为天文学家大量的工作是利用物理学来研究恒星和天体。20 世纪 20 年代量子力学的建立，使人们能正确地认识微观世界，爱因斯坦狭义相对论和广义相对论的建立改变了人们对时间和空间本质的认识，同时也给了天文学家更深入认识恒星和天体的一个理论工具。

量子力学创立于 20 世纪初，它是研究电子、质子、中子以及原子和分子内其他亚原子粒子运动的一门科学。相对于量子力学，牛顿力学称为经典力学。量子力学和经典力学有完全不同的概念。用经典力学来描述物体的运动有完全确定的性质，在经典力学规律的支配下，物体的速度和位置是完全确定的。然而海森伯提出在原子和亚原子组成的微观世界里，粒子的位置和速度是不能同时精确确定的。这是量子力学的一个基本原理，称为海森伯测不准原理。显然，再也不能用牛顿力学来描述微观粒子的运动状态了。利用牛顿力学，人们认识了太阳系。用同样的概念，人们想象一个原子就是一个小太阳系：核在中心，电子在固定的轨道绕核“公转”。但按量子力学的说法，原子中没有电子运动的轨道，只能说电子可能出现在什么地方。

光是什么？光是波还是粒子？从牛顿开始，这个问题就在不断的争论之中。按量子力学的说法，光既是波也是粒子，称为波粒二象性。不仅光是如此，任何看似粒子的物质都具有波动性。量子力学是如何把粒子和波统一起来的呢？在 19 世纪末，一个看起来非常普通的黑体辐射实验却使所有的物理学家都无法解释清楚。普朗克于 1900 年把电磁波辐射的能量量子化以后才比较轻松地解决了黑体辐射给物理学家带来的难题。但是普朗克引入的概念却并不轻松。按经典物理的思想，电磁波是以连续的形式辐射能量的，普朗克则认为电磁波是以一份一份的形式辐射能量的，每一份是 $h\upsilon$，这里的 υ 是电磁波的频率，h 为普朗克常数。1905 年爱因斯坦在研究光电效应的时候提出光还具有粒子的性质，它所携带的最基本的能量是 $h\upsilon$，并称它为**光量子**，简称**光子**。1923 年，康普顿散射实验确认光具有波和粒子的二象性，因为康普顿测出光子的动量 $p=\frac{h}{\lambda}$，动量 p 是粒子具有的物理量，波长 λ 是波具有的物理量。1924 年德布罗意把光的波粒二象性推广到一切物质，不论是微观粒子还是宏观物体都具有波动性，只是宏观物体的波动弱到无法测试。不久以后，电子衍射的图像说明电子确实具有波动性。这种波称为物质波，也称德布罗意波。1926 年薛定谔用波动方程从数学上描述了量子力学的基本规律，提出所谓的波动是一种几率波，它和经典物理中机械波和电磁波是完全不同的概念。1924 年，泡利提出不相容原理，根据这个原理，一个原子中不可能有两个电子处于同一个能级，后来又发现只要自旋是 1/2 奇数倍的粒子（例如电子、中子、质子）都遵循泡利不相容原理，这样的粒子称为费米子。这个原理也是量子力学的一个基本原理。

关于量子力学中的不确定性，有两种对立的见解，以玻尔为首的哥本哈根学派认为这是最后的、基本的规律，以后只能靠获得不确定性更详细的知识来丰富量子力学。而以爱因斯坦为代表的一些科学家则反对这种观点，他们认为这是目前知识不完备的结果，将来会有新的理论来恢复严格的决定论。

3.2.2 恒星光谱与氢原子谱线

1666年，牛顿用棱镜将日光分成七色光，而且七色光是连续变化的，这是人们第一次得到恒星光谱。人们认识了电磁场的规律以后，知道光波也是一种电磁波，是一种能被人的眼睛感觉到的电磁波，称为可见光。可见光波长的范围是由波长4 000埃的紫光到波长7 600埃的红光（1埃$=10^{-10}$米$=0.1$纳米）。牛顿看见的是连续光谱，这是因为太阳能发出所有波长的可见光。

利用摄谱仪可以把光谱拍成照片。人们进一步研究光谱发现，除了连续光谱外，还有线光谱和带光谱。线光谱是指在连续光谱的背景下有一些黑线，或者在光谱照片中只有几条亮线。前者称吸收光谱，后者称发射光谱。经研究发现，这些线光谱都对应一定的波长，而且都与单一元素有关，所以把线光谱称为原子光谱。如果让太阳光通过氢气后由摄谱仪把它拍成照片，就会发现原先连续的光谱有很多条黑线，只要太阳的光线通过的是纯氢气，这几条黑线的位置是不会改变的。也就是说，氢原子有固定波长的吸收光谱。如果把纯氢气作为光源，发出的光通过摄谱仪拍成照片，则这些照片是黑背景下有很多条亮线，这是发射光谱。将氢的发射光谱和吸收光谱对照就会发现，亮线和黑线的位置一样，也就是说所对应的波长一样。

图3-2是氢光谱的巴耳末线系。H_α是红线，波长是6 562.2埃；H_β是深绿线，波长是4 860.74埃；H_γ是青线，波长是4 340.10埃；H_δ是紫线，波长是4 101.20埃。巴耳末线系并不是只有4条，越接近粗黑线谱线越密，粗黑线所在的位置似乎是这些线的极限，斜线部分是连续光谱。这个线系是1885年由巴耳末发现的，以后发现氢还有一些其他的线系，如赖曼系、帕邢系等。当时人们并不知道氢为什么具有这样的线系，但是人们知道每一种元素的原子具有自己独特的光谱线和光谱线系，任何两种元素的原子光谱不会混淆不清，所以光谱的一个很明显的用途是利用光谱确定原子的种类。光谱线还因为磁场、压强和温度的不同有一个微小的变化，这些变化可以用来确定光源所在位置的物理环境。

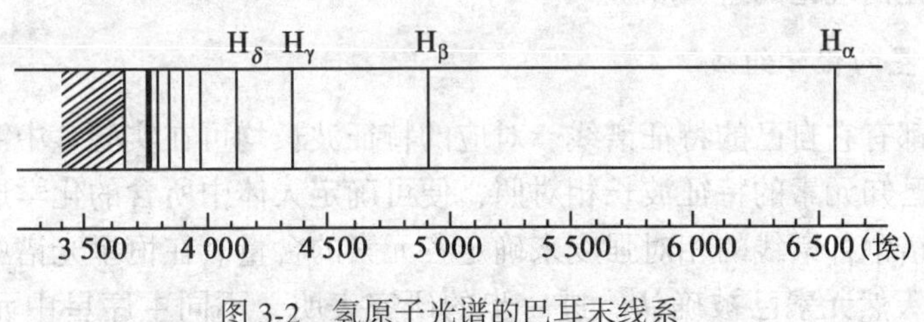

图3-2 氢原子光谱的巴耳末线系

20世纪初已经建立了一个粗糙的氢原子模型，原子的半径大约为10^{-10}米，原子中有一个带正电的原子核，因为原子是中性的，所以原子核的外面有一个带负电的电子。电子是如何环绕原子核运动的？按经典物理理论，电子环绕原子核运动就像行星环绕太阳运动一样。按电磁学规律，这种运动可以辐射出电磁波，辐射出电磁波的能量是连续的，即是连续光谱，不可能有线光谱。

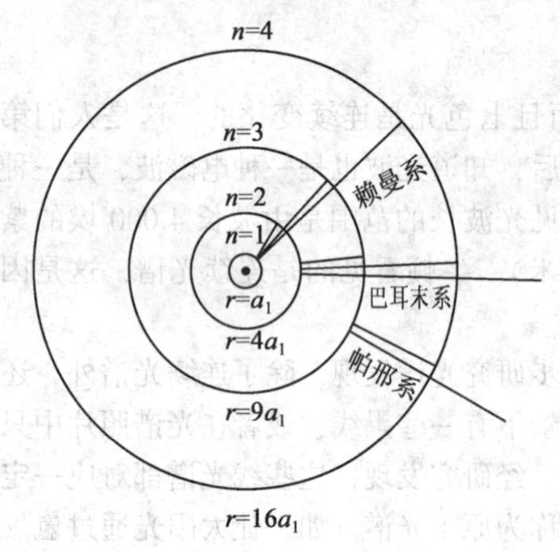

图 3-3　氢原子电子轨道

1913 年玻尔提出一个新的氢原子构造理论。他认为氢原子核外面的电子并不是像行星环绕太阳那样运动，因为尽管按牛顿力学，行星在任意大小的椭圆轨道上运动都是合理的，但氢原子中的电子却只能在一些固定的轨道上运动。图 3-3 就是这样固定的轨道，称为量子化轨道。电子运动的最小半径 $a=0.529\ 166\times10^{-10}$ 米，称为玻尔半径，其他各个轨道的半径为 r_n：

$$r_n=n^2a, \tag{3-17}$$

其中 n 为整数，量子力学中称为主量子数，可见不仅轨道是量子化的，电子在各个轨道上的能量值也是量子化的，可能的轨道有无限多，但彼此都是分立的。电子在 $n=1$ 的能量最小，记为 E_1，其次为 E_2……顺次增加，无穷远的能量定义为零。氢原子只有一个电子，图 3-3 说明这个电子可能所处的轨道。例如电子处于 $n=3$ 的轨道，它的能量 E_3 比处于 $n=2$ 的轨道的能量 E_2 大，这个电子从 $n=3$ 轨道迁移到 $n=2$ 的轨道，减少的能量 E_3-E_2 转化成 $h\nu$ 的光子，也就是图 3-2 的亮线 H_α，其他的亮线都是由同样的迁移过程而产生的。相反的迁移，也就是从能量低的轨道迁移到能量高的轨道必须要吸收能量，在光谱上留下一条吸收黑线。随着量子力学的不断发展，不仅可以解释各种原子的吸收光谱和发射光谱，而且也提供了光谱的计算方法。

3.2.3　光谱在恒星研究中的应用

光谱理论的应用是天文学发展必不可少的工具，天体物理的发展离不开光谱的应用。人们利用恒星光谱确定了恒星的化学成分和物理状态，利用谱线的红移确定了宇宙在膨胀。没有恒星光谱的研究，天文学就不可能取得如此大的成果，天文学的进一步发展还必须依赖光谱理论的进一步应用。

1. 确定恒星的化学组成

每种元素都有它自己的特征谱线，对应的特征波长均可在实验室中测出。若将所拍的恒星光谱和已知元素的特征波长相对照，便可确定天体中所含的化学成分。同时，还可根据恒星光谱中各谱线的相对强度来确定各元素的含量。在恒星光谱中，元素周期表中 90%以上的天然元素已被确认。进一步的研究表明，不同主序星中元素丰度基本相同，氢约占 70%，氦约占 27%，这一结论告诉我们，主序星的能量来源与太阳一致，也是通过核聚变产生的。

2. 确定恒星的温度

不同恒星光谱之间有较大的差异，而恒星的化学成分差别并不大，这就意味着恒星光谱之间的差异只能来源于恒星自身物理状态的不同。研究表明，恒星的光谱与恒星的外层温度有关。外层温度的差异直接影响恒星外部各种元素原子的电离程度和激发状

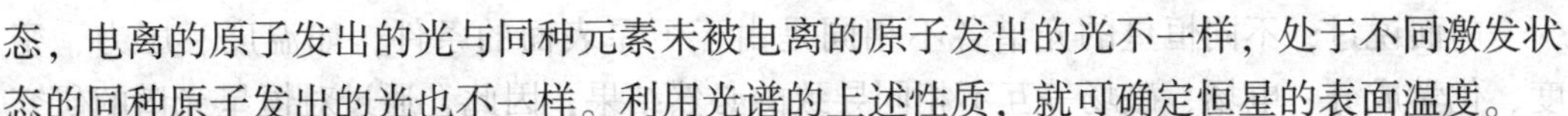

态，电离的原子发出的光与同种元素未被电离的原子发出的光不一样，处于不同激发状态的同种原子发出的光也不一样。利用光谱的上述性质，就可确定恒星的表面温度。

3. 确定恒星的视向速度和自转

根据多普勒效应（见 4.2 节），波长的改变量与光源和观测者之间的相对运动速度有关。由此就可推算恒星的视向速度。如果恒星存在自转运动，只要自转轴与我们的视向有一定的夹角，便可测定它不同侧的红移或紫移，从而推算出它的自转状况。

另外，根据恒星的光谱还可确定恒星外层大气的厚度和压力、恒星的磁场等，在此不再一一列举。可以说，我们对恒星性质的了解，绝大部分是从光谱研究获得的。

3.2.4 恒星的光谱、颜色和表面温度之间的关系

恒星的光谱和太阳光谱一样，也是由连续光谱和吸收线组成的。但是，不同恒星的光谱并不完全一样。根据对大量恒星光谱所进行的研究，大体上可以把恒星光谱分为 7 种主要类型（称为**光谱型**），这 7 种类型记为 O,B,A,F,G,K,M，此外还有 R，N 和 S 型。

```
                    S
                   /
O—B—A—F—G—K—M
           \
            R—N
```

这是取一句英文“Oh! Be A Fair Girl Kiss Me.”的字首构成的，称为**哈佛分类**，由哈佛天文台首先确定。

对每一种光谱，还可将它分为 10 个次型，如 B 型就可以分为 B0，B1，B2，…，B9 等 10 个次型。显然 B0 和 O9 相差不是很大。O，B，A 称为**早型**；F，G 称为**中型**；K，M 称为**晚型**。

根据对恒星光谱进行的大量研究，发现恒星的光谱与恒星的颜色以及恒星的表面温度有很密切的关系。恒星表面温度较低时（2 000~3 000 开），光谱中红光较强，于是恒星就带红色；如果温度增至 5 000~6 000 开时，则光谱中黄光较强，恒星就带黄色。其变化关系如表 3-4 所示。

表 3-4 **恒星的光谱型与颜色、表面温度的关系**

光谱型	颜色	表面温度（开）	典型星
O	蓝	40 000~25 000	参宿一
B	蓝白	25 000~12 000	参宿五
A	白	11 500~7 700	织女星
F	黄白	7 600~6 100	小犬座 α
G	黄	6 000~5 000	太阳
K	橙	4 900~3 700	牧夫座 α
M	红	3 600~2 600	心宿二

前面说过，不同恒星的光谱各不相同是由于恒星表面的条件，如温度、压力、密度、化学成分、电场、磁场等互不相同导致的必然结果，因此，通过对恒星光谱的研究反过来可以测得恒星的温度、压力、密度等参量。事实上，我们关于恒星的绝大部分信息都是从分析恒星的光谱获得的。

3.2.5　恒星的赫罗图

天文工作者已经对大量的恒星测定了它们的光谱型和光度。1911 年丹麦天文学家赫兹伯伦（E. Hertzsprung）、1913 年美国天文学家罗素（H. N. Russell）分别研究了恒星在光谱-光度图上的分布情况。他们取恒星的光谱型为横坐标，恒星的绝对星等为纵坐标，结果得到一幅如图 3-4 所示的图形。这个图称为恒星的光谱-光度图或恒星的赫罗图，常写为 H-R 图。这张图不仅在恒星的分类中，而且在研究恒星演化方面起着重要作用。

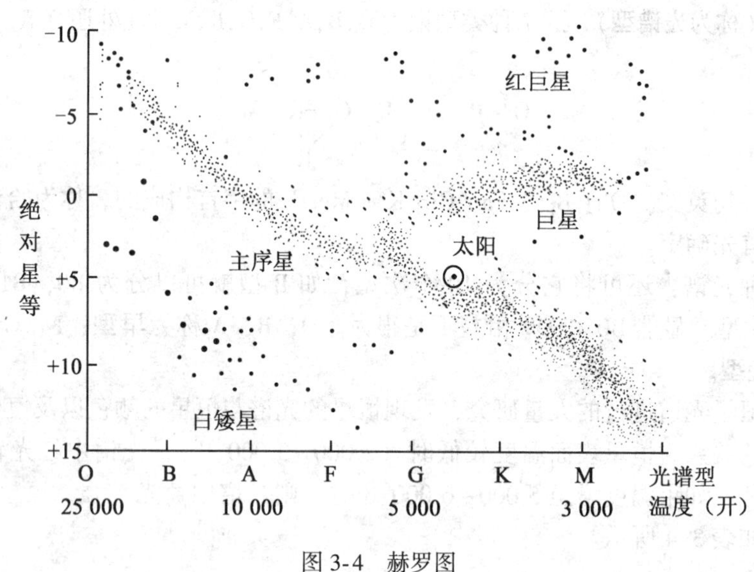

图 3-4　赫罗图

赫罗图的横坐标是按 O，B，A，F，G，K，M 排列的光谱型，它对应恒星的温度。纵坐标是恒星的绝对星等，与光度相对应，反映恒星本身辐射能量的多少。对一颗恒星来讲，表面温度和绝对星等可以通过观测严格地确定，因此可以在赫罗图上找到一点与它对应。

从图 3-4 中可以看到，恒星在赫罗图上的分布不是杂乱无章的，而是形成几个星数较密集的序列。主要的序列如下：

1. 主星序

从图 3-4 中可以看到绝大部分恒星分布在左上角到右下角的对角线上，这个序列称为**主星序**，属于主星序的恒星称为**主序星**，太阳就是一颗主序星。我们观测到的恒星中，90%属于主序星。

2. 巨星和红巨星

在图3-4右上方可以看到有一组恒星，它们的光度相差不多，这一组称为**巨星**。顾名思义，巨星即大个儿的恒星都在这一区域。在巨星的上面，还有一组恒星，光度更大，称为**红巨星**。

3. 白矮星

在图3-4左下角有一组恒星，它们的光谱型大多属A型，颜色发白，光度很小，称为**白矮星**。

主序星、巨星和白矮星是H-R图中最主要的三群星。赫罗图是20世纪初提出来的，提出来不久天文学家就注意到它的重要性。赫罗图深刻地反映了恒星的物理性质：温度相对比较低的恒星却很亮，很可能是因为它的体积很大，所以称之为巨星；温度高的恒星理应很亮，但它却很暗，则很可能是因为它的体积很小，所以称之为矮星（“矮”与“小”同义）。如果把已经测得质量的恒星标在赫罗图上，我们会发现，在太阳上方都是比太阳质量大的恒星，在太阳下方都是比太阳质量小的恒星。经过研究，赫罗图上这些恒星的特点和恒星的演化紧密相联，赫罗图实质上反映了恒星的演化过程。

3.3　变星和新星

天上的恒星，尽管明暗的程度有很大的差别，但大多数在相当长的时间内亮度没有什么变化，处于一种相对稳定的阶段。但也有相当多的星，亮度在较短的时期内有显著的变化。我们称亮度变化的星为变星。有少数星的亮度可在几天内猛增几万倍，较原有星等减少10~14等，我们把这些突然爆发的星称为新星。变星和新星都是不稳定星。

研究变星和新星有重要的意义：如变星的物理状态不稳定，有些变星是很年轻的天体，对它们的研究有助于解决恒星的结构、起源、演化等问题；造父变星可用来测定距离，这对于研究银河系和其他星系的结构、运动等十分重要；新星、超新星爆发时释放巨大的能量，对它们爆发原因的探讨有可能启发人们找到新的能源。

根据变星亮度变化的原因，变星又可分为食变星（又称几何变星）、物理变星（内部性质发生变化）。有一种变星，它的亮度变化很可能是由于它们一会儿膨胀，一会儿收缩造成的，这种变星称为脉动变星。另一种变星，它们的亮度变化突然，也很厉害，我们称之为爆发性变星。

3.3.1　造父变星

造父变星又称长周期造父变星或经典造父变星，是脉动变星的一种。这类变星的亮度变化是周期性的，周期在1.5~80天之间。光度变化幅度在0.1~2.0等之间。它的典型代表是仙王座δ星。由于仙王座δ星的中文名称是“造父一”，故称这类变星为**造父变星**。而造父则是春秋时代一位星官的名字。

根据对大量造父变星研究的结果，发现了一个有趣的现象：造父变星的周期越长，它的平均光度就越大。如果我们以造父变星的周期 P 的对数 $\lg P$ 为横坐标，以其平均绝对星等为纵坐标，每颗变星用一小点表示，如图 3-5 所示，就会出现大多数的点分布在一条直线附近的情况。也就是说，造父变星的平均绝对星等 M 与其周期的对数 $\lg P$ 近似地成直线关系。周期和绝对星等的这种关系称为**周光关系**。

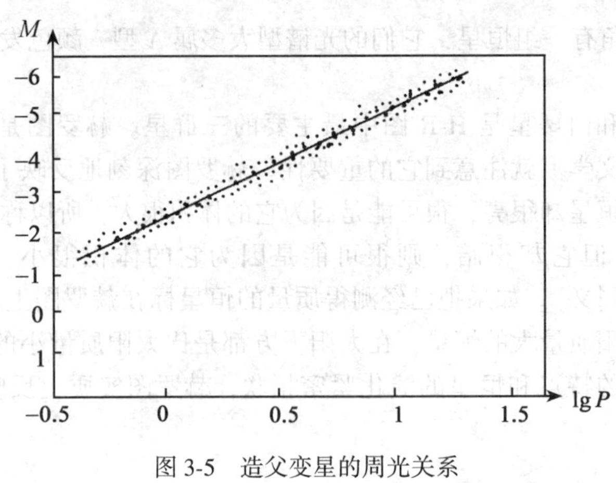

图 3-5　造父变星的周光关系

周光关系有很重要的意义，因为任意一颗未知其距离的造父变星，只要测出它的光变周期，则按周光关系可以求出它的绝对星等，再按（3-12）式便可求出视差 π''（或距离 r）。这种方法是测定离我们极为遥远的球状星团和河外星系的距离的主要方法，因此，造父变星常被誉为“量天尺”。当然，利用周光关系测距，零点的确定极为重要。20 世纪初沙普利（H. Shapley）利用造父变星的周光关系确定仙女座大星云到地球的距离为 75 万光年。后来发现原先的零点有问题：因为没有充分考虑星际物质的消光作用，将零点定大了 1. 5 等。20 世纪 50 年代经巴德（H. Baade）等努力，调整零点后重测得到仙女座大星云到地球的距离约为 150 万光年，正好增大了一倍多。20 世纪 50 年代以前由于距离定得过小，曾给爱因斯坦宇宙模型带来了致命的困难，从而引起了很多有趣的争论。最新测得的仙女座大星云到地球的距离为 200 万光年。

3. 3. 2　新星和超新星

有时在天空中会突然出现一颗很亮的星，它的亮度在很短的时间内（一两天）迅速增加，达到极大后慢慢减弱，在几年或十几年后恢复到原来的亮度，这种星称为新星。实际上，新星并非真正的新生成的星，它们原来就存在，只是因为太暗，不为人们所注意，待其亮度突然增加很多时，才为人们所重视。

新星爆发时，亮度增加很多。新星最亮时绝对星等可达−7. 0 等。新星的爆发过程中，其光谱型不断变化着。爆发前可能是一颗 O 型或 B 型白矮星，从发亮到达到极大值前光谱型是 A 型或 F 型。亮度极大时光谱中没有发射线，只有吸收线；在下降阶段，光谱经过类似星云光谱的变化，最后成为 O 型谱。

新星爆发时，会抛射少量物质到周围空间，爆发后，仍保留它们的恒星形式和它们的大部分的物质。有的新星在恢复原样后可能再次爆发，这样的新星称为**再发新星**。

除了新星，还有些恒星爆发时规模比新星更为巨大，光变幅度可达 20 等，即光度增加 1 亿倍，亮度极大时的绝对星等达-15～-17 等，这种星称为**超新星**。超新星在突然增亮后，或是它的大部分物质抛射到周围的空间中，留下致密的核心，此核心可能是一个中子星；或是将恒星物质完全抛散，变为星云遗迹。1054 年金牛座超新星爆发在我国古代文献里有详细的记载。据记载，这颗超新星在最亮时比金星还亮，甚至在白天都可以用肉眼看到。这颗超新星爆发后的余迹就是著名的蟹状星云。目前，这个星云正以 1 300 千米/秒的速度在膨胀着，并且是一个很强的射电源。最近的研究发现，这个星云中间还有一颗快速旋转的中子星。

新星、超新星爆发的机制是什么？尽管这是一个长期进行研究的重大课题，但其理论并不完善。

据认为新星发生在密近双星之中，密近双星的两颗子星年龄各不相同，一颗是红巨星，一颗是白矮星。当红巨星膨胀到白矮星的引力范围以内，白矮星就会把红巨星外层的氢物质吸过来，当吸过来的物质积累到一定程度的时候就会产生核爆炸，导致白矮星的一次喷射。喷射以后白矮星恢复平静，然后重复上面的过程，几年、几十年或几百年后又会触发新的爆炸。

对超新星的爆发机制有多种多样的观点，如中微子沉淀、核爆炸、简并态物质的热不稳定性、快速自转等，而核爆炸被认为是可能性最大的一种成因。

天文学家已把船底座 η 星看成是银河系中下一颗超新星爆发的候选星，因为这是一颗年老的恒星，而且是银河系中已知恒星质量最大的一颗。按恒星演化的理论，质量大演化过程快，寿命也短，因为在核反应中消耗的核燃料快。然而我们需要等待的时间很长，据说要几万年以后它才可能成为一颗超新星。

3.4 恒星集团

恒星世界中，一些恒星之间存在着物理联系。最简单的是由两颗星组成的系统，称为**双星**。两颗以上到十多颗星组成的系统，相互间有力学关系，称为**聚星**。更大的恒星系统称为**星团**。

3.4.1 双星

有的恒星，用肉眼看起来似乎是一颗星，但用望远镜观测时却发现它是两颗靠得很近的恒星。组成双星的两颗星之间的关系如何？有无物理联系？大量的研究表明：有的双星的两个成员星实际上相距很远，彼此之间没有物理联系，只是由于从地球上看它们差不多在同一个方向上，在天球上靠得很近。这种双星称为**光学双星**。大多数双星的确是一对具有物理联系的恒星，两个成员星按引力定律互相绕转。这种双星称为**物理双星**。今后我们提到双星时都是指物理双星。双星的两个成员都称为**双星的子星**，较亮的子星称为**主星**，较暗的称为**伴星**或**辅星**。

双星的每一子星绕它们共同的质量中心旋转，轨道是一个椭圆，但大小不同。质量小些的子星轨道长半轴长些。由于双星的两子星按引力定律互相绕转，根据天体力学的原理，可以确定两子星的质量。这是目前唯一的由观测直接确定恒星质量的方法，其他方法都是间接的。有的双星的两子星靠得很近，互相影响很厉害，有的甚至有物质交换，这种双星称为“密近双星”。对这些双星的研究提供了关于恒星结构（如大小、形状、恒星大气的物理状况等）的重要资料。另外，在离我们较近的恒星旁边，人们发现了一些即使用大望远镜也看不见的伴星。根据主星的运动情况来推算，这些看不见的伴星很可能是这些主星的行星系统。这说明，像太阳系这样的行星系统在宇宙中并不是唯一的。因此，研究双星在天文学和哲学上都具有重要意义。

物理双星又可分为目视双星、分光双星、交食双星3种。

1. 目视双星

在望远镜里能直接用眼睛看出是两颗星的双星称为目视双星。目视双星两子星大多相距较远，因而互相绕转的周期较长。对伴星相对于主星位置的测定，可以确定它们的运动轨道。天狼星就是一目视双星，主星-1.6等，伴星+7.1等。

2. 分光双星

当双星的两子星距离较近，互相绕转的周期较短时，就不能用目视方法发现它。然而可用其他方法来发现双星。用光谱分析的方法发现的双星称为分光双星。人们通常是通过观测它们光谱线的多普勒位移来发现它们的绕转情况的。大熊座ρ星就是分光双星。

3. 交食双星

当双星轨道面的法线与我们的视线交角接近90°时，会看到双星的一颗子星掩食另一颗子星的现象，如图3-6所示。A为主星位置，B为伴星位置。EA为视线方向，NA为双星轨道面法线方向。当两子星互不掩食时，如图3-6中A，B_2位置，观测到的双星的亮度为两子星亮度的叠加；当主星挡住伴星时，如图3-6中A，B_3位置，则只有主星的光射到地球，由于主星比伴星亮得多，所以双星的亮度稍微变弱些；当伴星挡住主星时，如图3-6中A，B_1位置，只有较弱的伴星的光射到地球，双星的亮度就变暗很多。互相掩食的结果使得双星的亮度作周期性变化，这种双星称为交食双星，又称食双星。

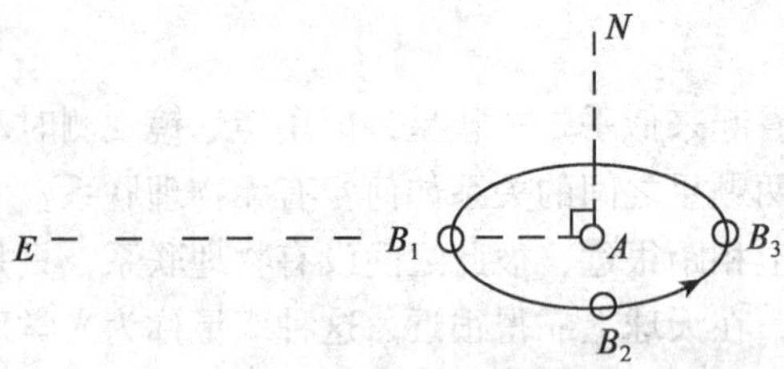

图3-6　交食双星

英仙座β星是最著名的交食双星，它的亮度变化周期为2天2小时49分。当然，实际观测中，由于主星和伴星的大小不同或夹角不为严格的90°，就会出现偏食、环食等现象。

3.4.2 聚星

前面说过，三颗到十来颗恒星聚合在一起，彼此间有着一定的物理联系，这样的恒星集团称为聚星。

北斗七星中的开阳星是一著名的聚星。用肉眼可以看到开阳星近旁有一颗较微弱的暗星，称为辅星。用望远镜看开阳星，容易看出它本身也是一个双星。进一步的光谱分析和光度测量表明，开阳星的一个子星和辅星都是密近双星，而开阳星的另一个子星是三合星。所以开阳星实际上是由7颗星组成的一个聚星系统，可写成如下形式：

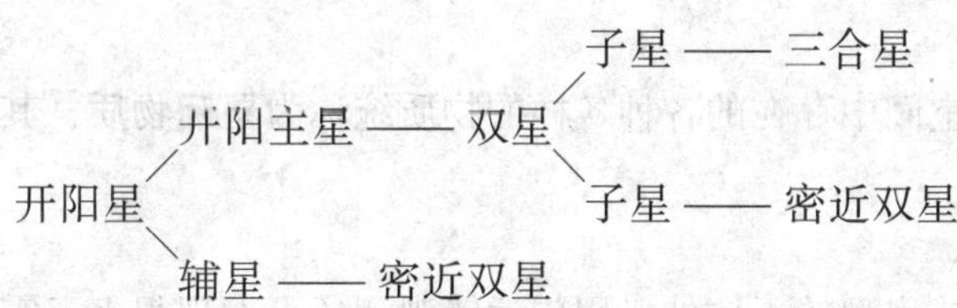

3.4.3 星团

由几十颗到几百万颗恒星聚在一起，有着某些共同的物理性质，这样的恒星集团叫做星团。星团分为银河星团和球状星团两大类。两类星团的成员星彼此间有相对运动，同时星团作为整体也在空间运动着。

1. 银河星团

银河星团又称疏散星团。它们的形状不规则，由几十颗到几百颗恒星组成，结构比较松散。已发现的银河星团约1 200个。它们大部分都分布在银道面附近。已知的银河星团的直径从2秒差距到20秒差距，平均约为4秒差距。离太阳的距离从40秒差距到500秒差距。银河星团里恒星的空间密度从里向外逐渐减小，通常我们看到的只是星团的核心部分。

金牛座中的昴星团和毕星团是最著名的银河星团。昴星团用肉眼可以看见其中的7颗，用大望远镜可看到它的成员星约有300颗，它是一个很年轻的星团。

2. 球状星团

它是由几万颗到几十万颗老年恒星所组成的具有紧凑球对称外形的恒星集团。球状星团的核心部分，恒星密度很大，在银河系中它们通常分布在银晕里。球状星团直径从20~100秒差距，平均为30秒差距。

人们在球状星团中发现了大量变星。银河系中已发现的球状星团有130多个，最著名的是武仙座球状星团，离我们2.5万光年，质量为$3\times10^5 M_{\odot}$。

3.4.4 星协

观测发现，某些类型的恒星，如O型星和B型星，它们在天空中的分布并不是均匀的，而有聚集成团的倾向，并且聚集在一起的O型星、B型星彼此之间具有物理联系，形成集团，这种特殊的恒星集团称为**星协**。星协和星团不同，在星团里一般可以找到各种光谱型的恒星，而星协则由光谱型大致相同、物理性质相近的恒星组成。

星协可分为两类：一类主要由O型星和B型星组成，称为**OB星协**；另一类叫**T星协**，主要由金牛座T型变星组成。星协极不稳定，整个星协在向外膨胀，因此，星协是非常年轻的恒星集团，它们的年龄估计不超过一千万年。

3.5 星云和星际物质

在恒星之间的空间中存在的各种各样的物质统称为**星际物质**，其中包括各种星云。

3.5.1 星云

除了以恒星形式出现的天体外，用望远镜观测还可发现很多云雾状斑点的天体，这称为**星云**。星云由气体和尘埃组成。星云可分为两大类：

1. 行星状星云

这种星云在望远镜中呈现为中心有亮点而四周为一圆环状气壳的外形，类似于行星与其大气，所以称为行星状星云。行星状星云中央都有一颗很热的恒星（O型或B型），称为**星云的核**，环状外壳是一个由透明发光物质构成的球或椭球。已发现的行星状星云有一千多个。其直径在0.3~3光年之间，质量约为太阳质量的几百分之一到几分之一。

行星状星云是自己发光的，温度在6 000~10 000开之间，它的物质密度很小，每立方厘米只有几十个原子。观测还发现，行星状星云正以25千米/秒的速度不断向外膨胀。

2. 弥漫星云

弥漫星云是星际气体或尘埃的不规则形状的云，没有明确的界限。一般来说，它比行星状星云大得多也稀薄得多，平均直径为几十光年，质量为太阳的几分之一到几千倍。

按发光情况可把弥漫星云分为两类：亮星云和暗星云。如果弥漫星云近旁有很亮或很热的恒星，则它就会反射星光或被星光激发而自己发光，成为亮星云。如果弥漫星云近旁没有很亮或很热的星，则星云就不会发光，成为暗星云。暗星云由于吸收位于其后的星光而被发现。

20世纪40年代以来，在一些亮星云的背景上发现一些小的、多为正圆形的暗黑天体，我们称之为**球状体**，其直径由几千到几万天文单位。球状体是差不多完全不透明的

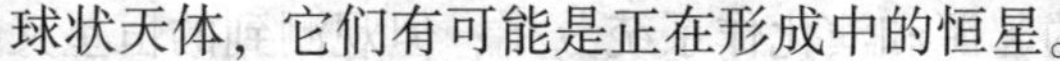

球状天体，它们有可能是正在形成中的恒星。

3.5.2　星际物质

过去有人认为星际空间是绝对真空，其实并非如此。在没有恒星也没有星云的地方，充满着比弥漫星云还要稀薄许多的物质，这就是星际物质。和暗星云一样，星际物质也是由于吸收恒星的光而被发现的。

星际物质并不是均匀地分布在空间里，而是聚集为一块块的“小云朵”。它们由气体和尘埃组成，平均密度为每立方厘米 0.1 个原子。星际气体中的主要成分是氢，此外还有少量氮和其他元素的原子。据估计，银河系中 10%的总质量由星际物质提供。

20 世纪在星际空间还发现了许多种分子，特别是 1969 年观测到的有机分子甲醛（H_2CO）。这一发现的意义重大，它把天体物理同生命起源的理论联系起来，被誉为 20 世纪 60 年代天体物理的四大发现之一（其他是脉冲星、类星体、3K 宇宙背景辐射）。实验证明，用氢、水、氨、甲烷以及甲醛等，在模拟宇宙空间的加热条件下，可合成几种氨基酸，它们是组成生命基本单元——蛋白质、核糖核酸的主要原料。

1944 年荷兰科学家胡斯特（Van de Hulst）从理论上算出中性氢原子在能态改变时会辐射出波长为 21 厘米的电磁波。21 厘米谱线是氢原子的一条特征谱线，是探索宇宙中中性氢原子分布的重要信息源。

20 世纪 50 年代，微波雷达技术被用于射电天文观测，1951 年来自银河系的 21 厘米谱线首次被射电天文学家观测到，开创了人类射电天文谱线观测的历史。

到 2013 年，发现的星际分子数量已达 150 多种，其中有相当一部分是有机分子，包括复杂有机分子乙醇（CH_3CH_2OH）也在银河中心附近被大量发现。

地球生命的起源一直是困扰人类的话题之一。星际有机分子的发现给地球生命起源问题提供了重要的研究线索。星际和星系际间广泛存在的有机分子，会不会有一部分落在地球上，在长期的演化过程中这些有机分子先组成了氨基酸，进而演变成地球上最原始的生命体？宇宙是如此之大，星际有机分子不可能仅仅降落在地球上，从这个角度看，宇宙中其他天体上必定也存在着某种形式的生命体。

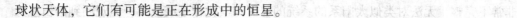

3.6　恒星的起源和演化

尽管我们在第 2 章里已经谈到过太阳系的起源和演化问题，这里还是要给出天体起源和演化的一般定义。

天体的起源：指宇宙物质从另一种形态转化为这种天体形态的过程。

天体的演化：天体在其存在时期内在不断地变化着，不断地进行着机械运动、物理运动和化学运动，天体的质量、大小、光度、温度、磁场、结构、自转等都在变化，某些时期甚至与外界还有物质交换，这些统称为天体的演化。

与太阳系起源和演化学说相比较，恒星起源和演化学说比较成熟和完整。这是因为迄今为止人类所观测到的太阳系只有一个，有行星系统的恒星不过数百个，而观测资料又非常不完整，无法对类似太阳系的系统的起源和演化作系统分析；但观测到的恒星又何止千千万万！更重要的是，对这些恒星的年龄进行分类，我们发现了处于相对于人类而言的胎儿期、婴儿期、少年期、青年期、中年期、老年期的恒星，甚至恒星死亡后留下的灰烬我们也能把它从“坟墓”里挖出来，因此恒星的一生也就明明白白地摆在我们面前了。

有关恒星起源和演化学说的发展，大体上可分为三个阶段：

第一阶段，又称初期阶段，1850—1920年。代表理论：

亥姆霍兹、开尔文提出的恒星演化收缩说，认为恒星因自身引力作用而缓慢收缩，释放的引力能以光的形式辐射出去。

赫茨伯伦和罗素共同创制了赫罗图，赫罗图成为后人研究恒星起源和演化的重要工具。作为天文学发展的一个里程碑，它也标志着初期阶段的结束。

第二阶段，1925—1960年。代表理论：

爱丁顿奠定了恒星内部结构的理论基础。

巴德、茨维基研究了超新星和中子星的演化关系。

魏茨泽克、贝特提出了恒星能源的新理论——氢核聚变。

奥本海默对中子星的结构进行了计算并研究了黑洞。

斯比茨提出恒星由星际尘埃物质通过辐射压作用凝聚而成的假说。

伽莫夫提出恒星演化中的中微子理论。

史瓦西建立了史瓦西学说，指出了质量不同恒星的演化方式、演化速度的几种可能情况。

第三阶段，1960年至今。

20世纪60年代以来，随着宇宙飞船的发射、空间观测手段的提高，新的观测成果不断出现，极大地推动了恒星起源演化理论的发展。

这一阶段的代表人物及其理论较多，限于篇幅，不便一一叙述，可参见本书附录4。值得一提的是伯比奇夫妇、福勒、霍伊尔等人关于元素合成的理论。这一理论说明了宇宙中的各种元素及其同位素的形成过程以及对应于恒星的不同演化阶段元素合成的发展变化过程。正是元素的合成及其能量释放与恒星自引力的矛盾形成了恒星演化的动力。

要了解恒星的起源和演化，首先要知道恒星的内部结构。

3.6.1 恒星的内部结构

恒星的内部结构包括以下几个问题：恒星内部的温度、密度、压力由中心至表面是如何分布的；恒星的能量是如何产生的，又是如何由内向外传输的；恒星内部的化学成分、元素分布、元素合成等。

主星序的星是处于稳定状态的星。所谓稳定可以这样来理解：就恒星整体而言，既不膨胀也不收缩，恒星内部每一点所受到的引力与该点处的压力（气体压力和辐射压力）相平衡。由于恒星是一个炽热的气体球，所以这种稳定状态称为流体静力学平衡态。

现代天文学家认为，主星序上的恒星，其内部能量来自核心区的热核反应。通过质子-质子反应、碳氮循环，把氢核转变为氦核，同时释放出热能和辐射能。

热核反应所产生的能量是如何传输到恒星表面的？一般说来有3种方式：对流、辐射、热传导。当一个系统下部温度高、上部温度低，上下形成一个温度梯度时，下部气体受热膨胀向上升起，上部气体因较冷，向下沉降，这就形成了对流。恒星从内到外，温度由高到低，所以就可以对流形式来传输能量，太阳光球的米粒组织就是对流形式的直接证明。第二种传输方式是辐射：能量以电磁波的方式进行传输。辐射对早型恒星尤为重要，这是因为早型恒星核心区温度很高，内部辐射压强比中型恒星大得多。第三种能量传输方式——热传导，是通过气体粒子的磁撞和推挤传输能量的。热传导主要发生在红巨星核心区、白矮星的整个内部。

从恒星的一生来看，早期阶段，收缩释放的引力能是主要的能源。当星云物质因自身引力收缩时，引力能减小。减小的能量，一部分使恒星的温度升高，一部分转化为辐射能耗散到周围的空间。主星序阶段，热核反应是主要能源，晚期阶段核燃料已全部消耗，靠冷却维持发光。

3.6.2 恒星的年龄

前面说过，有的恒星年龄不超过一千万年，而有的则达几十亿年。确定恒星年龄的方法有两种：一是球状星团法，二是放射性同位素法。

球状星团法是根据球状星团的演化特征来确定恒星的年龄，这里不多说。放射性同位素法相对简单易懂。我们来看如何用放射性同位素法确定太阳系的年龄（这也是考古学家确定文物年代的常用方法）：铀元素（U）有两种同位素 U^{235} 和 U^{238}，它们的半衰期分别是7亿年和45亿年。所谓半衰期是指放射性原子由于衰变而使数目减少到一半时所经历的时间。因 U^{235} 的半衰期比 U^{238} 的半衰期短，所以 U^{235} 比 U^{238} 更快地蜕变，这就使地球上的铀中，主要成分是 U^{238}，而 U^{235} 的含量很少。U^{238} 约为99.273%，U^{235} 约为0.727%，这两个数值之比称为 U^{235} 与 U^{238} 的相对丰富度。随着时间的推移，U^{235} 的含量会变得更少。如果我们知道太阳系诞生时 U^{235} 与 U^{238} 两者的相对丰度，再根据二者的半衰期和现在的相对丰度，就可以计算出太阳系的年龄了。

现代恒星起源演化理论把恒星的一生分为如下几个阶段：引力收缩阶段、主星序阶段、红巨星阶段、爆发阶段、临终阶段。

3.6.3 引力收缩阶段

形成恒星的星云物质，初始在空间的分布是不均匀的，形成大小不相同的星云。当星云的温度达到100开，又小于173开，密度达到 $10^{-23} \sim 10^{-22}$ 克/厘米^3，质量达到金斯质量，即 $10^3 \sim 10^4$ 太阳质量 $M_\odot$，且化学成分主要是氢时，则星云开始在自身引力的作用下收缩（小于金斯质量的星云无法收缩成原恒星）。收缩又分为快收缩阶段和慢收缩阶段。

快收缩阶段：这是从星云过渡到恒星的阶段。在这个阶段里，物质几乎是向中心自由降落的，在几万年到上百万年时间内密度增加十多个数量级，收缩中引力势能转化为热能，使温度增高，内部压力逐渐形成和加强。当中心密度达到 10^{-13} 克/厘米^3 后，气体不透明度增加，产生的热量不容易散开而使得中心温度不断提高。再进一步收缩到一定程度时，由于中心温度的提高，引起剧烈运动，大云团会碎裂成许多小云团，一块块小云团开始形成恒星的雏形，它们被称为原恒星或恒星胎。形成原恒星的整个过程是一个引力势能转化为热能的过程。一个 1 000$M_{\odot}$的原始星云并非只形成一颗恒星，也不是全部质量都可形成恒星，一部分小云团质量太小无法变成恒星胎。

慢收缩阶段：当内部压力与引力几乎相等时，原恒星处于准流体力学平衡状态，便开始慢收缩过程。但此时吸引力仍是矛盾的主要方面，所以恒星仍然收缩，但收缩得比前一个阶段要慢得多。处于这一阶段的时间要比前一个阶段长得多。当中心温度升高到700 万开以上时，氢聚变为氦的热核反应开始，这种热核反应的能量与以辐射方式向外传输的能量相等时，原恒星就不再收缩了，达到了流体力学平衡状态，一颗主序星就诞生了。

进一步的研究发现，不同质量的原恒星收缩为恒星经历的时间是不相同的，质量大的原恒星，慢收缩时间短；质量小的原恒星，慢收缩时间长。质量为 5$M_{\odot}$的原恒星收缩时间约为 60 万年，而质量为 0.5$M_{\odot}$的原恒星则需 4 亿年。

近年来运用红外技术观测到的红外源，相当大一部分是正处于快收缩阶段晚期的原恒星。

3.6.4 主星序阶段

恒星进入主星序阶段后，就开始了一个比较长的相对稳定的时期，恒星基本上不膨胀也不收缩。质量越大，光度也越大，能量消耗越快，恒星停留于主星序的时间越短，最短的只有 10^7 年，最长的约 10^{13}年。太阳停留在主星序阶段的时间约为 100 亿年。对于质量小于 1.5$M_{\odot}$的恒星，内部核反应以质子-质子（PP）反应为主；对于质量大于1.5$M_{\odot}$的恒星，内部核反应以碳氮（CN）循环为主。对于太阳，目前 PP 反应约占96%，CN 循环约占4%。根据恒星内部结构理论，在恒星中心部分氢聚变为氦的过程中，当氦的质量逐渐增到总质量的 12%时，恒星就开始离开主星序进入下一阶段。

著名天文学家史瓦西曾把小质量恒星比作一群穷人，他们钱少，但花钱很节俭，日子过得就长些；大质量恒星是富翁，他们钱多，但花钱很铺张，日子反而过不长。恒星停留在主星序的位置，也是由原恒星的初始质量决定的：大质量原恒星停留在赫罗图主星序的上部，质量比太阳小的原恒星则停留在赫罗图主星序的下部。

若星体的质量小于 0.08$M_{\odot}$，则内部温度和密度将不够高，不足以开动氢聚变循环反应，只能靠引力收缩来发光。这种星体不经过主星序阶段，而是直接由红矮星转化为黑矮星。一个天体，没经历相对稳定的主星序阶段就不能称为恒星。

3.6.5 红巨星阶段

恒星结束主星序阶段后，开始向红巨星演化，质量特别大的恒星则向红超巨星演化。

红巨星在赫罗图上的光谱型多为 K 型和 M 型。位于 H-R 图右上部分。它们多数具有较大的光度、较大的体积、较低的表面温度。

对质量大于1.5$M_\odot$的脱离了主星序阶段的星，由于其中心部分氢含量的减少，氦含量的增多，中心逐渐形成了一个由氦组成的对流核心，在氦核心的外围继续进行着氢核聚变反应。当恒星中心氢含量消耗到只剩1%~2%时，由于氦核聚变的热核反应还没有点火，恒星核心部分开始收缩。收缩的引力一部分能使氦对流核心的温度升高，以恢复力学平衡；另一部分使包围着氦对流核心的氢壳层膨胀，这种膨胀导致红巨星体积增大，表面温度降低，就总的向外发射的辐射能来说，是增加了，因而表现出较高的光度。这样，脱离主星序的星演化成红巨星。当核心处氦聚变为碳的反应开始时，反应非常猛烈，使得核心膨胀，外层收缩，表面温度升高，恒星在赫罗图上从红巨星区域向左方移动。

质量小于1.5$M_\odot$的恒星离开主星序阶段后，向红巨星的演化不同于大质量的星。

到20世纪60年代科学家才最后确定了大部分脉动变星都是处于红巨星阶段演化后期的恒星。恒星内部在进行氦聚变时期内，都有可能出现脉动，只要受到微小的扰动，就会周期性地膨胀和收缩。为了维持脉动，在恒星表面之下一定深度必有一个氦电离区。

3.6.6 爆发阶段

恒星演化晚期，在经过脉动阶段以后，很大一部分恒星可能还要经过一个爆发阶段。随着条件的不同，爆发方式不止一种。

到20世纪60年代后期科学家才肯定了行星状星云的核心是演化到晚期的恒星。其核心由碳核组成，外层还有氦和氢。当外层物质落入内部后，便迅速聚变，释放出大量能量，引起大量的物质抛射。也可能是氦聚变区域由内部向外层延伸，当其接近恒星表面时，光度迅速增大，辐射压力超过引力，导致物质大量流出。这是爆发的一种方式。

另一种爆发方式是新星爆发和超新星爆发。当恒星演化到晚期时，内部温度已高达几十亿开，密度已达到水的1亿倍以上。这时候恒星的内部会产生大量的中微子，中微子的穿透力很强，大量逃逸出恒星，导致恒星的引力收缩。恒星以极快的速度收缩，引力能转化为爆发能量，这很可能是超新星爆发的原因。当然也可能是其他原因，如核爆炸，碳、氧聚变成更重的元素等。超新星爆发后会留下许多碎片。如最强的射电源仙后A，其光学照片上只看到很多从一个中心点以每秒7 440千米的极高速度朝四面八方飞奔的碎片。射电源仙后A是约300年前爆发的一个超新星的遗迹。另外，脉冲星、X射线源都可能是超新星爆发的遗迹。

3.6.7 临终阶段

现代大多数天文学家认为白矮星、中子星、黑洞是恒星演化的最后阶段，它们都是高密天体，故临终阶段又可称为**高密阶段**。关于这三种天体的性质将在本书第5章中讨论。恒星经爆发或经其他途径后演化成上述三种天体中的哪一种天体，取决于星的质量。

恒星在核能消耗尽后，如果它的质量小于1.44$M_\odot$（钱德拉塞卡极限），就可能演化成白矮星；如果它的质量在1.44~3$M_\odot$之间，就可能演化成中子星；如果它的质量大于3$M_\odot$（或3.2$M_\odot$，称为奥本海默极限），就可能演化成黑洞。

白矮星、中子星内部没有核能，都是靠它们的剩余热量逐渐冷却而发光的。中子星的温度比白矮星高，能量消耗较快，寿命只有几亿年，而白矮星的寿命可达十多亿年。当白矮星、中子星内部的热能消耗完后，它们就演化成为不发光的黑矮星。黑矮星已不再是恒星，而是恒星的残骸。恒星的一生，到黑矮星就算结束了。但黑矮星作为一个天体，还将进一步演化。例如，它们可能由于互相碰撞而粉碎，转化为弥漫物质，以后弥漫物质在一定的条件下重新集聚成恒星；它们也可能由于碰撞而结合成为较大的天体，重新活动起来；它们也可能吸积周围的星际弥漫物质，发出 X 射线辐射和引力辐射，当吸积的物质足够多时，达到使内部发生重核裂变的条件，使熄灭了的天体重新热起来，重新成为发光的恒星。以上的几种可能性，还有待观测事实的检验。

3.6.8　小结

恒星是不断向空间辐射能量的气体球。它的主要能源是在其内部深处发生的热核反应所释放的能量，其星核收缩或坍缩时也释放能量。恒星的结构和演化受两种相反作用力的支配：力图使恒星坍缩的引力，企图使恒星膨胀的压力。某些时期中一种力稍占上风，那么恒星便呈现为膨胀或收缩，但最终引力将使恒星变为冷的、致密的、走向死亡的星。

恒星的一生可用图 3-7 表示。

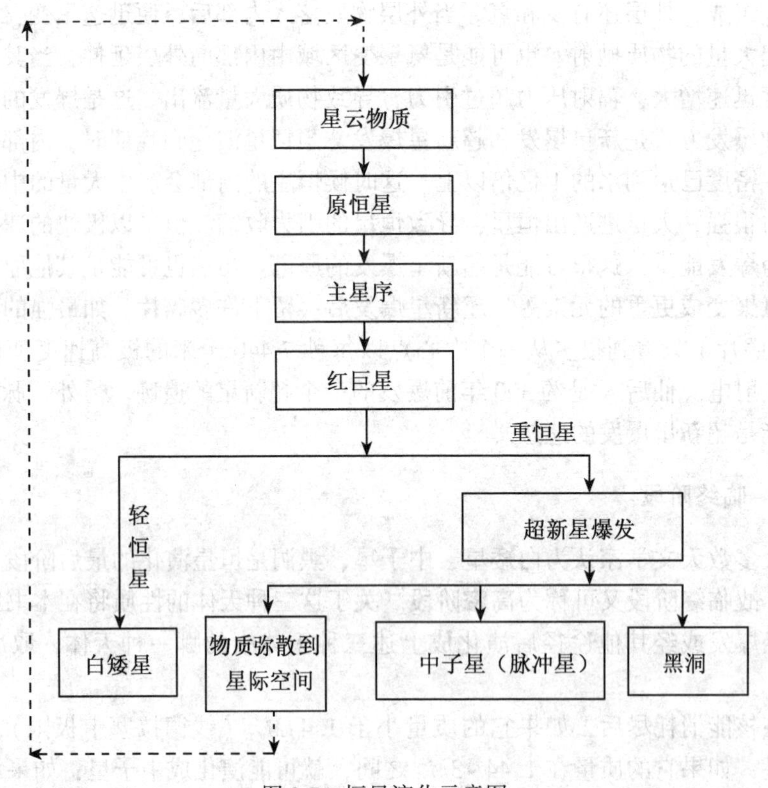

图 3-7　恒星演化示意图

一个质量约等于太阳质量的恒星离开主星序后的演化路线如图 3-8 所示。

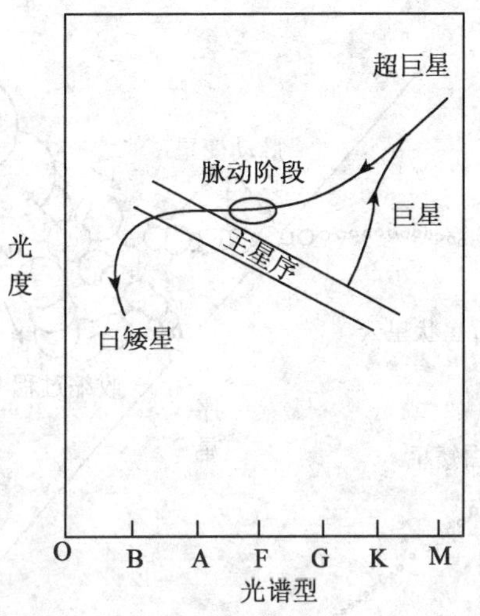

图 3-8　离开主星序以后的演化路线

处在红巨星阶段的恒星，氢聚变为氦的热核反应仍然在进行。由于核心内部的氢已经用完，发生反应的区域将逐步向外推移，核心里堆积的氦会越来越多，而且这部分氦还要不断地收缩，因此核的温度在不断升高。当温度升到 1 亿开，密度达到 10^5 克/厘米^3 时，氦开始进行核反应，主要过程是两个氦核碰成一个铍核，铍核和氦核碰成碳核。氦点火是一个相当猛烈的过程，所以又称为“氦闪”。氦闪开始之后，核心又会膨胀，使温度降低，氦闪随之停止。一次氦闪的时间往往持续几千年。氦闪以后，氦仍可以缓慢地燃烧。恒星氦闪的发生可以不止一次，因而恒星在巨星区的位置来回摇摆。恒星在红巨星阶段究竟能停留多长时间，目前还没有肯定的结论，但比之在主星序上停留的时间要短得多。太阳变成红巨星之后，可能停留 10 亿年左右。

质量比太阳大很多的恒星到后来会产生爆发。恒星爆发的形式有很多种：新星、超新星、各种爆发变星、再发新星等。恒星内部的热核反应是一个持续不断的过程，先是燃烧氢，氢燃烧后变为氦；氦还可以燃烧，燃烧以后变成碳；碳还可以燃烧变成氧……每次反应的过程总是这样的：当一种燃料烧完之后，核心缺少能量辐射，便开始收缩，收缩后使温度进一步提高，达到下一种燃料的燃点，便又开始新的燃烧。这些热核反应有一个特点，它们都是聚变，原子核越滚越大，滚到铁核便停止了。铁的原子量是 56，它有 26 个质子，30 个中子。铁核不能参加聚变了，但可以反过来发生裂变。裂变会产生大量中微子。中微子的穿透本领很强，产生以后便很快跑掉，带走能量，同时也带走与引力收缩抗衡的斥力，这样会导致核心坍缩般地收缩，从而引起爆炸。

猛烈的爆炸不仅产生向外的强大压力，还会向里产生强大压力，这个强大压力可能产生中子星。

前面说过，恒星最终的归宿是白矮星、中子星或黑洞。恒星的演化过程总是在不断损失质量，最后剩下的质量当然不能和最初的星云相比，也不能和原恒星相比，但就是这点质量决定了恒星的归宿。

太阳是一颗中等恒星，图 3-9 就是这类恒星演变的全过程。

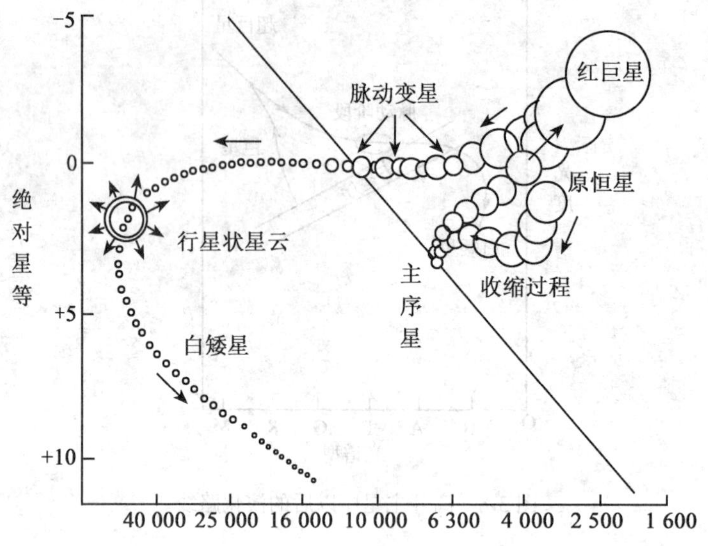

图 3-9 一颗中等质量恒星演化过程示意图

当然，恒星的起源和演化还有大量问题需要研究。如双星的起源是一个未解决的问题。双星占了恒星总数的 1/3 左右，它的产生有三种可能性：

（1）弥漫物质里出现两个凝聚核心，最后发展成一对恒星。

（2）一颗恒星由于自转太快而分裂成两颗子星。

（3）一颗恒星俘获接近它的另一颗恒星。

事实上，我们对宇宙的了解还很少，只不过是沧海一粟罢了。

3.7 恒星起源与演化中的哲学思想

辩证法的规律是自然界实在的发展规律，现代恒星起源和演化的研究成果，为此提供了有力的证据，我们将从三个方面来阐明恒星起源与演化过程中的辩证规律。

3.7.1 新陈代谢是恒星演化的基本规律

新陈代谢是宇宙普遍的永远不可抵抗的规律。不仅生命是如此，无机物质也遵循这一规律。恒星的演化就是一个生动的例证。

首先，恒星的演化是有生有灭的。这里的“生”是指宇宙中的物质从一种物质形态（星际弥漫物质或星云）转化为另一种物质形态（恒星）的过程，也就是恒星的起源过程。而“灭”则是指从恒星这种物质形态再转化为其他的物质形态的过程，也就是恒星的死亡过程。

大多数学者认为恒星是由星云形成的，许多观测事实也为这种说法提供了有力的证据。例如，比较年轻的O型和早B型恒星常和弥漫物质在一起。1946年才被发现的球状体，就是一种似云非云、处在收缩阶段、还没有发光的原恒星。后来又发现了似星非星、被称为赫比格-哈罗的天体。它们呈云状，但其内部却包着一个类似恒星的核心。20世纪60年代以后，还发现了一批红外源，其中的一部分已被认为是年轻的、正在形成的恒星，其表面温度只有几百开。这些事实告诉我们，星际弥漫物质、星云和恒星之间，在一定条件下是可以互相转化的。

一切产生出来的东西都一定要死亡。恒星也不例外。恒星在经历了产生和发展过程后，最后进入衰亡阶段，成为黑矮星或黑洞，从此了却自己的一生。

其次，恒星的演化又是有灭有生的。所谓有灭有生，就是指物质从新的弥漫物质或恒星的残骸这种物质形态，再转化为另一种物质形态，即新一代恒星的过程（尽管由弥漫物质变成新一代恒星的大部分细节目前人们还不太清楚）。

这里还有一个问题比较重要——从原来恒星上放射到宇宙太空中去的热量能否重新集中，从而使新的弥漫物质不但能转化为新一代的恒星，而且能转化为“灼热”的恒星呢？热能的消散和热能的集中是对立的统一，双方在一定条件下是可以互相转化的。恩格斯曾预言：“放射到太空中去的热一定有可能通过某种途径转变为另一种运动形式，在这种运动形式中，它能够重新集结和活动起来。”这个预言尽管还没有得到最后的确认，但是现代自然科学的发展已经为此提供了一些有力的证据。1933年，科学家发现电子偶（正负电子）在一定条件下可以转化为光子，反之亦然。星际空间不是绝对透明的，有大量星际物质存在，恒星的辐射大部分在银河系内就被星际物质吸收，当这些吸光物质重新参加新天体的形成过程时，必然伴随着能量的集中。因此我们相信，随着能量集中问题的最终解决，星云再转化为新恒星的困难也就随之迎刃而解了。

再次，恒星的演化又是无限循环的，这是恒星演化中新陈代谢的又一个特点。整个自然界已被证明是在永恒的流动和循环中运动着的。在有生有灭和有灭有生的过程中，使得恒星从星际弥漫物质转化而来，又回到星际弥漫物质中去，最后又转化为新一代的恒星，从而构成了宇宙中物质的一次巨大的循环。由于物质与运动转化的能力是无限的，所以在这个循环中恒星的生与死的转化也是无限的。

应当指出，这个循环不是简单的重复，因为新一代恒星与上一代的恒星在化学组成上是有区别的。每一次的循环都是在更高的基础上进行的，既重复上一代恒星的某些因素又加进了许多新的内容，因而是一个否定之否定的过程，是旧的不断死亡、新的不断产生的新陈代谢的过程。

3.7.2 吸引与排斥的对立统一是恒星演化的动力

一般来讲，在恒星演化中吸引主要是指恒星各部分之间万有引力的作用，即自吸引，这种作用由外向里使恒星收缩；排斥主要是指微观粒子的热运动所产生的气体压力和恒星内部的电磁辐射所产生的辐射压力，这种作用由里向外使恒星膨胀。吸引与排斥这对矛盾始终贯穿在恒星演化的各个阶段中。因此，研究恒星的演化主要就是分析吸引与排斥这对矛盾在不同阶段的特殊表现，以及矛盾主要方面的转化过程，因为每一次的转化，往往标志着一个新阶段的到来，从而不断推动恒星演化的进程。

引力收缩阶段是恒星的幼年期，它又分为快收缩阶段和慢收缩阶段。总的来说，星云中物质的自吸引占优势，是矛盾的主要方面。到慢收缩阶段后期，排斥增强到与吸引相抗衡时，原恒星就转化为恒星。然后恒星进入主星序阶段，此时吸引和排斥处于势均力敌的局面，恒星既不收缩也不膨胀。当恒星中心的氢消耗完以后，由里向外的辐射压力和气体压力抵挡不住由外向里的自吸引时，吸引再次上升为矛盾的主要方面。最后再经过一系列反复的膨胀、收缩过程，恒星最终走向死亡。

如果恒星死亡后成为黑洞，那么黑洞中是否只有吸引而没有排斥呢？吸引能不能转化为排斥呢？

有些学者认为在黑洞里吸引占绝对统治地位，再也找不到其他排斥力量能够抵抗它而保持平衡的局面了，因此星体将会无限制地收缩下去，最后星体成为一个时空奇点。这种无限收缩论的观点是值得怀疑的。第一，它违反了辩证法，只讲矛盾的一方面，而不讲矛盾的另一方面，所以是片面的。第二，它违反了运动不灭原理，运动是既不能消灭也不能创造的。第三，霍金的研究表明，黑洞以稳定的速度向外发射粒子，这种发射粒子具有热辐射的性质，并且随着辐射的不断加快，黑洞最后会被完全“蒸发”或爆炸。吸引与排斥的辩证统一，也应能适合黑洞这样的特殊天体。

3.7.3 质量互变是恒星演化的主要规律

恒星演化的阶段性还说明了恒星演化也是遵循质量互变规律的。自然界中一切物体的质变或者基于物质组成的成分和数量的变化，或者基于其运动量的变化，或者基于其能量的变化，或者同时基于这三者。因为影响恒星演化质变的主要量变因素是质量、能量、化学成分、温度等物理量，所以上述自然法则基本上也适用于恒星的演化。

这里只看3个例子。① 只有当星云质量的数量界限大于金斯质量时，这块星云才能收缩、碎裂成为原恒星。如果这块星云的质量小于金斯质量，那么星云只能成为星云，而不能转化为原恒星，不能引起质变。② 如果星体的质量小于$0.08M_{\odot}$，其内部的温度和密度将不足以开动氢氦聚变反应，星体只能靠引力收缩而发光，到了不能再收缩时就不再发光了。这种星体将不经过主星序阶段，而直接从红矮星转化为黑矮星并引起质变。所以，星体的质量不同，演化中量变的路线不同，因而质变的结果也不同。③恒星爆发后剩下的质量M决定着它的最终去向：

$$0.08M_{\odot} \leqslant M < 1.44M_{\odot} \longrightarrow \text{白矮星}$$

$$1.44M_{\odot} \leqslant M < 3M_{\odot} \longrightarrow \text{中子星}$$

$$3M_{\odot} \leqslant M < 70M_{\odot} \longrightarrow \text{黑洞}$$

值得一提的是，如果恒星原来的质量小于中子星的极限而大于白矮星的临界质量，则它可以不经过爆发而直接演化为中子星。如果原来恒星的质量大于中子星的临界质量，则可通过爆发方式使其质量减小到这个临界质量以下而成为中子星。当然，如果爆发后质量仍然大于中子星的临界质量，则此恒星最后的归宿为黑洞。

综上所述，辩证法的基本规律正是自然界发展和演化所必须遵守的规律。事实上，哲学的基本规律正是从自然规律中总结和概括出来的。

思 考 题

1. 已知天狼星的距离是2.7秒差距，试求这个距离相当于多少光年，多少天文单位，多少千米？

2. 天狼星的视星等是-1.46等，它的伴星的视星等是8.68等，试求出它们的亮度比是多少？(可认为它们到地球的距离相等)

3. 已知半人马座比邻星视星等是11.05等，视差是0.762″，试求它的绝对星等。

4. 天琴座RR星的绝对星等是0.6±0.3等，问由于绝对星等的误差引起的距离的偏差有多大？

5. 观测一颗食分光双星，子星轨道运动周期是10天，设其轨道是圆形的，两颗星距离为0.5天文单位，一颗星的质量是另一颗星质量的1.5倍，求两子星的质量。

6. 恒星的光谱分析有何作用？

7. 恒星的赫罗图是怎么回事？它的内涵是什么？

8. 主星序的恒星有何特点？

9. 试说明恒星的质量在恒星演化各阶段中的作用。

10. 恒星的能量来源在恒星的产生、发展和灭亡过程中是怎样变化的？

11. 恒星的演化包括哪几个阶段？

12. 恒星集团有哪几种形式？

13. 形成亮星云和暗星云的条件是什么？

14. 试述太阳的一生。

第4章 星系

星系是几十亿颗至几千亿颗恒星以及星际气体和尘埃物质等组成的天体系统，它占据了几千光年至几十万光年的空间距离。

一直到19世纪，人们的视野才从太阳系扩展到银河系。但对银河系面貌的认识到20世纪初才搞清楚。银河系之外还存在其他星系吗？答案是肯定的。随着天体照相术的发展，以及望远镜口径的增加，这方面的研究越来越深入。1924年，哈勃用威尔逊山2.5米望远镜确定了仙女座大星云到我们的距离，这才肯定仙女座大星云是银河系之外的一个星系。我们把银河系外的星系统称为**河外星系**。

河外星系是不是与银河系属同一等级的天体系统呢？回答也是肯定的。所有资料和研究结果都表明，银河系仅仅是一个很普通的星系，无论从大小还是质量来说都不处在特别优越的地位。

最近半个世纪，由于射电天文学的发展，人们观测到了一大批非常奇特的星系，它们有极高的发光度，在很短的时间内有过剧烈的爆发现象，有的星系甚至在只有日地距离这样大小的范围发出比整个银河系还要强上万倍的光度，我们把这种星系叫做**活动星系**。

星系的运动包括两方面：一是星系内部恒星的运动，如太阳绕银河系核心高速旋转；二是星系整体的运动，如成对的星系绕公共质心的运动，星系彼此远离，进行着宇宙膨胀运动。

目前观察到的河外星系已达数百亿到上千亿个，观测距离达150亿光年以上。

人类所能观测到的所有星系统称为总星系。天文学所指宇宙往往就是指总星系，是有限的；而哲学上的宇宙无论是时间还是空间都是无限的。

人们开始认识星系时并没有认识到它是由恒星组成的系统，而认为它是由弥漫物质组成的星云，所以像典型的旋涡星系仙女座大星云被称为“星云”。法国天文学家梅西叶把当时已发现的星云搜集在一起，编制了世界上第一个关于星云和星团的星表。英国天文学家赫歇耳经过大量艰苦的观测，把梅西叶星表中的103个星云增加到2 500个。赫歇耳用他的大望远镜居然把星云分解成恒星，所以他断言所有的星云都能分解成恒星，只要有足够大口径的望远镜就可以了。现在我们知道有的星云确实不能分解成恒星，例如蟹状星云，它是超新星爆发的遗迹。另外，还存在由弥漫物质组成的处于恒星形成早期阶段的星云。直到20世纪20年代美国天文学家哈勃测定星系的距离以后，才为我们描绘出一幅由星系组成的宇宙的粗糙图像。

很长一段时间内在人们头脑中的宇宙的概念是指太阳系和银河系，因为牛顿力学在解释天体运动方面的成功，确立了它在自然科学中不可动摇的地位，所以以牛顿时空观为基础的宇宙模型自然就被人们接受了。20 世纪初爱因斯坦发表了广义相对论，这个理论改变了人们固有的时空观念，构造出了一个使人很难理解的宇宙膨胀模型。哈勃观测到的河外星系具有红移又说明宇宙确实在不断地膨胀。既然宇宙在膨胀，所以有的天文学家认为宇宙起初会处于一个范围很小、密度和温度又很高的状态。反对这种说法的天文学家给这种理论取了一个带有讽刺味道的名字“宇宙大爆炸”。到 20 世纪 60 年代发现了 3K 宇宙微波背景辐射后，说明宇宙确实是由高密度高温度状态不断膨胀、不断冷却而发展到如今的状态的，其间经历了大约 150 亿年。“宇宙大爆炸”反而成了这种理论非常形象的名称了。

4.1 银 河 系

在晴朗的夜晚，可以看到天空中有一条明亮的相当宽的星带，它环绕整个天空。这条光带称为银河。

4.1.1 银河系的结构

用望远镜观测，可以看出银河系是由许多恒星组成的，也有不少星云，很多的星体密集在一起，因而形成一条光亮的带子。

恒星高度集中于银河系内，而在其他方向上分布得较稀疏，这个现象很自然地使人们认为，恒星可能组成一个圆盘状的庞大系统，观测资料也已证实了这个看法。

研究银河系结构的一个重要方法就是分析各类天体在空间的分布。测定了天体的方向和距离，便确定了它们在空间的位置。对大量各类天体进行统计，便能得到各类天体在空间的分布状况，由此可对银河系的形状、大小等概况作出判断。

银河系大体上可以分为银盘和银晕两部分，如图 4-1（a）所示。银盘是圆盘状的恒星密集区，形如一块铁饼。属于银盘的天体有 O 型星、B 型星、长周期造父变星、银河星团、星云等。太阳也位于银盘中，位置如图 4-1（b）所示。银盘的直径约 30 000 秒差距，银盘中心部分的厚度约 3 000 秒差距。太阳离银河系中心——银心的距离约 10 000 秒差距。在太阳附近，银盘的厚度约为 1 500 秒差距。另外，太阳并不处在银盘

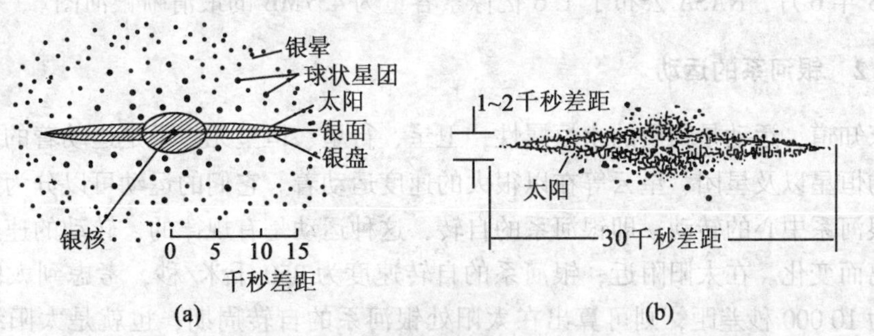

图 4-1 银河系侧视结构图

的对称面银面上。

银晕是一个范围更大的、比较接近球状的区域，其直径约 50 000 秒差距。属于银晕的天体有天琴座 RR 型变星、球状星团、某些巨星和矮星。这些天体也渗透到银盘中去。银晕中的星际物质比银盘中的少得多。

银盘和银晕的中心有一恒星特别密集的部分，称之为银核，其直径约 3000 秒差距。银核的本质和结构还有待进一步研究。

分析恒星空间分布得到的另一重要结果是发现银河系有几条旋臂，因而银河系具有旋涡状的结构，是一个旋涡星系，旋臂位于银盘内，如图 4-2 所示。

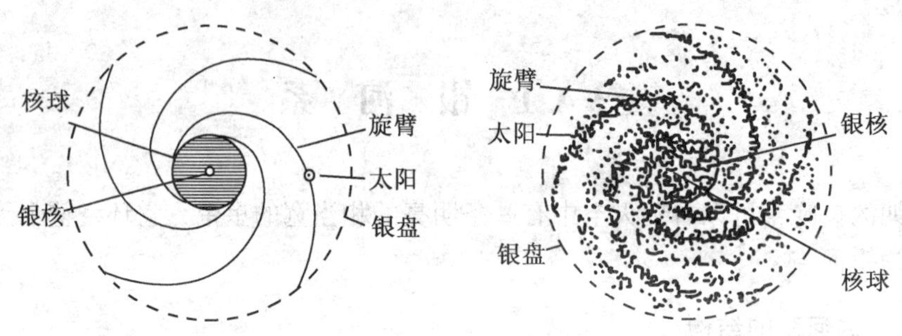

图 4-2 银河系俯视结构图

银河系的恒星无法用直接计数的方法数出来。从理论上推算，估计银河系里有 1 000 多亿颗恒星，最新报道认为有 3 000 亿颗恒星。银河系的质量也是从观测资料结合理论推算出来的，约为 1 400 亿个太阳质量。

银河系的基本参量可概括如下：

银河系总质量：$10^{11} \sim 10^{12} M_{\odot}$

银河系恒星数：1.2×10^{11}颗

银河系年龄：10^{10}年

银河系直径：30 000 秒差距

太阳距银心距离：10 000 秒差距

肉眼可观察恒星：6 000 颗

2013 年 6 月，NASA 公布了 1.6 亿像素容量为 457MB 的最清晰银河图。

4.1.2 银河系的运动

大家知道，运动是物质的永恒属性，卫星、行星、恒星无一不是运动着的天体。银河系里的恒星以及星团、星云等在以很大的速度运动着。它们的运动可以分为两种：一种是绕银河系中心的转动，即银河系的自转，这种运动是有规律的，转动的速度随离银心的距离而变化。在太阳附近，银河系的自转速度为 250 千米/秒，考虑到太阳离银心的距离为 10 000 秒差距，则可算出在太阳处银河系的自转周期，也就是太阳绕银心转一圈的时间，等于 2.5 亿万年。另一种是杂乱无章的运动，运动的方向没有规则，速度

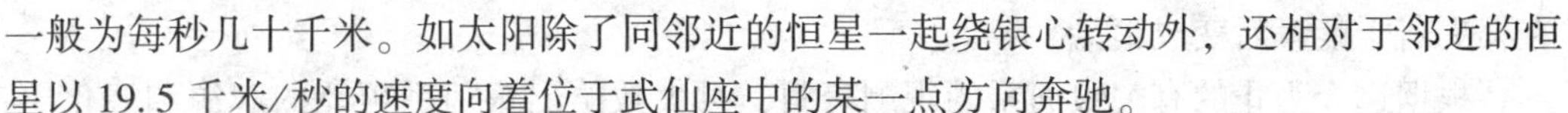

一般为每秒几十千米。如太阳除了同邻近的恒星一起绕银心转动外，还相对于邻近的恒星以 19.5 千米/秒的速度向着位于武仙座中的某一点方向奔驰。

4.1.3 星族

最新的观测发现，旋涡星系旋臂中的恒星的赫罗图与核心部分的恒星的赫罗图之间有很大的不同。这表明银河系及其他旋涡星系的天体可以分为两大类，分别称为星族Ⅰ和星族Ⅱ。

属于星族Ⅰ的天体有 O 型星、B 型星、长周期造父变星、银河星团、星云等，太阳也属于星族Ⅰ。星族Ⅰ的天体比较靠近银河系的对称面，分布在银盘里，但在星系的核心部分却很少。这些天体中的重元素含量较多，且多为较年轻的天体。

属于星族Ⅱ的天体有星系核心部分的恒星、天琴座 RR 型变星、球状星团等。星族Ⅱ的天体分布在一个以星系核心为中心的球体或扁球体内。这些天体中重元素含量较少，且多为较古老的天体。

4.1.4 银河系中心是巨大黑洞

银河系的中心凸出部分即银核是一个很亮的球状物，这个区域由高密度的恒星组成，主要是年龄为一百亿年以上的老年红色恒星。很多观测证据表明，在银核中心存在着一个巨大的黑洞，从而使银核的活动十分剧烈。

12.8 微米的红外观测资料指出，银核中心直径为 1 秒差距的银核所拥有的质量为 500 万~600 万个太阳质量，其中约有 100 万个太阳质量是以恒星的形式出现的。科学家们认为余下的 400 万~500 万个太阳质量可能被一个巨型黑洞所拥有，这个黑洞观点现已被天文学家们普遍接受，并命名为**“人马座 A”巨型黑洞**。有学者甚至认为巨型黑洞的存在是银河系作为旋涡星系的重要条件。

4.1.5 银河系经典理论与起源学说简介

人类认识银河系经历了一个漫长的阶段，而且至今还无法完全认识它。18 世纪中叶，人们普遍认为银河系中的恒星是对称分布的。1785 年，赫歇耳用恒星计数法描绘出银河的结构。他认为银河是一个扁平状的系统，该系统沿银面方向的尺度是垂直于银面方向的 5 倍，太阳位于银河系的中心。19 世纪末，从研究恒星的位置和运动中，人们得出银河系是一个直径约 7 000 秒差距、厚度约 1 850 秒差距的扁平系统的结论。1918 年美国天文学家沙普利推断出太阳不是位于银河系的中心，而是位于银面附近，距银心约为 3 万光年。然而他高估了银河系的规模，直到 1930 年才最终确立了现代银河系的模型。

银河系的起源理论同宇宙起源理论紧密相关。按照大爆炸宇宙论，原星系（包括银河系）是由于宇宙中物质密度起伏以及和起伏有关的引力不稳定性形成的。若按稳恒态理论，物质创生于密度最高的星系核处，因而星系是连续形成的。从研究太阳附近年老恒星的运动资料得出结论：由原银河系坍缩成银河系的特征时间为 2×10^8 年。富含金属的恒星在坍缩过程中最先形成，原银河系中的大部分物质则保持气态并继续沉降，在损失若干能量后变成银盘。

根据迄今为止的有关银河系的观测资料，可大致给出银河系可能的起源和演化史：100多亿年前，有一个巨大的星系际云，在自身引力的作用下收缩，在收缩过程中分成了若干云块，其中一块大云形成了后来的银河系，其他云块则形成大、小麦哲伦星系和其他河外星系。

大云块在自身的引力作用下不断地收缩凝聚，内部逐渐形成许多密度较大的球状团块，即球状星团的前身。每一个球状团块至少有10万倍的太阳质量，这些团块在自身引力的作用下进一步收缩，而且比银河系整体收缩得更快，最终团块破碎成许多更小的碎块——原恒星产生了。

大云块在收缩的过程中，云中心的密度增加最快，逐步形成一个中心密集区，即银心产生了。受到银心的引力作用，球状星团向它靠拢。随着大云块的收缩，内部运动渐趋一致。由于角动量守恒，伴随着气体云的坍缩，引力能的释放加速了旋转运动，这就形成了银河系的自转。自转的存在和加快使尚未形成恒星的小云块互相碰撞，损失能量，扁化为银盘，而银盘内逐渐形成了大量的恒星，它们都在大致圆形的轨道上绕着银心转动。

这是一个粗略的模型，很多细节不便多说。银河系并不是孤立的，它的起源和演化会受到邻近星系的作用和影响。最近哈勃太空望远镜发现距银河系中心5万光年的人马座矮星系正朝着银河系方向运动，预计将在几亿年内被银河系吞食掉。可见，银河系与河外星系的碰撞与合并将在演化过程中起重要的作用。

哈勃太空望远镜已经拍摄到两个星系发生碰撞的照片，两个星系的碰撞或相互吞噬会形成一个更大的星系。如果星系核相遇会形成一个质量更大且高速旋转的新核，旋转的星系核会在两极产生喷流，由小喷流变成喷流带，最后形成旋涡星系的两条旋臂。

4.2　河外星系

自伽利略首先用望远镜观测天体以后，人们开始用望远镜来观测肉眼看不见的天体，并且有了许多重大发现。人们发现了无数个凭肉眼看不见的暗弱天体，它们大多数并不是单个天体或者并不是单个面光源，人们称之为**非星天体**。例如，行星状星云、气体尘埃云、星团。还有一些云状星云，这些星云的距离和属性都不清楚，这样的天体被统称为星云。

这些星云是银河系之内的天体，还是银河系之外的天体？是恒星世界中我们的近邻，还是遥远的宇宙之岛？判定这些星云的距离似乎成为20世纪初天文学的首要任务。当然，要确定星云的距离，首先应该确定银河系的范围和形态。经过长期努力，20世纪30年代，一个比较符合实际的现代银河系的模型已经被人们普遍接受，于是天文学家有了观测和研究星云的前提。通过不太长时间的艰苦工作，一门新的天文学分支——河外星系天文学诞生了。人们终于知道银河系实际上只是空间上有限的恒星、尘埃、星团和行星状星云、星际物质的集合体，仅仅是宇宙中的一个小岛。在银河系之外，还有更深远的空间，那里分布着与银河系类似的天体系统——星系、星系群和星系团。河外星系的观测和研究改变了人类对宇宙的认识。

美国天文学家哈勃被公认为是河外星系天文学的奠基人。哈勃于 1924 年在威尔逊山天文台通过直径为 2.5 米的反射式望远镜发现仙女座大星云里存在着造父变星，利用造父变星的周光关系得出仙女座大星云的距离是 690 000 秒差距。我们知道银河系直径是 25 000~30 000 秒差距，这是人类第一次测得河外星系的距离，尽管它并不太精确。

河外星系的直径在 3000 光年到 50 万光年之间，质量在 10^7~10^{14}太阳质量之间。

科学家估计河外星系的总数在千亿个以上。哈勃太空望远镜曾进行过多次深空景像（Hubble Deep Field）拍摄，引起天文学界的极大关注。哈勃深空景像是一张由哈勃望远镜所拍摄的小区域夜空景像，哈勃望远镜选择看似空无一物的深空景点，进行 342 次曝光，最终照片上竟然出现数以千计的遥远星系，可见宇宙之浩大，星系之众多。

4.2.1 河外星系的分类

河外星系的数量非常多，按照形状的不同，河外星系可分为以下四类：

椭圆星系：呈椭圆形，扁度差别较大，有的几乎是圆形，有的呈梭状。这类星系以拉丁字母 E 表示。

旋涡星系：具有一个核心部分，又有两条或更多条旋臂从核心延伸出去，呈旋涡状。这类星系以拉丁字母 S 表示。

棒旋星系：具有长长的像棍棒那样的核心部分，在“棒”的两端有旋臂延伸出去。这类星系以拉丁字母 SB 表示。

不规则星系：形状不规则。这类星系以拉丁字母 Irr 表示。它的数目不多，仅占很小一部分。

图 4-3 给出了星系形状的四种不同类型。

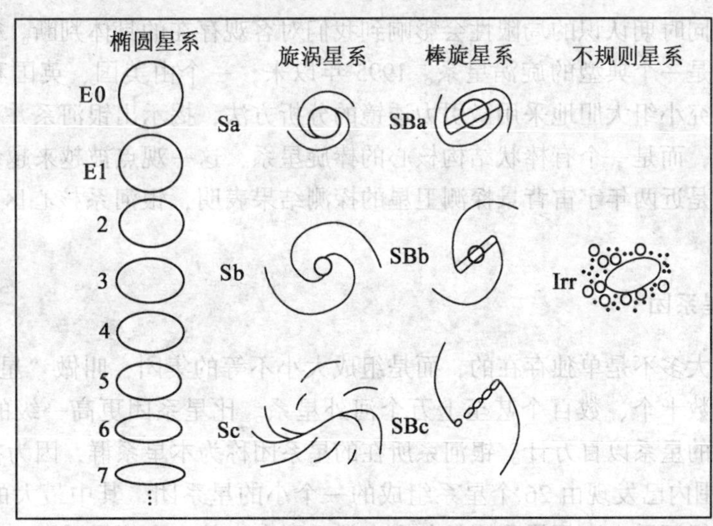

图 4-3 星系形状的四种不同类型

从图4-3中可以看出，各种类型的星系还可分为各种子类，以便更好地区分它们的形状。

椭圆星系字母E后附带一个0到9的数字。数字代表$10\times\left(1-\frac{a}{b}\right)$的整数部分，其中$a$和$b$是星系在照片上的像的长半轴和短半轴。E0相当于星系的像是一个圆，它是椭圆星系的特例——圆状星系。椭圆星系约占星系总数的10%。

旋涡星系有一直径50 000~150 000光年、厚度约为直径$\frac{1}{10}$的主星系盘。旋臂“镶”在星系盘中，从中心向外旋出。旋臂中包含星系中最密集的星际气体和尘埃，其中可能存在新生的恒星。在星系盘的中心是一个通常呈球状的大核球，直径可达星系盘的一半。天空中的亮星系中约60%是旋涡星系和棒旋星系。

由图4-3可以看出，从Sa经过Sb到Sc，旋臂的形状有很大的变化：先是缠绕一圈，非常紧密，这是没有结构的旋臂，比较开放，再到有结构的旋臂，直到短而破碎非常分散的旋臂。旋涡星系和棒旋星系的数目大致相等。棒旋星系的旋臂从通过核心、由恒星和星际介质组成的“直棒”两端，或是从围绕“直棒”的圆环开始。(注：有些文献将棒旋星系看成是旋涡星系的一种，这样星系就分成三大类。)

这四类星系不仅形状不同，在组织上也是有差别的。例如椭圆星系的成员是属于星族Ⅱ的天体。而旋涡星系则不一样：盘和旋臂上的天体属于星族Ⅰ，而核心部分和星系晕里的天体属于星族Ⅱ。

河外星系的研究与银河系的研究密切相关，相辅相成。我们位于银河系之中，看不见银河系的全貌，对河外星系的全貌反而看得清楚些。我们从河外星系的研究可得到很多启示。例如，我们观测到很多旋涡星系，才会联想到我们的银河系是不是旋涡星系的问题，随后便为观测资料所证实。反之，我们身在银河系中，对银河系的各个细节看得较清楚，可以作为研究河外星系的借鉴。

当然，不同时期认识的局限性会影响到我们对客观存在的具体判断。很长时期以来银河系被看做是一个典型的旋涡星系。1995年以来，一个由美国、英国和澳大利亚科学家组成的研究小组大胆地采用微引力透镜的分析方法，揭示出银河系并不是严格的车轮状旋涡星系，而是一个有棒状结构核心的棒旋星系，这一观点被越来越多的空间观测所证实，特别是近两年宇宙背景探测卫星的探测结果表明，银河系核心区有着“花生”状的短棒结构。

4.2.2　星系团

河外星系大多不是单独存在的，而是组成大小不等的集团，叫做“星系团”。一个星系团包含有数十个、数百个甚至上万个河外星系。比星系团更高一级的称为超星系团，其中包含的星系以百万计。银河系所在的星系团称为本星系群，因为在银河系附近200万光年范围内已发现由26个星系组成的一个小的星系团，其中最大的成员就是仙女座大星云和银河系。本超星系团是包含本星系群在内的一个超星系团。它是扁球形的星系大集团，中心在后发座、室女座方向，直径将近6千万光年，银河系处在离它的边缘 200 万～300 万光年处。

4.2.3 银河系附近的三个著名星系

在望远镜发明之前，人们已经看见三个星系，即仙女座大星云、大麦哲伦星云和小麦哲伦星云。

仙女座大星云位于仙女座，是用肉眼可以看见的星系之一，外表是一个模糊的光斑。用望远镜不难发现它是一个旋涡状的星云。既然肉眼可见，因此自古以来对仙女座大星云的猜测很多，特别是有关它在银河系外还是在银河系内的问题。在哈勃测出其距离以前还有人坚持仙女座大星云在银河系内。

人们之所以相信哈勃测出的仙女座大星云的距离是正确的，是因为人们相信哈勃建立的测量星系的方法。哈勃发现在距银河系比较近的星系中有造父变星，利用造父变星的周光关系可以确定这些星系的距离。对于许多看不见造父变星的遥远星系，哈勃假定星系中最亮的那些超巨星大致有相同的绝对光度，因此从它们的视光度就可以知道它们的距离，并且把这种方法应用到已经由造父变星测量出距离的较近的星系上，以此来检验这种方法，然后再把它应用到更遥远的星系。

在离银河系最近的二十来个星系中，仙女座大星云是最大的和被研究得最多的。它的直径比银河系大一倍，即 60 千秒差距，约含有 4000 亿颗恒星，在结构上同银河系相似，也属旋涡星系。与我们的距离为 200 万光年。也就是说，我们今天看到的仙女座大星云是 200 万年之前的情况，而今天的情况，我们是无法知道了。

大麦哲伦星云和小麦哲伦星云这两个星系分别位于剑鱼座和杜鹃座。

大麦哲伦星云的距离为 5.2 万秒差距，为不规则星系或棒旋星系，直径约为银河系的 1/4，质量为 $10^{10}M_{\odot}$。小麦哲伦星云的距离为 6.3 万秒差距，为不规则星系，直径约为银河系的 1/10，质量为 $2\times10^{9}M_{\odot}$。

4.2.4 多普勒效应和谱线红移

河外星系有一个很重要的现象——谱线红移。在讲述这个现象之前，先看看什么是多普勒效应。

不少人有这样的经验，在站台上候车的时候，如果一列火车鸣着汽笛呼啸而过，就会感觉到随着火车的接近和离开，汽笛的音调有明显的变化。当火车接近我们时，汽笛的音调尖锐些；当火车离开我们时，汽笛的音调变得低沉了。这是因为声源和观测者的连线方向上有相对运动时，观测者接收到的声波的波长会发生变化。当声源接近观测者时，观测者感到波长变短（频率变高），声调升高；当声源远离观测者时，观测者感到波长变长（频率变低），声调降低。这就是多普勒效应。

光源和观测者在两者连线方向作相对运动时，也有多普勒效应。当天体离开我们时，天体光谱中的谱线都向光谱的红端位移，波长变长；当天体接近我们时，谱线向光谱的紫端位移，波长变短。波长的变化由（4-1）式确定：

$$\frac{\lambda' - \lambda}{\lambda} = \frac{V}{c} = Z, \tag{4-1}$$

其中 λ'为天体光谱中某条谱线的波长，λ 为谱线的正常波长（相对静止时测定的波长），V 为天体的视向速度，c 为光速，Z 为红移值。$\lambda'-\lambda$ 称为波长差，可用 $\Delta\lambda$ 表示。

多普勒效应在天文学上的应用非常广，可以用它来研究恒星的空间运动、恒星的自转、星系的自转等。

恒星和天体的运动是天文观测的一个主要内容。恒星和天体的运动可以分解成两种运动：在天球切线方向的分量称为自行，在视线方向的分量称为视向运动。视向运动所具有的速度称为视向速度。利用多普勒效应测得的天体的运动速度就是视向速度。有了天体分光方法，视向运动原则上只需要将一张质量良好的天体光谱照片和静止的光谱照片进行对照，就能定出天体的速度。测量天体的自行就没有这样容易了。这需要用同一架望远镜对同一天区的星空进行拍照，把不同时间拍的照片进行比较才能确定天体的自行。对于自行很慢的天体则需要比较 10 年、15 年甚至更长间隔的照片才能取得结果。

拍摄天体的光谱、测量和研究它们的视向速度，成为 19 世纪末和 20 世纪初天文学发展的重要标志。通过大量的观测资料得知，恒星对于太阳的空间运动速度平均为 20~30 千米/秒，达到和超过每秒 100 千米的是少数。借助视向速度方法，能准确地测定分光双星的轨道运动、行星状星云的膨胀、新星气壳的抛射等。依据多普勒效应还能研究太阳、行星、恒星的自转，恒星大气湍流运动。银河系的旋涡结构也是利用多普勒效应得出的，只是还利用了射电波段 21 厘米中性氢的波谱线的观测资料。目前观测精度已达到惊人的程度，视向速度的误差可以达到 1 千米/秒。

在 20 世纪最初二十多年的一段时间内，许多天文学家致力于研究星系。美国天文学家斯利弗用观测到的光谱来测定星系的视向速度。他利用 60 厘米折射望远镜和自制的摄谱仪，从 1912 年起着手研究河外星系。星系的表面亮度暗淡，要成功地拍摄它们的光谱非常困难。斯利弗经过十余年的努力，终于测定了 41 个星系的视向速度，他的测量结果引起很大的震动。首先是星系的视向速度大大超出人们所能理解的值，星系的速度有−300 千米/秒，也有+1 800 千米/秒，“−”表示驰近地球，“+”表示远离地球，这比银河系内恒星的视向速度平均值高出几十倍。另一点使人费解的是，在 41 个星系中，谱线紫移的是少数，多数为红移，也就是说，多数的星系是远离地球的，我们称之为退行。与银河系内的恒星比较，太阳附近恒星的光谱有紫移的也有红移的，我们看不出在众多恒星中退行占有优势。每秒上千千米的运动速度意味着喷射和爆发。星系以如此高的速度退行显然给人们出了一个难题。

进一步的研究表明，只有离银河系较近的几个星系是紫移的，其余都为红移。星系愈弱，距离愈远，谱线红移愈大。谱线红移的原因虽说目前没有定论，但通常还是用多普勒效应来解释。利用（4-1）式计算星系的视向速度，发现星系的视向速度与距离成正比：离我们愈远的星系，视向速度愈大，距离每增加 100 万秒差距，视向速度约增加 50 千米/秒。

4.2.5　河外星系的起源演化简介

星系的起源演化是个过于庞大和复杂的问题，目前虽然流派很多，但都不太完善和全面，没有一种理论能被大多数学者所接受。这里介绍几个有代表性的理论。

关于河外星系的起源较流行的看法是：在宇宙大爆炸后的膨胀过程中，分布不均匀的星系前物质收缩形成原星系（类似于第3章所说的原恒星），再演化成星系。而星系前物质到底是什么则有两种看法：一种认为是弥漫物质，另一种认为是超密物质。关于原星系的诞生也有两种主要观点：一种是引力不稳定假说，另一种是宇宙湍流假说，它们的共同点是认为星系形成时期约在100亿年前。其他还有正反物质湮灭说、超密说等。

引力不稳定假说认为宇宙在早期由原子核、电子、光子和中微子等组成，在温度降到4 000开以前，处于以辐射为主的辐射期，此时在各种相互作用中，引力不处于主导地位。当温度降到4 000开左右，复合时期开始，宇宙等离子体开始形成中性化原子，宇宙从辐射期转入实物占优势期。在复合期前后长达30亿年的跨度内，星系团规模的引力不均匀性开始出现并逐渐增长，这时宇宙物质就因为引力不稳定而聚成原星系。研究表明，如果天体形成于复合前或复合初期，则先形成星系团或超星系团，再碎裂成星系或恒星。如果天体形成于复合晚期，则先形成$10^5 M_{\odot}$的结构，一小部分保留至今成为球状星团，大部分则聚合成星系和星系团。

宇宙湍流假说认为在宇宙等离子物质复合以前，强辐射压可引起湍动涡流。物质中性化以后，辐射不再影响物质运动，涡流在碰撞混合中产生巨大的冲击波，并导致团块群的形成，团块再进一步演变为星系。这一学说较自然地说明了星系和星系团的自旋起因。

关于河外星系的演化也有多种不同的观点。早先的观点主要有两种。一种观点认为星系形成之初是形态最简单的球状气团，由于自转逐渐变扁，同时发生收缩，密度增大，气体凝聚为恒星，扁平部分形成旋涡，旋涡逐渐松散以致消失。也就是说星系是从椭圆星系，经过旋涡星系，最后演化为不规则星系。另一种观点认为星系形成之初是不规则星系，经过旋涡星系到椭圆星系。

目前对星系演化过程比较流行的看法认为：原始星系云在收缩过程中，出现第一代恒星，在原星系的中心区，收缩快、密度高，恒星形成的几率就大，最后变为旋涡星系的星系核或形成整个椭圆星系。星系的自转离心力阻止恒星在星系赤道面上的进一步收缩。气体的随机运动和恒星辐射加热等因素，会使部分气体无法聚合成恒星胚，并因碰撞作用而沉向赤道面，形成旋涡星系和不规则星系，也就是说星系形态从形成之初就已经定形并保持下来，不再有显著变化。

旋涡星系和棒旋星系的旋臂以及棒旋星系里的“棒”是如何形成、如何演化的问题，目前仍就是星系起源演化理论的难解之谜。

4.3 正常星系和特殊星系

在20世纪前半叶，人们建立起的星系概念是一个由数百亿颗恒星和气体构成的系统，尽管偶尔有新星、超新星爆发的现象，但整个星系可以说是平静的，这种星系称为正常星系。20世纪50年代以后，由于射电天文学、紫外天文学、红外天文学、X射线天文学的发展，发现了一些有特殊性质的星系，它们约占星系总数的 1%，我们称之为特殊星系或活动星系。

4.3.1　正常星系

正常星系有两个基本特点：第一是它基本上处于引力平衡状态，可以用引力平衡理论去分析研究；第二是它发出的辐射可以认为是热辐射，从而可用热辐射定律去描述。

银河系是一个典型的正常星系。正常星系为什么会形成 E，S，SB，Irr 四类，它们之间存不存在演化关系？大部分学者认为这是由初始条件不同造成的。由于旋涡星系又占了正常星系的大部分，所以有必要分析一下旋涡星系的结构。

最初，人们认为旋臂是由一些确定的物质组成的，但在测量星系自转时发现其内部角速度比外部角速度大，旋臂是应该越缠越紧的，如图 4-4 所示。据计算，在星系年龄内，旋臂将会完全缠绕在一起，所以最后将看不到旋臂图。为了解释维持旋涡结构的原因，1942 年，瑞典科学家林德布拉德提出了密度波的概念。他认为旋臂并不是由一些固定的物质构成的，而只是一种波动现象。恒星各自在自己的轨道上运动，由于某种原因，轨道出现密集现象，从而造成了旋臂图案。美籍华裔科学家林家翘 1964 年以来在林德布拉德的密度波概念基础上建立了系统的密度波理论。这一理论被公认为是对旋涡结构的较好解释。

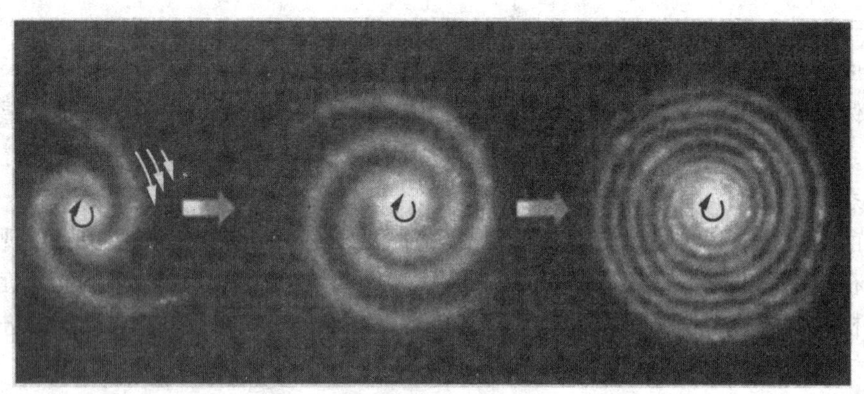

图 4-4　旋臂越旋越紧

密度波理论认为，恒星在绕中心旋转时，绕转速度和空间密度都是波动变化的，运动慢则恒星密集，反之则稀疏。因此，空间密度也呈现波动变化。这种波既绕中心环行传播，同时又沿半径方向传播；密度的极大波峰是旋涡状分布的，从而形成旋臂。恒星进入旋臂后，因为恒星密集，引力场加强，引力使得恒星运动速度变慢；速度变慢又使恒星挤在一起，密度增大，引力场又得以加强，因而使得这种状况得以维持。密度波的一个重要特点是，旋臂中恒星有出有进，川流不息。这里有个简单的比喻：有一段马路在翻修，人、车经过时速度变慢而出现拥挤现象，但人、车在更换；随着马路翻修段的推移，拥挤图案也在移动。

4.3.2 特殊星系

特殊星系也有两个共同的特点：第一是引力不平衡，演化进度大大高于正常星系的演化速度，伴随有高速膨胀、物质抛射和爆炸现象。第二是有非热连续光谱，无法用热辐射定律去描述，特别是在紫外、红外、射电波段有极强的辐射。

特殊星系可分为类星体、塞佛特星系、N 型星系、射电星系等。从尺度上看，射电星系是扩展源，其他的是致密源。

广义而言，有明显射电辐射的星系都可以叫做射电星系。一般正常射电星系的射电功率为 $10^{30}\sim10^{34}$ 焦/秒，我们这里所说的特殊射电星系的辐射功率达到 $10^{36}\sim10^{40}$ 焦/秒，寿命约 $10^{7}\sim10^{9}$ 年，其结构约有一半是双源结构。如 1979 年发现的最大射电源 3C236，它的两个射电瓣的总长达到 200 万光年，扩展得相当大。

20 世纪 40 年代美国天文学家塞佛特（Carl Seyfert）发现一些星系具有反常的发射线和明显的星系核，且星系核有剧烈活动现象，这种类型的星系后来被命名为塞佛特星系，截至 2013 年，天文学家已发现了 2 000 多个塞佛特活动星系。这类星系距我们比较遥远，大多位于几百兆秒差距处。

塞佛特星系的最明显的观测特征是中心有明亮的恒星状活动星系核，其大小约为 1pc，星系核的亮度比银河系高约 1 万倍。星系核的周围有暗弱的旋涡结构，星系一般是 Sa 型或 Sb 型的旋涡星系。此外，星系核有很强的紫外、红外及射电辐射，甚至喷流现象。有学者认为塞佛特星系中心是个具有强磁场的、高速旋转的大质量星体或者黑洞。

N 星系的主要特征是中心有一个亮的恒星核，周围被低亮度的星云包围，中心亮核的颜色和类星体相似，而延伸云的颜色和亮度分布类似一个巨椭圆星系。由于此类活动星系核周围有星云（Nebula）包层，故称为 N 星系。

前面说过，特殊星系又称活动星系。活动星系大致具备如下的结构：中心区大小为 1~100 个天文单位，这是活动的源泉；稍外到 10^{-2} 光年处，为产生强偏振的射电辐射和红外辐射区域；再往外延展，为从核喷出的气流区域，核的大小可达到 1 000~10 000 光年。另外，活动星系的剧烈核心活动，既可能发生在星系形成的早期，也可能出现在以后的演化过程中。有迹象表明，正常星系也会变成活动星系，并且不止是一次。银河系就可能在 1 300 万年前就被激发过，目前正处于相对宁静阶段。

4.3.3 类星体

星系中活动最剧烈的要数类星体了。类星体是 20 世纪 60 年代天体物理的四大发现之一，它的发现应归功于射电天文学。

借助射电天文望远镜可以发现很多射电源。有的射电源能找到它们的光学对应体，它们是一些特殊的气体星云和一些特殊的河外星系。但是也有许多射电源找不到它们的光学对应体，这当然是射电望远镜的分辨率太低的缘故。然而要提高射电望远镜的分辨率，在技术上是相当困难的。为此，射电天文学家采用月掩射电源的技术来确定射电源的位置：当月亮把某一个射电源掩盖时也就掩盖了射电源所发出的射电信号，当然也就确定了该射电源的位置。这是一种简单可行的方法。天文学家就是用这种方法发现了类星体——一种特殊天体。

1960年，利用月掩射电源的方法比较准确地定出了射电源3C48的位置，它的光学对应体是一个16等左右的天体。从照相底片上看，它很像暗弱的恒星，但是它的光谱既不同于普通恒星光谱，也不同于气体星云的光谱。它的光谱很特殊，包含几条又宽又强的发射线。1962年，采用月掩射电源的方法又准确定出了射电源3C273的位置。这个射电源光学对应体类似3C48，从照相底片上看像一颗恒星，星等大约为13等，光谱里也有又宽又强的发射线。1963年，人们终于弄清楚了3C273的光谱，实际上也还是地球上熟知的光谱，只是红移值很大。对3C273而言，$Z=0.158$，如图4-5所示，波长$\lambda=486.1$纳米的氢元素H_β谱线红移到$\lambda'=486.1$纳米$\times1.158=562.9$纳米，原来在绿色区的谱线竟移到了橙红色区。只要把红移量改正过来，所有的谱线都一一归位，3C273的光谱就再没有任何怪异之处了。如果它的红移是由多普勒效应引起的，其退行速度可达47 000千米/秒。用同样的方法又确认了3C48的红移值是$Z=0.367$，其退行速度高达110 000千米/秒。用类似的方法又发现了一些与3C48，3C273相似的射电源，人们称它们为类星射电源。

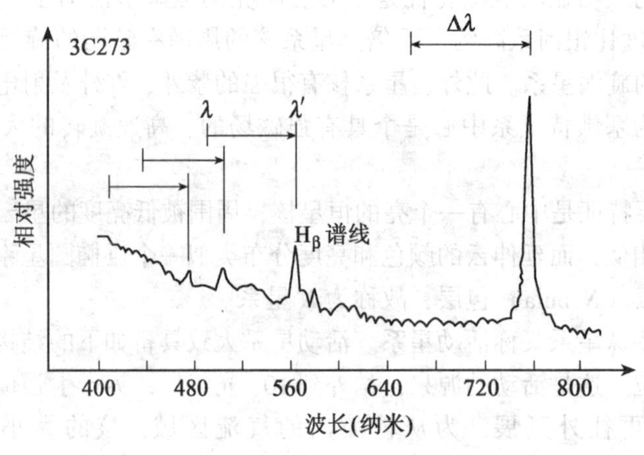

图4-5　3C273的谱线红移

以后，天文学家又用光学方法发现了一些有很强紫外辐射的天体，除了这种天体不是射电源以外，它具有和上述类星射电源同样的性质，特别是具有很大的红移，这种天体人们称之为蓝星体或类星天体。

类星体是类星射电源和蓝星体的总称。目前发现的类星体中蓝星体占多数，射电源占少数。

由于类星体的照片很像一颗恒星，所以给它取名为类星体。实际上，类星体并不属于恒星这一层次，而属星系这一层次。到现在为止，发现的类星体已有6 000个之多。

类星体虽然看上去像恒星，但是与一般恒星的差别很大：首先是光谱有很大的不同；其次，银河系内的恒星大多数没有探测到射电辐射，少数恒星有射电辐射但其强度不能与类星体相比。由于类星体的光谱都具有红移的性质，所以可以认为类星体不是河

内星体。

类星体的主要特征可归纳如下：

(1) 有类似恒星的像，有些有微弱星云状包层，还有的有喷流。

(2) 它们的光谱中有很强、很宽的发射线。

(3) 它们的光谱线具有非常大的红移，多数 $Z \geqslant 1$。目前测得的最大红移值 Z 已超过 6，是已知天体中红移最大的。

由于 (4-1) 式中的 Z 是在 $Z \ll 1$ 时的近似公式，当 $Z \geqslant 1$ 时，要考虑到相对论效应，准确公式应为

$$\frac{V}{c}=\frac{(1+Z)^2-1}{(1+Z)^2+1}. \tag{4-2}$$

当取 $Z=4$ 时，退行速度为 $0.92c$，这是一个极为重要的问题。

(4) 有很强的紫外辐射，故多数类星体的颜色都显得很蓝。

(5) 一般有光度变化，光度周期可以从几小时到几十年。

(6) 不少类星体是强射电源，部分是强 X 射线源。

(7) 体积不大，但是具有极端高能辐射和极端高速运动的遥远天体，距离地球多在 100 亿光年以上。

类星体之所以引起人们如此大的关注，主要是由于它的巨大红移。哈勃 (E. P. Hubble) 在 1929 年发现星系离我们的距离 D 与星系的退行速度 V 成正比：

$$V=HD, \tag{4-3}$$

其中 H 为比例常数，称为哈勃常数。这个定律已为大量的星系资料所证实，称为哈勃定律。

谱线红移和哈勃定律被人们称为是对广义相对论最成功的验证，并且确定了广义相对论在宇宙学研究中的主导地位。

哈勃定律告诉我们：星系的退行速度越大则它的距离越远。也就是说，星系的红移越大，它的距离也就越远。

如果将哈勃定律推广到类星体，也就是说，类星体的红移是由类星体的运动引起的，则类星体的距离非常遥远，是处于宇宙距离上的天体。由此而求得的光度也是无与伦比的。而类星体又是恒星状的，且有以年甚至以小时计的光变现象，这意味着类星体的致密部分大小只有若干光年甚至更小。这么小的范围竟可发出比整个银河系还要高上万倍的辐射能量，不能不成为宇宙中最令人惊叹的事情，这就是所谓能源问题。

近年来还测得类星体有分裂运动。由分裂角度和利用哈勃定律得出的距离可求出分裂速度大大地超过了光速。作为速度极限的光速是不能超越的，如何来解释类星体的分裂速度呢？另外，由于类星体的光线到达地球需经历很远很远的路程，在这其间必将带来宇宙的许多其他信息，这些信息也是人们感兴趣的。

当然，避免上述棘手问题的最好办法是不认为红移是由退行运动产生的，那么有没有其他可行的解释方案呢？下面，我们先来看看哈勃常数的确定。

4.3.4　哈勃常数

哈勃常数 H 是宇宙学的基本常数，哈勃最初确定的 $H=558$ 千米/(秒·百万秒差距)。这个值导致了一个令人吃惊的结果：如果假定每个星系的退行速度不变，那么整个宇宙在20亿年以前都是拥挤在一起的。这个结论是不成立的，因为地球和太阳的年龄比这个值大得多。然而广义相对论的主导地位似乎不能动摇，而且红移现象是无法改变的观测事实，所以 $H=558$ 千米/(秒·百万秒差距) 带来的矛盾并没有产生危机。相反，许多天文学家相信是因为测量上的问题使得哈勃常数超出了它应该有的值。

为了得到正确的哈勃常数，天文学家沿着两条途径来修正哈勃常数：一是重新修订宇宙距离尺度标准。确定宇宙尺度标准的每一环节都可能引起很大的误差，如果能精确测定作为定标用的星系距离，就可以比较精确地确定宇宙距离尺度，进而来确定哈勃常数。另一条途径是寻找更暗弱的星系，取得它的红移，检验哈勃定律可适用的范围。

第一个重大突破于1952年实现。美国天文学家巴德在加州的帕洛马山天文台用新建成的5米海尔望远镜所取得的近距离星系中造父变星的观测资料认为，过去所用的河外星系宇宙尺度定小了，应该加倍。新的数据揭示，造父变星的光度定标零点应再暗1.5个星等，即相当于原亮度的1/4。我们知道，亮度是与距离的平方成反比的，所以星等差1.5等，距离应该远上1倍。根据距离尺度的这一变动，哈勃常数的值定为290千米/(秒·百万秒差距)。

哈马逊等人经过三十年的艰苦工作，于1956年完成了包括500多个星系的红移总表，其中最大的退行速度超过60 000千米/秒，达到光速的1/5。科学家根据这些丰富的新资料，将哈勃常数修订为180千米/(秒·百万秒差距)。

20世纪60年代，许多天文学家从多方面改进宇宙尺度，把哈勃常数定为100千米/(秒·百万秒差距)。帕洛马山天文台的桑戴奇一直用海尔望远镜观测，取得了丰富的第一手观测资料，并致力于星系距离的重新定标。20世纪70年代，他和塔曼测定的哈勃常数是55千米/(秒·百万秒差距)，是50年前哈勃的最初测定值的1/10，也就是星系的距离扩大了10倍。

目前，用现代更精确的方法估算，哈勃常数在70±20千米/(秒·百万秒差距)，由这个哈勃常数决定的宇宙年龄为100亿~200亿年。新的观测资料还表明，在能观测到的宇宙范围内，退行速度和距离的线性关系仍然是成立的。

2009年5月7日，美国航天局（NASA）发布的哈勃常数为74.2±3.6千米/(秒·百万秒差距)，不确定度小于5%，这一结论是根据对遥远星系Ia超新星的测量结果。

2012年10月3日，NASA根据斯皮策红外空间望远镜测得哈勃常数为74.3±2.1千米/(秒·百万秒差距)。

2013年3月21日，欧洲航天局（ESA）根据普朗克卫星观测数据给出哈勃常数为67.80±0.77千米/(秒·百万秒差距)。

综上可知，哈勃常数测定极其复杂，不同的观测方法给出的结果有所不同，具有一定的不确定性。

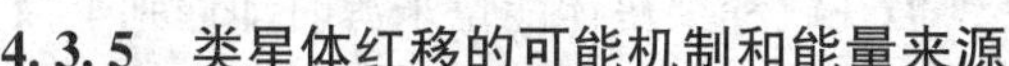

4.3.5 类星体红移的可能机制和能量来源

由（4-2）式确定的红移和退行速度之间的关系可用图 4-6 表示。退行速度的单位为光速 c。

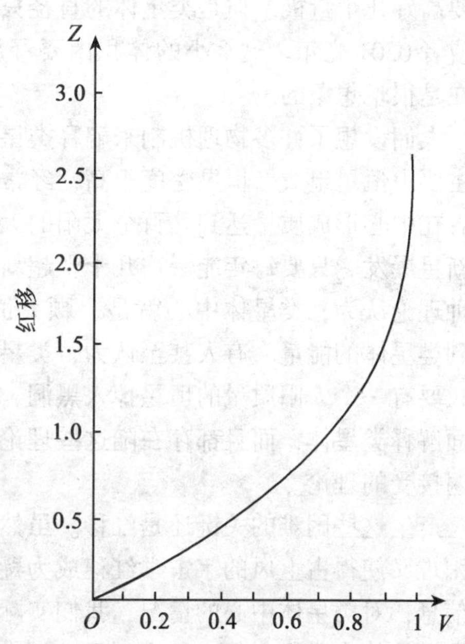

图 4-6　红移和退行速度关系曲线

由哈勃定律所确定的红移称为宇宙学红移。对某个类星体，如果其红移 $Z=4$，则可算出其退行速度 $V=0.92c$；再由 $V=HD$，可算出距离 D 约为 100 亿光年。前面说过，宇宙的年龄在 100 亿年到 200 亿年之间，较公认的值是 150 亿年，可见人类能观测到的宇宙尺度应小于 150 亿光年。距离为 100 亿光年的类星体应该是处于宇宙边缘的天体了。

有一些大文学家认为类星体的红移不是宇宙学红移，有可能是引力红移。按照广义相对论，在引力场中时间要变慢，作为周期性的物理现象的辐射频率就要变低。于是就产生了红移。引力场中红移为

$$Z \approx \frac{GM}{Rc^2}, \qquad (4\text{-}4)$$

其中 G 为引力常数，M 为引力质量，R 为引力范围。

目前的观测表明，类星体直径约为 1 光年，按所观测到的典型的红移可以算出 M 为 $10^{12}M_\odot$。我们应该记得银河系的范围约 10 万光年，而它的总质量是 $10^{11}M_\odot$。这样一比较，类星体的质量是无法理解的，而且理论研究指出，如果类星体是单个的天体，它的引力红移不能大于 0.62，看来引力红移是无法解释类星体的红移的。

为了便于分辨，再对物理学公认的三种红移解释如下：

多普勒红移：由于辐射源在固定的空间中远离观测者而造成；

引力红移：由于光子摆脱引力场向外辐射而造成；

宇宙学红移：由于宇宙空间自身的膨胀而造成。

有人认为，类星体并不位于宇宙学的距离上，它可能就在银河系内，它的红移是因为抛射出去的物质的多普勒效应产生的。这样的分析似乎不能使人信服：首先，银河系没有这么大的能量能抛射如此多的类星体；其次，既然是抛射，显然应该有产生红移的抛射，也应该有产生紫移的抛射，但是目前没有观测到紫移的类星体。看来抛射的图像不能解释类星体的红移。

综上所述，宇宙学红移是类星体红移最可能的产生机制。当然，我们不排除还存在其他未发现机制的可能性。

虽然宇宙学红移的观点被很多人接受，但在解释类星体能量来源时却遇到了极大的困难。

由类星体的亮度能算出类星体射电源辐射总功率达到10^{38}焦/秒。如果把光学波段和红外波段的辐射也包括进去，总功率达到$10^{39}\sim10^{41}$焦/秒，这比一般星系的辐射总功率要高好几个量极。但是类星体的直径只有1光年左右，甚至可能更小些，比如0.1光年或者0.01光年。这么小的体积内要释放比整个正常星系总能量还大许多倍的能量，实在是很难想象的。

人们设想了许多物理机制来解释类星体的能量来源。一种理论认为，类星体中心部分主要由恒星组成。恒星密度很高，经常发生碰撞，碰撞的结果使动能转化为辐射能，或者在中心形成质量达到几百个太阳的大恒星。大质量恒星演化很快，演化到晚期产生超新星爆发。只要每年能爆炸几十颗超新星，类星体就能维持目前观测到的能量。还有一种理论认为，类星体中心就是一颗大恒星，质量达到$10^8M_{\odot}$，它所辐射的能量也能达到类星体的能量。有人甚至认为，类星体中心不是一颗大恒星，而是一个大黑洞，每年只要有一个太阳质量的恒星掉入黑洞，类星体的能量就能维持。这些理论只能从某一方面解释类星体，而且都存在随这些理论产生的不可克服的困难，所以至今还没有为人普遍接受的理论。

产生这些困难的关键还是红移。虽然宇宙学红移被人们普遍接受，但能量问题带来的困难又使得占上风的宇宙学红移成为疑问。我们对类星体的了解都是来自类星体边缘的信息，对类星体中心的情况，我们实际上一无所知。所以，类星体的发现虽然是观测天文学的伟大成果，但也给观测天文学带来了挑战，同时也给近代物理和现代天文学带来挑战。战胜这种挑战的意义不仅使得人们能认识类星体的本质，更重要的是将使人类对自然规律的认识有一次飞跃。

4.3.6 类星体研究的最新成果

经过几十年来的不懈努力，科学家们基本上揭开了类星体的秘密：它们是遥远的活动星系的亮核，我们所观测到的类星体并不是这类天体的全貌而仅是其核心特别明亮的部分，因为过于遥远，亮核区以外的暗弱部分难以被观测到。哈勃太空望远镜观测到的所有类星体中已经有75%找到了其对应的基底星系，其余的25%不是没有基底星系，而是尚未观测到。

从1991年到1998年，美国综合孔径射电望远镜VLA连续拍摄类星体3C279（位于室女座，距离地球60亿光年）的喷流变化，7年居然延伸了25光年。每年流动3.5光年，比光速还快。但学者们认为这是一种似超光速现象，而非真正意义上的超光速。

值得一提的是，类星体曾被认为是宇宙中最遥远的因而也是最古老的天体，但这种观点也被最近几年的观测证据否定了。虽然红移值略大于6的类星体已被发现，但红移值更大的天体却被认定为是正常星系而不是类星体。1998年，10米口径的凯克Ⅱ望远镜发现了一个名为0140+326RD1的星系，$Z=5.34$。1997年才安装在哈勃太空望远镜上的近红外照相机与多天体摄谱仪NICMOS在大熊座发现了一批$Z>5$的星系，特别是1999年发现了$Z=6.68$的星系。

类星体在被发现后的几十年里，人们提出了众多试图解释类星体的假说，比较有代表性的有以下几种：黑洞假说，白洞假说，反物质假说，巨型脉冲星假说，近距离天体假说，超新星连环爆炸假说和恒星碰撞爆炸假说。而越来越多的证据显示，类星体是一种活动星系核，且在星系的核心位置有一个超大质量的黑洞。

当然，还是有学者认为类星体红移不是宇宙学的，应该还存在其他红移机制，甚至提出横向多普勒红移效应。2013 年 1 月来自斯隆数字巡天项目的数据表明：存在创纪录的类星体集群结构，其延伸超过 90 亿光年，超出了我们所知晓的宇宙中最大结构尺度。老的问题没有完全解决，新的发现和问题又来了，这就是宇宙学的困难所在。

思 考 题

1. 试述银河系的形态和结构特征。
2. 星系的主要分类是哪几种？
3. 试述正常星系和特殊星系的根本区别是什么。
4. 什么是谱线红移？它表达什么样的物理意义？
5. 类星体的主要特征是什么？
6. 你能说出银河系呈扁平状的原因吗？
7. 如果旋涡星系的旋臂是由确定不变的成员构成的，那么，在什么情况下旋臂会越绕越紧，什么情况下不会出现缠绕现象，什么情况下会越来越松？
8. 什么叫引力不稳定假说？
9. 河外星系是怎样起源和演化的？发挥你的想象，给出一个可行新观点。

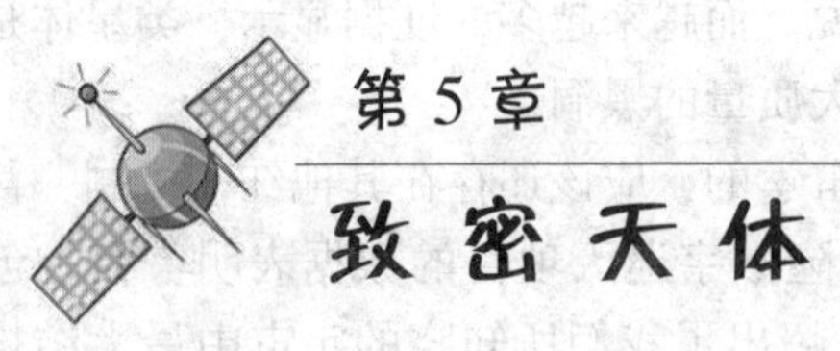

第5章 致密天体

在第3章恒星世界里，我们曾经提到了一系列的特殊天体，如脉冲星、中子星、白矮星、黑洞等。如果从恒星演化的近代理论来看，它们都是恒星演化到晚期形成的产物，但它们已不再是恒星。这一章就来较详细地讨论一下它们的情况。

白矮星、中子星和黑洞与正常恒星有两个最大的差别：第一，由于它们的核燃料已经耗尽，因此它们不再继续燃烧核燃料，也无法靠产生热压力来抵抗自身的引力坍缩；第二，它们是尺度非常小的天体，与相同质量的恒星相比，其半径要小得多，因此其表面引力场很强，星体的密度很大。正是由于这些原因，它们又被称为致密星或高密天体。

最早被天文观测发现的是白矮星，它是在天文学家对它还一无所知时无意中被发现的。科学家是在它被发现之后很久才完成对它的理论描述的。

中子星的发现则与白矮星完全不同。科学家们对中子星的理论分析在它被发现前三十年就基本完成了。这么晚才发现中子星的原因很简单，因为它太小了。如果一个天体的直径仅有10千米，即使它与我们的距离同最近的恒星一样近（数光年），那么就是用最大的望远镜也无法识别它。天文学家是通过脉冲星进而发现中子星的。这两个例子很好地说明了理论和实践在科学进步中的辩证关系。

5.1 白矮星和黑矮星

5.1.1 白矮星

白矮星是20世纪20年代末发现的一类天体。它们具有较高的表面温度、较低的光度，处于赫罗图的下方。其密度很大，为$10^5 \sim 10^8$克/厘米^3。这是人类观测恒星首次得到的最大密度，曾使人迷惑不解。经反复核算，观测是可靠的。白矮星的质量约等于太阳的质量，半径近似等于地球的半径。

天狼星的伴星——天狼B星是最早被发现的白矮星。早在19世纪30年代，人们就发现天狼星在天球上的视运动的轨迹并不是一条直线，而是波浪式起伏的曲线，从而确定天狼星是一个双星。

由开普勒第三定律可推算出天狼B星的质量在$0.75M_\odot$到$0.95M_\odot$之间，公转周期约50年。1862年，人们终于用望远镜发现了天狼星的这颗伴星，它是颗7等星。又过了六十多年，人们才确认天狼 B 星是一颗白矮星。

白矮星之所以称为白矮星，是因为最初确定的几颗星都呈白色。由此也确定了白矮星有较高的表面温度。

目前已发现的白矮星达 1 000 颗以上，多数白矮星的光谱型为 A 型。白矮星的表面温度相差较大，从 5 000~50 000 开。它们的目视绝对星等在 7~14 等之间，有相对低的自转速度。

白矮星的密度很大。根据近代物理知识，量子理论认为，白矮星的物质处于一种特殊的状态，这种状态称为简并态。简并态是指在高温、高压、高密的条件下，原子的电子壳层已不复存在，电子成为自由电子，自由电子组成电子气体。由于气体的压强与其温度、密度成正比，而对于处于简并态的电子气体，它的压强只与密度有关，而与温度无关。

白矮星的物理状态满足了形成简并态的物理条件。白矮星与主星序的星相比较，在白矮星内部，气体热运动所产生的压力、辐射压力都成为次要的，而电子气体所产生的压力很大。正是简并电子气的压力与引力抗衡，使白矮星不至于坍缩。

理论计算表明，白矮星的质量和半径有一定的对应关系：质量越大，半径越小。如果太阳变成一颗白矮星，则它的半径要缩小到现在的 1/100。

1931 年，钱德拉塞卡发现白矮星的质量有一个上限，超过这一上限，白矮星就不存在了。他指出这个极限为 $1.44M_{\odot}$。当然，其精确值依赖于物质的成分。后人为纪念这一伟大发现，将此极限称为钱德拉塞卡（质量）极限。只有当白矮星是双星或三合星的成员之一时，才能较准确地确定其质量。

白矮星是从质量为 3~4 个太阳质量的恒星演化而来的。它由主序星演化到红巨星，等到氢燃烧和氦燃烧熄灭以后，再次到达红巨星。在快接近第二次红巨星阶段的末尾，恒星由于一次灾难性的爆炸丧失了向外膨胀的包围层，剩下一个高密、高温和发光的核心，外面包围着一层炽热的光壳，这就是行星状星云。在演化的整个过程中，恒星由于红巨星阶段的星风和抛射包围层而失掉大部分质量，剩下 0.5~1 个太阳质量的行星状星云的核心，这个核心继续冷却而成为一颗白矮星。这个过程需要几十亿年。白矮星本身已经没有核能源了，人们看到的光亮是核心区非简并离子的余热提供的能量。白矮星固有光度很低，只有处于距地球数百秒差距的范围内才能被观测到。

根据观测资料统计，不同的白矮星化学成分有很大的差异，据此可将白矮星分为 DA、DB、DC、DF 和 DP 5 个次型，各次型的特性如下：

DA 型白矮星：含氢丰富；

DB 型白矮星：含氦丰富；

DC 型白矮星：含碳丰富；

DF 型白矮星：含钙丰富；

DP 型白矮星：磁场特强。

天蝎座 ZZ 变星是颗 DA 型白矮星，而天狼 B 星则属于 DB 型白矮星。

白矮星还有一个奇异的引力红移现象。这是爱因斯坦广义相对论的一个推论：在远离引力场的地方观测引力场中的辐射源发射出来的光时，光谱中谱线会向红端移动。即同一条原子谱线在强引力场中比没在强引力场中波长更长，且波长红移的大小与辐射源和观测者两处的引力势差成正比。这种红移不是由于光源运动而引起的多普勒红移，而是由引力场引起的红移，故称为引力红移。白矮星满足了产生引力红移的条件：白矮星的强大引力场使得光子离开其表面时需克服引力而损失部分能量，而光子的能量与它的振荡频率成正比，能量减少即意味着光子频率降低，波长变长。

5.1.2 黑矮星

电子的简并压强能够阻止住白矮星的坍缩，并允许白矮星一直冷却下去。前面说过，简并压强与温度无关，所以这种冷却不会影响到简并压强，从而在此过程中白矮星的大小不发生变化。尽管它的半径保持不变，但当它慢慢损失掉热能时，会变得越来越红和越来越暗。或早或迟，白矮星会成为一堆余烬，只发出微弱的红外线。最后它会隐匿不见，变成一颗黑矮星。

黑矮星是寒冷的、死气沉沉的、高度致密的、一团基本上属于简并态的物质，除了其引力可能作用于邻近的伴星外，再也找不到关于它存在的迹象。对于黑矮星更多的理论探讨显得更为困难，这里就不便多述了。

5.2 中子星和脉冲星

1932年英国卡文迪许实验室发现了一种新的基本粒子，叫做中子。中子是不带电的，质量比质子略大一点点。这个消息传到了哥本哈根。当时的哥本哈根，在著名物理学家玻尔周围有一群年轻的、但又是世界上最优秀的科学家，他们对量子力学的建立和发展做出了重大贡献。中子的发现使这些科学家大为激动，其中前苏联科学家朗道预言宇宙中应该有以中子为主要成分的天体，后来人们把这种天体称为中子星。很长一段时间，中子星成了一个热门话题：有的科学家经过计算描绘出中子星的模型，有的科学家预言中子星应该在超新星爆发的过程中产生，如果找到超新星爆炸的遗迹，里面应该有一颗中子星。因为很长时间没有找到中子星，科学家的研究热情也逐渐减弱了。

5.2.1 脉冲星

1967年，英国剑桥大学的休伊什设计了一架射电望远镜，用来研究太阳风对来自宇宙其他天体射电信号的影响，从而研究太阳风的运动和结构。记录工作由休伊什的研究生贝尔小姐担任。望远镜7月投入使用，8月，贝尔在观测中就发现了异常的现象。她注意到半夜仍然有射电信号的闪烁，而且是周期为1.337秒的脉冲规则信号。起初她以为是外星人发出的规则电码，因为当时科学界相信自然信号大多是不规则的。后经多次重复观测后，他们终于确定这是来自某一天体的脉冲信号。不久他们又发现3个类似的发射脉冲的天体，他们断定发现了一种新的天体，并取名为脉冲星。1968年2月24日，他们在英国的《自然》杂志上公布了这一发现。这一发现轰动了世界。有些科学家甚至称这一发现为20世纪天文学最重大的发现。到1968年底，休伊什等已发现了

23 颗脉冲星。为表彰这一开创性发现，诺贝尔委员会将 1974 年诺贝尔物理学奖授予休伊什，这是第一次给天文观测的成果颁发诺贝尔奖。

脉冲星有两个最基本的特点：第一，脉冲是射电信号，它是在无线电波段收到的；第二，脉冲信号的时间间隔（也即周期）很短，且相当稳定。

已知的脉冲星周期在 0.03 秒到 4 秒之间。脉冲持续时间更短，大部分在 0.001～0.05 秒之间。

图 5-1 是脉冲星 PSR0329+54 的脉冲曲线。其脉冲周期为 0.714 秒。从图 5-1 中可以看出，脉冲的强度是变化的，脉冲的形状十分复杂。脉冲星采用统一编号，PSR 是 Pulsar（脉冲星）的缩写，后面加上坐标位置。例如，PSR1919+21 脉冲星的赤径为 19^h19^m，赤纬是+21°。

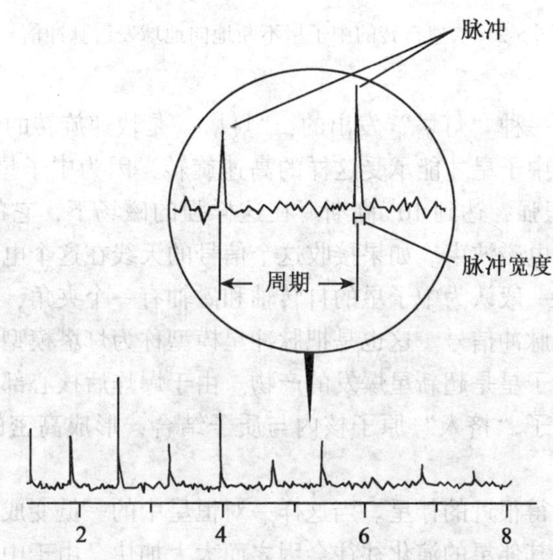

图 5-1　脉冲星 PSR0329+54 的脉冲曲线

脉冲星按其脉冲辐射的形状可分为三类：S 型、C 型、D 型。S 型脉冲星具有简单的脉冲外形，C 型脉冲星具有复杂的脉冲外形，D 型脉冲星具有漂移的亚脉冲。

脉冲星一次脉冲发出的能量约为 10^{28} 焦，这一数值比地球上最猛烈的火山爆发所释放的能量还要大几亿倍。

脉冲星发现不久，天文学家从蟹状星云里也找到一颗脉冲星——PSR0531+21。它的周期是 0.033 1 秒。其脉冲周期减缓的速率表明它大约起源于 900 年前，也就是说，与中国天文学家在公元 1054 年记录到的那颗超新星联系了起来。那次超新星爆发形成了蟹状星云，并且留下了这颗脉冲星。

除了射电波段的脉冲星外，后来又发现了光学脉冲星、X 射线脉冲星和 γ 射线脉冲星。

5.2.2　中子星

要找一个辐射出脉冲星那样的射电脉冲的天体是不容易的，只有借助于中子星的模型才能理解脉冲星。图 5-2 就是中子星的模型。

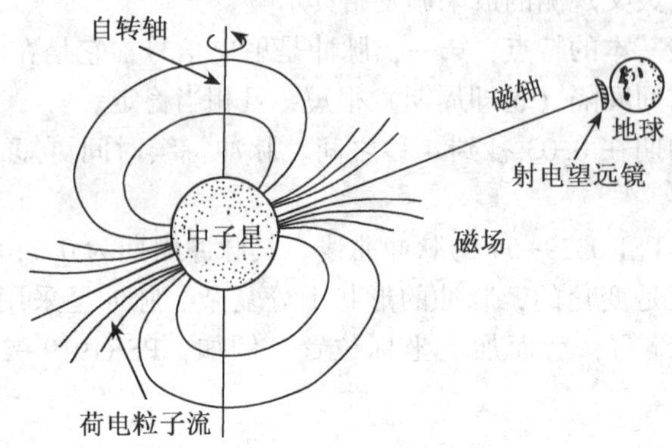

图 5-2　快速自转的中子星不断地向地球发射脉冲信号

现在公认脉冲是一种“灯塔”发出的，“灯塔”是快速旋转的中子星，自转一周仅需要 1 秒左右。只有中子星才能承受这样的高速旋转，因为中子星的密度达到 1 亿吨/厘米^3。中子星磁场很强，达到 10^{12} 高斯。在这样强的磁场下，它的南北两个磁极不停地向外喷射着强大的电磁波束。如果接收这个信号的天线在这个电磁波束的方向上，就能接收到这个信号。一般认为中子星的自转轴和磁轴有一个夹角，如果地球处于磁轴延长线上，就能接收到脉冲信号。这也是把脉冲星模型称为灯塔模型的原因。

许多学者认为中子星是超新星爆发的产物。由于爆炸后核心部分的急剧收缩，星体内部的巨大压力把电子“挤入”原子核内与质子结合，形成高密的中子物质，成为中子星。

很多恒星具有靠得很近的伴星。当这样一对恒星中的一员变成一颗超新星，爆发后留下一颗中子星时，其伴星的演化往往会因之而大大加快。由于中子星对伴星的引力作用很强，所以该伴星可能会从它的大气倾泻出可观的质量，而以致密气体云的形式包围那颗中子星。致密气体会扑灭脉冲星发出的射电发射。但随着气体在中子星周围的强引力场中被吸积和加热，又会产生很强的 X 射线发射。这也给科学家提供了一种观测中子星存在的可靠方法。

脉冲的周期除逐渐减慢之外，个别脉冲周期也会突发性地加快。通常认为，中子星的自转频率加快是由于“星震”造成的。星震就是中子星的外壳发生突然的断裂和变形。正像地震波的探测可以告诉我们地球内部的信息一样，这种星震造成的转动加速也能告诉我们许多中子星内部的情况。

图 5-3 给出了中子星的内部结构。

理论计算表明，中子星的最外层是铁壳，密度为 10^4 克/厘米^3。铁壳的密度还不算大，所以电子还没有脱离原子。里面是中子星的内壳，由重元素的核和简并电子气体组成。再往深处，电子被压到核内，与质子结合而成中子。一定深度以下，就全部是中子了。前面说过，其密度高达 10^{15} 克/厘米^3，但这些高密度的物质却能像处于接近绝对零度的液态氦一样，表现出超流动性。在核心处可能是超子构成的物质。

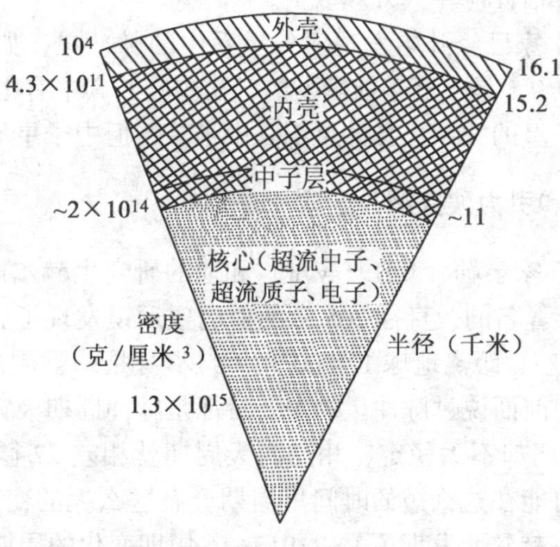

图 5-3 中子星的内部结构

中子星的主要特征参数如下：

半径：10~20 千米；

质量：1.5~$3M_{\odot}$；

中心密度：10^{14}~10^{15}克/厘米^3；

表面温度：10^7 开以上；

中心温度：60 亿开；

中心压力：10^{28}大气压（10^{30}千帕）；

表面磁场强度：10^{12}高斯。

中子星依靠中子简并压力来阻止强大引力造成的进一步坍缩。与白矮星类似，中子星也有一个质量范围。原子弹之父奥本海默的研究表明，若恒星爆发后剩余的质量大于$3M_{\odot}$，则中子简并压力无法阻止引力坍缩的进一步进行。为纪念奥本海默的这一发现，后人把 $M=3M_{\odot}$称为奥本海默极限。

小小的中子星竟有这么多极端的物理条件：超高密度、超高温、超高压、超强磁场和超辐射。中子星的这些极端物理条件在地球上是无法实现的，所以中子星就成了极端物理条件的实验室，它能帮助人们了解物质在极端条件下的运动变化规律。

到 2003 年底，银河系中已发现的脉冲星已达 1 400 多颗。在这些脉冲星中，与总共约 200 个超新星遗迹对得上号的有 13 颗，其原因可能是有些超新星的残骸不是中子星而是黑洞，或根本没有留下任何致密天体，或者是在超新星爆发中形成的中子星被推到了别处，已不在残留的星云遗迹中。当然还有一种可能性就是中子星的寿命比超新星遗迹的寿命要长得多，使得仅占中子星寿命中有限一部分时间的脉冲星，仍可以在许多星云遗迹已经完全消失的地方被观测到。

根据脉冲星的“灯塔”模型，如果地球不在脉冲“灯塔”磁轴的扫射范围内，地球上就不可能观测到这颗脉冲星，所以银河系中实际存在的中子星数目要比观测到的脉冲星数量多得多，保守估计应在数万颗以上。

1999 年以来，科学家已经开始发现河外星系中的脉冲星，如位于大麦哲伦星云中的超新星遗迹 G21.5-0.9，是 4 万年前爆发的，初步判断其中有中子星。

注意脉冲星和中子星的关系：脉冲星都是中子星，但中子星不一定是脉冲星。

5.2.3 脉冲双星和引力波探测

1974 年美国天文学家泰勒（J. H. Taylor）和他的研究生赫尔斯（R. A. Hulse）利用波多黎各阿雷西博那个著名的、直径 305 米的射电望远镜发现了脉冲双星 PSR1913+16。PSR1913+16 位于天鹰座，距离地球 17 000 光年，本身是一颗质量为 $1.4M_{\odot}$ 的中子星，脉冲周期为 0.059 秒。前面说过脉冲星的主要特征是脉冲周期极为稳定，但赫尔斯发现 PSR1913+16 的脉冲周期却不太稳定，相隔两天周期就相差 27 微秒。这不是脉冲星应有的特性，脉冲星不可能在这么短的时间里周期会有这么大的变化。问题出在哪里呢？在随之而来的观测中，赫尔斯发现了 PSR1913+16 周期变化的周期性，他立即感悟到它在作轨道运动。与我们的视向距离产生周期性的增减。当它与我们的距离在增大的时候，后一个脉冲比前一个脉冲要走较长的距离才会到达我们这里，因而周期变长；当它与我们的距离在减小的时候，后一个脉冲比前一个脉冲要走较短的距离即会到达我们这里，因而周期变短。也就是说，脉冲频率变化存在多普勒效应。而什么原因使 PSR1913+16 作轨道运动呢？答案只有一个，那就是它是双星中的一颗子星，在围绕共同的质量中心作绕转运动。

根据 PSR1913+16 的频率变化，可以确定其轨道运动的周期和轨道运动速度，轨道大小及另一颗子星的性质。另一子星是与 PSR1913+16 质量相近（$1.387M_{\odot}$）的中子星（无法找到其对应的光学图像），两者相距有数百万千米，以 7 小时 45 分（或 $T=0.322\,997\,462$ 天）的周期相互绕转，运动速度达到 300 千米/秒。

如果泰勒和赫尔斯对 PSR1913+16 的研究到此为止，那么他们就不可能获得 1993 年的诺贝尔物理学奖。他俩对 PSR1913+16 进行了多年的追踪观测，发现其轨道周期每年减小 76 微秒，与周期相比，年变化率为 -2.422×10^{-12}。这一结果表明双星系统的能量在慢慢损失。又是谁将系统的能量带走了呢？理论研究表明，只有引力波（关于引力波，详见 6.6 节）辐射才能将系统的能量慢慢带走，使整个双星系统的能量变小，绕转周期越来越短，两子星距离越来越近。利用广义相对论可算出周期变化率为 -2.6×10^{-12}，与观测值惊人地吻合。

泰勒和赫尔斯的长期（前后将近二十年）观测结果不仅仅间接证明了引力波的存在，而且对广义相对论和狭义相对论以前所未有的更高精度给予了验证。他们的这些杰出贡献也就使诺贝尔奖的获得顺理成章了。获奖并不是目的，随后的几年中他俩一直致力于研制探测引力波的干涉仪计划。引力波能够作用于一切有质量的物体，穿透力很强，和电磁波的性质大不相同。在这以前，世界各地的引力波探测装置的灵敏度都太低，没有达到能测量到达地球的引力波强度的最低要求。但愿泰勒和赫尔斯对引力波的探测能再次获得成功。

2004 年，科学家用澳大利亚帕克斯天文台 64 米射电望远镜首次探测到一颗有完整价值的双脉冲星——PSRJ0737-3039A/B。注意这里说的双脉冲星是同时收到两颗子星的脉冲。而前面所说的脉冲双星仅收到其中一颗子星的脉冲。PSRJ0737-3039A/B 两颗子星的质量分别为 1.337$M_\odot$ 和 1.251$M_\odot$，相距约 100 万千米，绕转周期 2.4 小时，它比 PSR1913+16 更准确地验证了爱因斯坦的引力波理论。

到 2013 年年底已发现脉冲双星 100 多个，大多数是一颗中子星和一颗白矮星的组合，两颗都是中子星的仅有十多对。

5.3 黑洞和白洞

前面我们谈到质量较小恒星的自引力相对较弱，靠电子简并压力即可抗衡其自身的引力，从而成为白矮星。如果恒星的质量超过一定的界限，那么它便会强烈地收缩到核物质密度的高密状态，此时依靠从这种状态下产生的中子简并压力来抗衡引力的收缩作用。现在的问题是：中子简并压力是否一定能顶住最强的引力作用？如果顶不住怎么办？白矮星和中子星是否就是一切恒星在走向死亡后的最后归宿？

要解决上述问题，首先必须对物体在自身引力作用下产生的一种猛烈收缩过程——引力坍缩作较深入的了解。

5.3.1 引力坍缩与黑洞

相信大家对逃逸速度一词并不陌生，它是指地球表面上的火箭要飞出地球的引力控制所必须具有的速度，对称第二宇宙速度，其大小为 11.2 千米/秒。其数学表达形式为

$$V_{逃} = \sqrt{\frac{2GM}{R}}, \tag{5-1}$$

其中 G 是万有引力常数，其数值为

$$G = 6.67 \times 10^{-11}\ 牛顿 \cdot 米^2/千克^2,$$

M 是地球的质量，R 是物体至地心的距离。(5-1) 式对其他天体也是成立的。

假定地球的半径由于某种原因缩小到原来的 1/4 而质量不改变，那么其表面的引力就会增强到原来的 16 倍，此时所要求的逃逸速度是 22.4 千米/秒。为了理解引力坍缩，我们设想将地球的周长从 40 000 千米缩小到 10 千米，这时火箭的速度要达到 708 千米/秒才能逃出地球。如果进一步把地球周长缩小到 5.58 厘米，则逃逸速度就达到了光速——每秒 30 万千米。这时不要说火箭，连自然界中速度最快的光也逃不出弹丸般的“地球”的引力束缚了，地球上的任何信息都不可能送到外界去了。从外面的世界看来，它已经死了，只留下一个周长为 5.58 厘米的“墓穴”。

当然，我们不必担心人类会成为地球坍缩时的殉葬品。不过广阔宇宙中无奇不有，我们已经看到直径只有几十千米、密度达 10^{15} 克/厘米^3 的中子星在自然界里普遍存在。上述密度并非是极限。计算表明，如果恒星质量超过 3 倍太阳的质量，那么中子简并压力也不能抵抗它自身的巨大引力，将会继续自动收缩下去而走向最后的墓穴——这就是无限引力坍缩，或称完全引力坍缩。

这样形成的“墓穴”是一个无底洞，因为它的强大引力会把一切掉进去的物质和辐射吞下去，再也不会让它们跑出来。由于所有的光线只能进不能出，所以它是“黑”的，因此人们给它取了个名字叫“黑洞”。黑洞的边界也就是外界观测者视线的边界，所以叫做视界。黑洞的半径就是其引力半径。从而有黑洞的定义：时空曲率大到光都无法从其视界逃脱的天体。

根据（5-1）式，令 $V_{逃}$ 为光速 c，则可得引力半径 R_g 为

$$R_g = \frac{2GM}{c^2}. \tag{5-2}$$

从（5-2）式中可以看出，引力半径与质量成正比。引力半径 R_g 的物理意义是：如果某天体的半径 R 小于其对应的 R_g，则此天体发出的光也逃不出去。注意，黑洞的视界并不是物质面，它的物理意义是指外部观测者（$R>R_g$）不可能知道其内部（$R<R_g$）的任何信息。

R_g 为临界半径，它是由德国天文学家史瓦西（Karl Schwarzschild）首先导出的，故 R_g 又称为史瓦西半径。

事实上 R_g 的获得并非是将式（5-1）中 $V_{逃}$ 用光速 c 作代换那么简单。1915 年 12 月，爱因斯坦广义相对论发表不久，史瓦西即得到了一个用广义相对论的弯曲空间概念描述的球状物体周围引力场的精确解。史瓦西的解指出，如果致密天体的全部质量压缩到某一半径范围内，它周围的空间就因强大的引力而弯曲到任何物质和辐射都逃不出来，这一天体就是黑洞。这一临界半径由（5-2）式所确定。

根据广义相对论，光子根本不可能离开黑洞视界，最多只能贴着视界环绕飞行。有必要再次指出，视界不是黑洞物质的实体边界，而仅是一种几何描述。黑洞物质全部集中在黑洞中心的一个几何点，这个只有质量没有体积的几何点称为**奇点**。

黑洞是如何具备这种只进不出的能力的呢？广义相对论告诉我们，时空会由于大质量的物体的存在而发生畸变，物质的质量弯曲了时间和空间，如图 5-4 所示。而空间的弯曲又会反过来影响穿越空间的物体运动。这里有个形象的比喻：将一重物放在席梦思床垫上，则床垫上会出现一个凹坑。重物越重则凹坑越深。如果一个小球在床上滚动

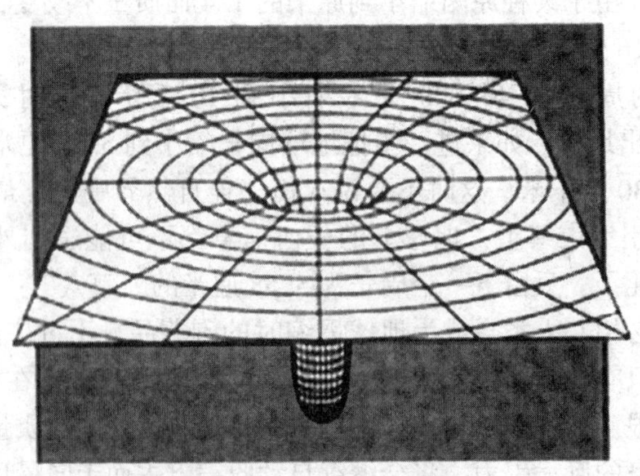

图 5-4　时空弯曲示意图

时，不慎经过凹坑的边缘，则小球将被吸入凹坑。

在黑洞内部，一切物质只能径直落向中心奇点，因此空间是一维单向的，一旦进入视界的物质到达中心奇点则时间已经终结。一切物理定律在奇点会变得毫无意义。可以说奇点是时空都不复存在的终极之点。

哲学思想告诉我们，如果一个理论出现了奇点，就意味着它的破产。这说明，在奇点附近这样极端的物理条件下，我们现有的理论是不能应用的，必须用新的理论来描述。物理学发展到这一步，也希望数学上有新的突破。

一个太阳质量的物体的引力半径是 2.9 千米，此时的密度为 2×10^{16} 克/厘米^3。不过，在如此高密度、强引力的条件下，经典的牛顿引力理论已不再适用，而应当改用爱因斯坦的广义相对论。

表 5-1 给出了不同质量黑洞的半径和密度，以给读者一个较为形象的认识。

表 5-1　　**不同质量黑洞的半径和密度**

质　量		引力半径		平均密度
千克	相当的物体	R_g	相当大小的物体	(千克/米^3)
10^{12}	山岳(微黑洞)	3×10^{-12}毫米	电子半径	8.8×10^{45}
7.35×10^{22}	月球	0.11 毫米	细砂	1.36×10^{34}
6×10^{24}	地球	8.9 毫米	豌豆	2.03×10^{30}
2×10^{30}	太阳	2.96 千米	步行半小时路程	1.80×10^{19}
2.0×10^{32}	最大的恒星	296 千米	约沪宁铁路长度	1.80×10^{15}
2×10^{35}	球状星团	2.96×10^{5} 千米	地月距离的 78%	1.8×10^{9}
2.2×10^{41}	银河系	0.03 光年	比邻星距离的 0.7%	0.002

我们以一颗 10 倍太阳质量的恒星为例，看它发生引力坍缩时会产生什么情况。这颗星经过约 3 000 万年的核燃烧，核燃料已经烧尽。由于它质量很大，电子和中子简并压力都阻挡不住这样的坍缩，坍缩由慢变快。由于恒星表面引力场强的增高，根据业已证实的广义相对论预言，星体表面上以某个角度发出的光会沿弯曲的轨迹运动。随着坍缩的进行，轨迹的弯曲会日益严重。在星体收缩到 1.5 倍引力半径之前，表面发射的光都能逃脱到外界空间去；但是在此之后，表面按切线方向射出的光将被俘获在星体上空的一层球状云中，然后再慢慢泄漏出去。所以远处的观测者在坍缩过程的以后阶段，始终能看到这颗星在 1.5 倍引力半径时的光圈。当星体继续坍缩进入引力半径时，便没有光子可以逃出去了。然而远处的观察者并不会看到它突然消失，因为当这颗星进入 1.5 倍引力半径以后，被俘获在光子云中的光还在逐渐泄漏出去；而在星体进入引力半径前夕，垂直于星面发出的光也在冲破引力的束缚，慢慢泄漏出来。由于这部分光要摆脱较强的引力，从而失去较多的能量，并且光的强度衰减得很快，所以实际上将看到这颗星

在逐渐变暗变红的过程中消失掉。

黑洞是广义相对论所预言的一种特殊天体，虽然有很多间接的观测事实表明它的存在，但由于得不到直接证据，至今仍不能完全肯定某一个天体是确切的黑洞。

有人认为高密度并非是形成黑洞的先决条件，因为黑洞的质量是随半径成正比增加的，但它的体积是与半径三次方成正比的，所以反而与半径平方成反比，也就同质量平方成反比。这一点从表5-1中可以看得很清楚，随着质量的增加，密度快速下降。一个1亿倍 $M_{\odot}$ 的大黑洞的密度只不过与水的密度相等。我们现在所能观测的范围约为100亿光年。照此推理，以这么大的距离为半径的一个黑洞，其密度将是非常小的，同实际观测到的平均密度相差无几。所以有人认为，我们自己就处在一个大黑洞中，而我们所观测到的仅是这个黑洞的一部分。这一观点会带来两个无法理解的问题：第一，我们所处的整个宇宙在一个大黑洞的视界内，那么视界外必定还有更广阔的世界，而人对宇宙的理解是包容一切的。不允许宇宙还有外面，如何解释？第二，假定我们真处在一个黑洞的视界内，但我们并没有压缩成为一个只有质量没有大小的奇点，广义相对论所预言的黑洞内的性质难道全都不对吗？

前面已经说过，质量不太大的恒星是不会坍缩为黑洞的。但是，如果我们的宇宙在其演化的历史中经历过一个超密度的阶段，那么当时炽热致密的介质中有可能出现受压缩的区域，这种区域坍缩会形成比太阳质量小得多的黑洞。例如形成一个小行星质量（十亿吨）的黑洞，这样的黑洞大小只有中子或质子那么大。这些小黑洞可能正在太阳系和银河系中游荡。这种黑洞被称为**太初黑洞**，这一概念是由霍金（S. Hawking）提出来的。

5.3.2 黑洞的性质

显然，关于黑洞的研究，对物理学和宇宙演化理论有着重要的意义。那么，一个黑洞应具有什么性质呢？

说来很奇怪，黑洞这样一个超乎常人想象的物体，性质却非常简单。它可以用质量、电荷和角动量三个量来完全确定。

黑洞可以分为四大类：最简单的无电荷、无转动的球状黑洞只需质量一个参数就可描述，又称为史瓦西黑洞；有电荷、无转动的球对称黑洞，又称为雷斯勒-诺斯特诺姆黑洞；无电荷但有转动的黑洞，又称克尔黑洞；带电荷又有转动的旋转黑洞需要质量、电荷和角动量三个参量来描述，又称为克尔-纽曼黑洞。

对两个克尔-纽曼黑洞而言，如果上述三个参量完全相同，那么这两个黑洞就是一模一样的。

如果告诉你一个人的年龄、身高、体重，那无论如何也不算对此人的全面了解。而黑洞却只要用三个量就可完全决定了，这个结论叫做黑洞无毛发定理，此定理已被广义相对论所证明。可见，物理学中的三个守恒物理量——质量、电荷和角动量在黑洞中仍成立。

黑洞无毛发定理表明，引力坍缩前千差万别的物体，坍缩为黑洞之后便玉石俱焚了，各自的细节全都消失了。我们无法根据黑洞的现状来推断它坍缩前的具体性状。事实上，黑洞内部的一切细节对外界来说都是毫无意义的。

黑洞具有电荷的原因是作为黑洞前身的恒星都有电磁场，黑洞形成以后还可从星际介质中吞噬带电粒子，因此在黑洞视界周围形成带电的外部时空，但黑洞的大部分电磁属性已被引力波带走，只留下总电荷这一个与电相关的参量。黑洞具有角动量的原因是因为作为黑洞前身的恒星都有自转，形成黑洞以后按角动量守恒定律依然要保持转动特性。

当一颗自转的恒星坍缩成黑洞时，将以更高的转速成为克尔黑洞。一个质量 $3M_{\odot}$ 的旋转黑洞，转速可达每秒 5 000 转，黑洞视界上的转动线速度接近光速。按照广义相对论，所有大质量的转动物体都要拖带着周围的时空同它一起转动，旋转黑洞产生的这种拖带效应，将使其所处的时空扭曲，形成巨大的时空旋涡。

水面上的旋涡使其周围的水流作高速的圆周运动，旋涡中心处的水流则径直落向深深的涡底。黑洞周围的空间旋涡也会产生类似的效应。旋转的克尔黑洞比静止的史瓦西黑洞在视界外多了一个临界面，称为静止界面。黑洞对静止界面以外的物体，几乎没有什么影响。进入静止界面的物体，将在时空旋涡的作用下，作圆周运动，越接近中心则运动速度越快。当物体进入视界时，就好像落入水面旋涡中心，任何物体都将径直落向奇点，再也不能逃脱出来。

没有电荷的黑洞容易理解，或许正负电荷刚好中和。没有转动的黑洞则有些费解。我们这样来解释：视界与静止界面之间的区域叫能层。进入能层的物体将获得很大的能量和角动量，随黑洞一起高速旋转，但由于物体还处在黑洞视界之外，所以这些物体仅是黑洞的半俘获物，它既可能进一步落入视界成为黑洞的“美食”，也可能在特殊条件下逃出能层。这些逃出能层的物体，因曾随黑洞一起转动而附加了能量，此能量被物质带离能层，带离黑洞。这样黑洞就损失一部分能量，并且是以黑洞的旋转角动量减少为代价的。这种有可能从旋转黑洞中提取能量的方式称为彭罗斯过程。如果黑洞的全部角动量都被提取完毕，黑洞将停止转动，能层消失，只剩下质量，旋转的克尔黑洞变为静止的史瓦西黑洞。

黑洞还有一个特别的行为，就是当两个黑洞相撞而合二为一时，合成的黑洞的视界表面积一定不小于原来两个黑洞视界表面积之和，这种黑洞的合并还会释放出巨大的能量。合成后的黑洞还可以再合并，再释放能量。那么黑洞一分为二能不能发生呢？著名的黑洞理论家霍金证明，这是办不到的。他的“面积不减定理”规定，黑洞在变化中视界表面积只能增加，不能减小。而黑洞分裂将导致表面积减小，所以是禁止发生的。

对日常所见的物体，如果两个小球合并成一个大球，则大球的表面积一定小于两个小球的表面积之和。证明如下：设有两个由同种材料（密度为 ρ）组成的同样大小的小球，半径为 R_0，则合并前的两小球表面积为

$$S_0 = 2 \times 4\pi R_0^2 = 8\pi R_0^2.$$

合并成一个半径为 R 的大球，表面积为

$$S = 4\pi R^2.$$

又两小球的质量等于大球的质量，即

$$2 \times \frac{4}{3}\pi R_0^3\rho = \frac{4}{3}\pi R^3\rho,$$

所以，$\frac{R}{R_0} = 2^{\frac{1}{3}}$.

设 $S < S_0$，即 $4\pi R^2 < 8\pi R_0^2$，即 $\frac{R}{R_0} < 2^{\frac{1}{2}}$，又 $2^{\frac{1}{3}} < 2^{\frac{1}{2}}$，故原命题 $S < S_0$ 成立。

再来证明黑洞的面积不减定理，以球状的史瓦西黑洞为例，黑洞的视界面积为

$$S_0 = 4\pi R_0^2,$$

其中 R_0 为视界半径，又 $R_0 = \frac{2GM}{c^2}$，所以

$$S_0 = 4\pi\left(\frac{2G}{c^2}M\right)^2 = \frac{16\pi G^2}{c^4}M^2.$$

为简单起见，令两个小黑洞的质量相同均为 M_0，大黑洞质量为 $2M_0$，视界表面积为 S，则

$$S = \frac{16\pi G^2}{c^4}(2M_0)^2 = 2 \times \left(\frac{16\pi G^2}{c^4}M_0^2 + \frac{16\pi G^2}{c^4}M_0^2\right) = 2 \times 2S_0 > 2S_0.$$

当两个小黑洞的质量分别为 M_1，M_2，视界面积分别为 S_1，S_2 时，则

$$S = \frac{16\pi G^2}{c^4}(M_1 + M_2)^2 = \frac{16\pi}{c^4}G^2M_1^2 + \frac{16\pi}{c^4}G^2M_2^2 + \frac{32\pi G^2}{c^4}M_1M_2 > S_1 + S_2.$$

在上述证明中要求大黑洞的质量等于两小黑洞的质量之和，而这一条件在黑洞的合并过程中并不满足。按照广义相对论，在两个具有强引力场的黑洞猛烈碰撞的过程中，将有引力波发射出来。由于能量守恒，引力波的能量是由两个黑洞的总质量的亏损来提供的。霍金从理论上证明即使两个黑洞碰撞时，通过引力波发射能量的形式损失掉的质量多达总质量的50%，黑洞的面积不减定理仍然成立。

霍金在研究量子力学对黑洞附近物质的行为的影响时，发现黑洞似乎总是以稳定的速度发射粒子，而且发射的粒子具有热辐射的性质。黑洞的辐射看起来好像是一个普通的热物体在辐射，所以黑洞并非绝对的“黑”，它有一个温度。可以证明，表面引力可以作为黑洞温度的标志。

正如物理学其他领域一样，黑洞也要受到量子力学效应的影响。例如经典物理认为，黑洞只能吸收，不能有发射；而量子力学却允许辐射从强大的黑洞引力势垒中钻出来。当然，同物理学的其他领域一样，量子效应只是在微观领域中才表现出显著的影响。对于通常的黑洞，它的辐射实在太小而完全可以忽略。例如，对于一个太阳质量的黑洞，它的辐射所对应的温度只有 6×10^{-8} 开。这种温度下的热辐射是微乎其微的。

我们看到，黑洞当初进入物理学，是作为引力战胜一切排斥因素的产物出现的，它是绝对的吸引、收缩，是恒星或其他物体的坟墓，没有任何起死回生的希望。但是一旦和量子力学相结合，就发现这些结论不对了。黑洞也能发射，小型黑洞甚至能够向周围发射高能粒子和辐射而最后自身归于消亡。这些推论启示我们：黑洞并不是物质演化的终点，被吸进黑洞的物质有可能被重新发射出来。尽管这种量子效应在大质量黑洞的情

况下是微不足道的，但是我们没有理由认为量子力学不会在其他场合、以其他方式影响黑洞。

有人认为，在黑洞中心的“奇点”处，物质不可能被压缩到无限大的密度，在小于 10^{-33} 厘米的空间尺度上，广义相对论也要失败，而应代之以量子化的引力理论，物质在新规律的支配下可以避免奇点。尽管新的理论还没问世，但可以预料，新的理论将统一相对论和量子论这两个现代物理的支柱。这个理论的建立，肯定是人类认识自然界的又一次重大突破。细心的读者已经可以从上述论述中发现哲学思想的火花了。

5.3.3 寻找黑洞

知道了黑洞的性质，就可以根据这些性质来制定寻找和确定黑洞的方案了。

黑洞内部的辐射虽然发射不出去，但黑洞还有质量、电荷、角动量，它还能够对外界施加万有引力和电磁作用。物质被黑洞吸积而向黑洞下落时会发出引力辐射，如果被吸积的物质是带电的，还会产生电磁辐射，所以从这个意义上讲，黑洞将是引力辐射源、X 射线源、γ 射线源。一些密近双星的光谱里只有一套谱线，称为单线双星。光谱未出现的那颗子星就可能是黑洞。引力透镜法就是可以用来确定黑洞的一种方法。

图 5-5 给出了引力透镜示意图。其中 S 为恒星，E 为观测者所在的地球，B 为正好处于待观测恒星 S 和地球 E 连线上的想象中的黑洞。从 S 发出的两束光在接近黑洞 B 时，由于 B 强大的引力作用使这两束光发生了弯曲，也即改变了传播方向，这两束光都进入了观测者的视线。由于观测者并不知道 SE 中存在黑洞 B，反向延长所观测到的两束光，得到了两颗恒星 S_1 和 S_2。

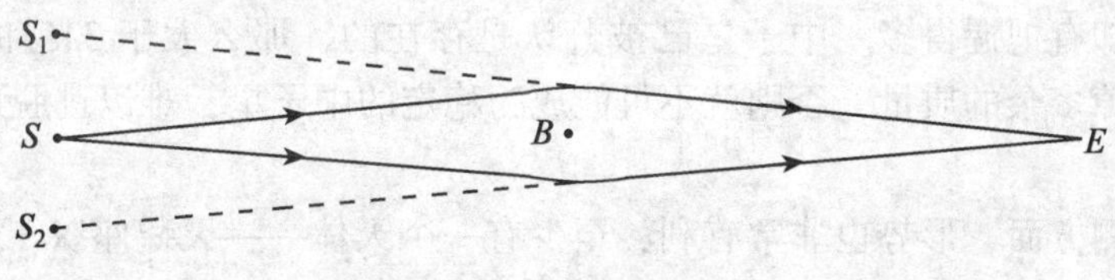

图 5-5　引力透镜示意图

前面说过，对恒星光谱的分析是恒星天文学必不可少的内容，所以必须拍摄 S_1 和 S_2 的光谱照片，结果是可想而知的：S_1 和 S_2 的光谱照片完全一样。

众所周知，地球上没有两个人的指纹完全一样，也没有两片树叶会完全一样。将这个结论推广到宇宙中，也就是说，宇宙中不可能有两颗恒星的光谱会完全一样。如果有两颗恒星的光谱完全一样，则这两套光谱必来自同一颗恒星。为此我们只能假定在恒星和观测者之间存在一个看不见的黑洞，它的引力类似于一个透镜，将 S 发出的两束光会聚到观测者 E 处。

能产生引力透镜效应的天体称为前置天体，它们均是具备强引力场的天体。除黑洞外，星系或星系团也可成前置天体。引力透镜效应会产生双重或多重像，这些像都有相同的光谱结构和谱线位移量。引力透镜效应还可能改变像的亮度。

1985 年地面望远镜的巡天观测发现了著名的“爱因斯坦十字”引力透镜效应：由

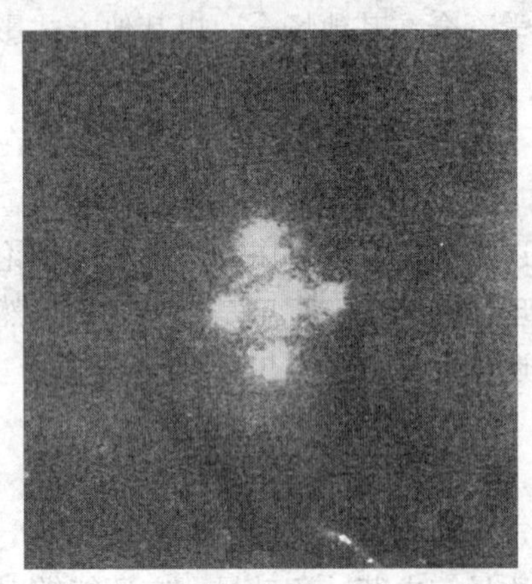
图 5-6 “爱因斯坦十字”引力透镜图像

5个光斑呈对称形簇拥在一起，中央光斑是一个距离我们4亿光年的亮星系，周围4个光斑是远在80亿光年外的一个暗弱星系，因中央亮星系的引力透镜效应，亮度得到增强并分裂成4个像。图5-6是由哈勃太空望远镜拍摄的“爱因斯坦十字”引力透镜图像。

引力透镜仅仅利用了黑洞质量对外界提供引力这一性质。如果能再配合其他性质，将会对黑洞的确认提供有效的证据。

根据量子力学理论，小黑洞会发射光和粒子而逐渐消亡，因此探测它们的存在及其发射，不仅能证实黑洞的存在与否，而且也能检验新发展的黑洞量子力学的正确与否。各国天文学家在20世纪70年代末就开始了小黑洞的搜寻工作。根据理论预言，质量小于10^{15}克的小黑洞到今天都已消失了，质量在10^{15}~10^{16}克的小黑洞正在走向死亡。这种死亡过程是很迅速的，最后将以猛烈爆炸告终，爆炸放出的能量非常巨大，并以高能γ射线的形式放出。第2章中提到的“通古斯大爆炸”，有学者认为是一小黑洞惹的祸。

5.3.4 天鹅座X-1的特征

如果说巨型黑洞和小型黑洞的存在还有争议的话，那么我们对由恒星坍缩而成的常规黑洞的存在却有把握得多。中子星已被公认是存在的，那么大于$3M_{\odot}$的恒星在坍缩时除非设法抛掉多余的质量，否则就不可能成为稳定的中子星，难以逃脱成为黑洞的厄运。

在实际观测方面，形势也非常有利，至少有一个天体——天鹅座X-1，已经为多数科学家承认为黑洞。

黑洞是看不见的而且是尺度很小的天体，所以直接观测是很困难的。如果黑洞有一颗能观测到的伴星，那么根据黑洞对其伴星的影响，也许可以推断黑洞的存在。由于黑洞的质量较大，所以对可见伴星的多普勒位移有一定的要求，仅根据光谱还很难判断黑洞是否存在。幸而人们知道，在密近双星中的黑洞的强大引力场能把气体从伴星那里吸过来，这些气体落进黑洞时会加热到能发射X射线的程度，所以X射线辐射将是判断黑洞存在的强有力证据。X射线是波长为0.001~10纳米的电磁辐射。其中波长为0.001~0.1纳米段称为硬X射线，0.1~10纳米段称为软X射线。德国物理学家伦琴在1895年无意中发现了X射线，并因此获得第一届（1901年）诺贝尔物理学奖。

但是X射线是不能穿透大气层的，必须依赖卫星或空间控测器来探测。根据观测资料，天鹅座X-1成为黑洞最有希望的候选者。天鹅座X-1的质量约为$16M_{\odot}$。天鹅座X-1是1965年被高空X射线探测火箭首次发现的。

为了鉴别一个X射线源究竟是不是黑洞，首先要了解从被黑洞吸积的气体中发出的X射线应有哪些与众不同的特征。值得庆幸的是，科学家们根据广义相对论作出的关于黑洞产生的X射线的特征都被装在火箭上的大型X射线探测器所证实了。

1971年3~4月间，用于X射线探测的美国乌呼鲁卫星记录到天鹅座X-1的X射线光度有快速变化，同时发现它还是一个射电源。用射电望远镜精密定位的结果显示它的位置与一颗光学可见的恒星（编号为HDE226868）相对应。这颗恒星亮度为9等，光谱型为O型，是一颗高温蓝色超巨星，半径约为$100R_{\odot}$，质量在$25\sim40M_{\odot}$之间，距离太阳约8 000光年。光谱分析表明，它是双星系统中的一员，双星间距约为3 000万千米，绕转周期为5.6天。经过精密的方位测定发现，它就是天鹅座X-1中与X射线源为伴的可见星HDE226868，而且在这个方位上还有一个射电源。射电源强度在一段时间内逐渐上升，与此同时，X射线源的强度下降为原来的1/4，这样的同时性并非巧合。1972年上天的哥白尼卫星在天鹅座X-1的X射线强度中发现了5.6天为周期的变化，这正是X射线源受到周期性的遮掩造成的。从光谱的比较分析还可看出，有迹象表明气体正从可见星流到它的伴星上去，如图5-7所示。

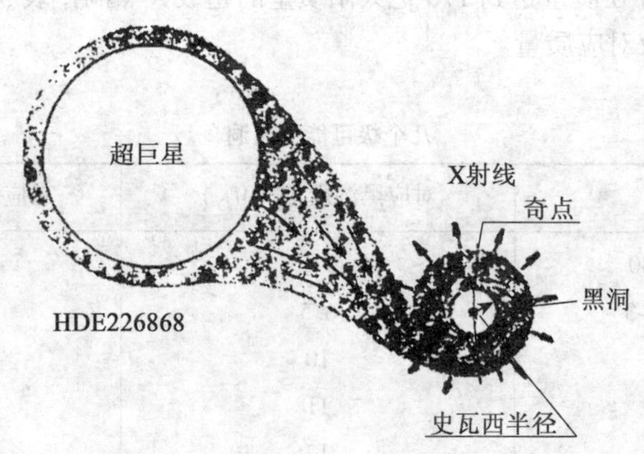

图5-7　天鹅座X-1

除天鹅座X-1外，20世纪70年代以后还找到了很多据称是黑洞的X射线源，如LMCX-1、LMCX-3、AO620-00等。

5.3.5　黑洞研究的最新成果

20世纪90年代，科学家发现了多对新的X射线黑洞候选者，其中天鹅座V404是从测定视向速度的变化而推知其旋转轨道的情况，再用力学方法求得两子星的质量而断定其一为黑洞的。

1994年夏天，哈勃太空望远镜观测到M87星系中心存在着有超大质量（30亿个太阳质量）的天体的证据，它很可能是黑洞。

1997年，中国天文学家张双南测出黑洞有自旋的特性。他依据观测到的银河系内两个超光速喷流源GROJ1655-40和GRS1915+105的X射线特性，揭示了在此X射线双星系统中包含的黑洞是快速自转的。

1998年，哈勃太空望远镜发现了一个距地球1 000万光年的巨大黑洞，其质量约$10^9 M_\odot$，位于半人马座A射电源中央。

2000年发现多个黑洞双星候选者，如XTEJ1500-564，位于矩尺座，距太阳1.7万光年，天鹅座X-3射电双星，距太阳3.2万光年。

2002年11月钱德拉塞卡X射线探测卫星在距我们约3 000光年的NGC6240星系中发现两个巨大的黑洞正相互靠拢，预计几亿年后，两者会合并为一个更加巨大的黑洞。

有人估计，在过去100亿年中银河系中平均每100年有一颗超新星爆发，而每100颗超新星中有一颗会导致黑洞形成，如果这个估计是正确的，则银河系里应该有数百万个由恒星坍缩而成的黑洞，而我们根据X射线双星系统来确定的黑洞或黑洞候选者仅仅数十个，问题出在哪里呢？

第4章中我们说过银河系中心有个巨型黑洞，不仅如此，近年来科学家认为宇宙中的大部分星系，中心都隐藏着一个超大质量的黑洞，这些黑洞质量大小不一，大约100万~100亿个太阳质量。特别是，2012年天文学家发现位于英仙座星系群的小型星系NGC1277中心可能存在质量达到170亿太阳质量的超级大黑洞。表5-2给出了目前获广泛认可的几个黑洞及对应质量。

表5-2　**几个极可能的黑洞**

名称	对应黑洞质量（$M_\odot$）	对应伴星质量（$M_\odot$）
MGROJ1655-40	5.5	1.2
大麦哲伦云X-3	6.5	20
J0422432	10	0.3
A0620-00	11	0.5
天鹅座V404	12	0.6
天鹅座X-1	16	30

科学家并不满足于在宇宙中寻找黑洞，也正在尝试在地球上制造“黑洞”。

2005年3月，美国布朗大学物理学教授霍拉蒂·纳斯塔西在地球上制造了第一个“人造黑洞”。尽管这个黑洞体积很小，却具备了真正黑洞的许多特点。人造黑洞的设想由加拿大不列颠哥伦比亚大学的威廉·昂鲁教授在20世纪80年代提出。

2008年9月，随着欧洲大型强子对撞机的正式启用，有科学家认为这个对撞机在工作过程中可以产生瞬间微小的黑洞，并立刻分解掉。

2010年德国马克斯普朗克物理研究所和赫尔姆霍茨柏林中心的研究人员使用柏林同步加速器在实验室成功产生了黑洞周边的等离子体。通过这项研究，之前只能在太空由人造卫星执行的天文物理实验，也可以在地面进行，诸多天文学难题有望得到解决。

2013年，中国东南大学的科学家崔铁军和程强教授首次制造出可以吸收周围光线的人造电磁“黑洞”，这个黑洞可以在微波频率下工作，预计不久后它就能够吸收可见光，一种把太阳能转化为电能的全新方法可能因此产生。

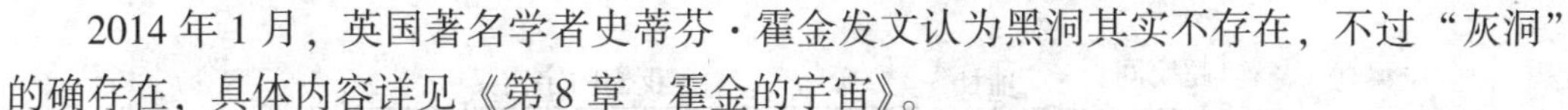

2014 年 1 月，英国著名学者史蒂芬·霍金发文认为黑洞其实不存在，不过“灰洞”的确存在，具体内容详见《第 8 章　霍金的宇宙》。

5.3.6　白洞

前面我们谈了黑洞问题。按照宇宙通常存在的对称性，如物质、反物质，电子、正电子，也许应该有与黑洞相对应的天体存在，也就是恒星坍缩的逆过程，这就是宇宙物质的“火山口”，大量物质和能量从那里涌出来，这样的天体称为白洞（White Hole）。这一名词于 1971 年首先由耶尔明（R. M. Hjellming）提出。我们来看一个简单的类比。我们社会中有两个重要的经济部门，一个是税务局，负责收钱；一个是财政局，负责花钱。可以肯定的是，财政局花的钱是税务局收来的。一个进一个出，财政局不可能无中生有。

那么，进入黑洞的物质，会不会在另外什么地方冒出来呢？我们假设上述质量转移是通过隧道或桥梁进行的，而这种隧道或桥梁严格来说不具有我们所熟悉的宇宙的那种时空概念，人们称这个通道为虫洞（或虫眼），如图 5-8 所示。关于虫洞详见 5.4 节。

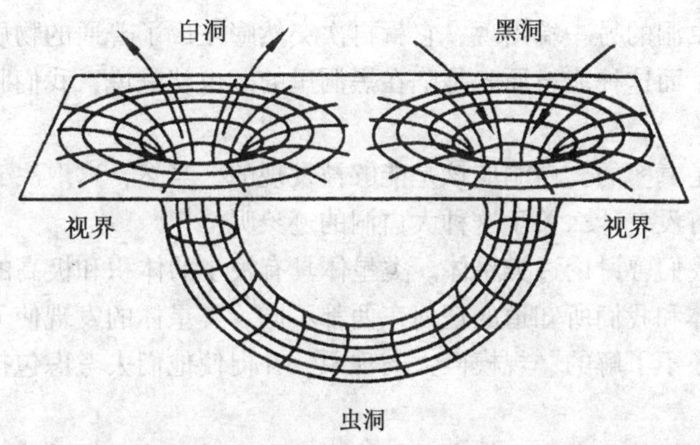

图 5-8　黑洞、白洞和虫洞

上述概念的理解可能有些使人感到不可思议。作为一个正常的人，生活在这个四维世界里，很难使自己的思维更开阔。就像一个平面人很难想象立体人的某些运动途径。比如平面人做不到就地转身 180 度，尽管他可以通过拓扑平面翻过来。对我们来说就地转身易如反掌。如果宇宙并非我们想象的那样是四维的，而是五维或更多维的，通过未知的这一维进行质量交换未尝不可，这一维也许就是虫洞。

如果质量通过虫洞突然在十亿光年以外的太空里再次出现的话，那一定会有某种东西来平衡这种距离上的大转移。也许这种空间上快得不可思议的运动是通过时间上的补偿作用来达到平衡的，也就是说，那个质量出现在十亿年以前。当然，实际的时空转换可能还要复杂得多。

1988 年索恩（K. S. Thorne）等在《物理学评论通讯》上发表的文章中指出，虫洞是宇宙中相距遥远的两个奇点之间的一条神秘通道，这条通道开在现实的三维空间之外

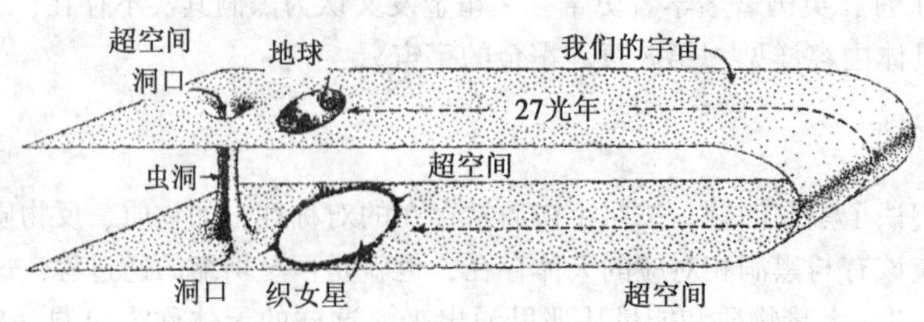

图 5-9 穿越超空间的虫洞

的第四维超空间里。为了用图来描述，采用降一维的方法。图 5-9 画出了只剩二维的现实空间和超空间示意图。地球与织女星的空间距离（表达在二维曲面上）为 27 光年，但这个空间是弯曲的。如果在地球和织女星附近有一对“共轭”奇点（这里的“共轭”笔者把它定义为有联系），分别对应黑洞和白洞，有可能存在一条穿越超空间的捷径——虫洞来连接这对奇点。注意我们在二维曲面中观察织女星并没“感觉”到空间的弯曲。

物质一旦在虫洞的另一端出现，它就再次突然膨胀成了普通的物质。膨胀时，它发出炽烈的辐射能，而这种能量原先是陷在黑洞里的。也就是说，我们眼前出现了一个白洞。

如果这一切是真实的，白洞应该是能够被发现的。当然，这取决于白洞的大小以及离我们的距离。有没有什么关于这种大白洞的迹象呢？

在 4.3 节中我们曾讨论过类星体。类星体具有极小的体积和极高的亮度，这种情况使类星体这种天体和我们所知道的任何东西都不同。类星体的发现使天文学家感到宇宙可能存在着目前还不了解的、规模巨大的现象，并促使他们去考虑包括白洞在内的那些天体。

也许黑洞和类星体之间本身就有一种联系。有些学者认为类星体是虫洞某一端出现的一种巨大的白洞，其物质来自宇宙另一部分的一个巨大的黑洞。

宇宙里可能有许多大大小小的白洞，每个白洞和它的黑洞连接在一起。如果把所有的黑洞、白洞都考虑进去的话，我们会看到连接它们的那些虫洞在宇宙里相当稠密地交织在一起。

能否张开想象的翅膀，设想有个物体能接近黑洞，并设法使它保持完整，让它穿过虫洞从白洞里钻出来……也许高度文明的世界会设计出这种飞船，利用虫洞交通网来完成星际旅行。

虫洞创造的闭合回路真的存在吗？

5.3.7 白洞的性质

事实上，爱因斯坦的相对论就预言了白洞的存在。白洞只允许洞内的物质和辐射向外运动，而不允许任何外来的物质和能量进入它的内部。根据广义相对论，白洞内的时空有着一种奇异的特性，其中所有物体的运动都只能从中心向外，而不能反向进行。那是一个只准许物质膨胀而不能收缩的区域。白洞也有一个视界，与黑洞相反，所有物质和能量都不能进入视界，而只能从视界内部逃逸出来。

白洞的这些特性完全是用广义相对论来描述引力时得出的，它不像黑洞那样有经典的对应体。正如前面所述，这会带来想象困难。白洞和黑洞在广义相对论中是以时间上的反演互为对偶的。

对于外部区域来说，白洞也是一个引力源，它可以被普通恒星所吸引，也可以吸引其他物质，而且在白洞附近，引力场极强，因此它像黑洞一样，会把周围的尘埃、气体和辐射不断吸引到它的边界上来。不过这些物质是不能进入白洞内部的，它们只能在边界外徘徊，形成一个包围白洞的物质层。

白洞内中心附近的物质是一种超高密态物质，可能包含各种基本粒子，甚至引力子，并聚集着异常巨大的能量。开始时，这些物质可以处于某种平衡态，但它们具有向外膨胀的趋势。一旦膨胀发生，物质密度将不断降低。当达到某一阶段时，就可能引起粒子、反粒子的复合以及超子和介子的衰变等过程，并将各种高能粒子、光子、中微子等发射出来。这些粒子连续地注入白洞周围的介质中，又将引起次级发射。同时，由于落向白洞的物质和从白洞内出来的物质都具有极高的速度，它们在白洞边界上的碰撞将是极其猛烈的，将释放异常巨大的能量。

如果从白洞内出来的物质是反物质，它们与外部正物质碰撞时会产生湮灭过程，使产能效率达到100%。因此，如果类星体和活动星系核的中心有大质量白洞存在的话，它们所释放的巨大能量就可以看成是白洞向外喷射物与其边界上吸积物相互作用的结果。若是这样，类星体的能源之谜就解开了。

对于白洞的起源，除了前面所述黑洞、虫洞、白洞的理论外，比较流行的观点是：白洞是在局部宇宙形成时的一次大爆炸中产生的。部分学者认为，我们的局部宇宙本身在以前就是一个超巨型白洞。它爆发时，可能遗留下一些致密的、暂时尚未爆炸的超密态核心，要等待一定的时间以后才开始膨胀和爆发。有些核心的爆发时间已延迟了数十亿年。它们一旦爆炸，就变成我们今天所观测到的类星体和其他高能天体。

另一个关于白洞起源的观点认为白洞是由黑洞直接转变而来，白洞中的超高密度物质和能量是由引力坍缩形成黑洞时获得的。记住白洞仅是一种科学假说，宇宙中是否真的有白洞存在？白洞是如何形成的？宇宙在它诞生之前是否就是一个巨型白洞？一切都是未解之谜。

5.4 虫洞和时空隧道

虫洞和时空隧道是当今世界最让人着迷的两个科学假说，它们既能说明一些物理现象，也会带来更多的理论困难，同时又带来了更多的科学幻想。

5.4.1 虫洞

虫洞（Wormhole），又称爱因斯坦-罗森桥，是宇宙中可能存在的连接两个不同时空的狭窄隧道，参见图5-8和图5-9。虫洞的概念是1930年爱因斯坦和美籍以色列裔物理学家纳森·罗森在研究引力场方程时引入的，他们认为通过虫洞可以做瞬间的空间转移和时间旅行。

现代人赋予虫洞更多的功能。虫洞就是连接宇宙遥远区域间的时空细管。负能量维持虫洞的存在，暗物质维持着虫洞出口的敞开，虫洞可以把平行宇宙和婴儿宇宙（见第6章）连接起来，并提供时间旅行的可能性。虫洞也可能是连接黑洞和白洞的多维的时空隧道。所以上面所说的虫洞仅是虫洞可能的一种行为。虫洞也可以是人类无法觉察的时空中的第五维。

最新的研究表明，虫洞可能存在于遥远的恒星之间，它们并非是时空隧道，虫洞中包含着接近完美程度的流体，这种流体可以在两颗恒星之间来回流动。

天文学家认为虫洞也许就是一种天然的时间机器，维持虫洞的开放可以使我们回到过去或者进入未来。

霍金认为虫洞就在我们四周，只是小到肉眼无法看见，它们存在于时间和空间的裂缝中。三维的空间一维的时间都有细微的裂缝。比原子的空间更小的空间被命名为"量子泡沫"，虫洞就存在于其中。如果某一天人类能够抓住一个虫洞并将它尽可能放大，人类就可从这个虫洞实现穿越。

5.4.2 时空隧道

时空隧道是指从一个时间一个地点到另一个时间另一个地点的通道，也就是能实现穿梭过去回到未来的神秘路径。它被认为是一种超自然现象。很多学者认为在时空世界存在着许多一般人用眼睛看不到的，然而却是客观存在的时空隧道，历史上神秘失踪的人、船、飞机等，实际上是进入了这个神秘的时空隧道。（1992年11月10日早上6点半，中科院紫金山天文台陈彪院士从南京市北京东路家中出发去南京大学天文系参加学术会议，从此失踪，至今下落不明。在紫金山天文台的网站可以看到对陈彪院士的介绍——陈彪：他大步走向太阳。）

美国科学家约翰·布凯里给"时空隧道"提出过以下几点理论假说：① 时空隧道是客观存在的，是物质性的，它看不见，摸不着，对人类而言它以关闭为主，偶尔开放。② 时空隧道和人类世界不是一个时间体系，时空隧道中的时间具有方向性和可逆性，它可以正转，可以倒转，还可以相对静止。③ 对于地球上物质世界，进入时空隧道，意味着神秘失踪；而从中出来，又意味着神秘再现。

时空隧道理论的最大用处是给地球上的大量离奇事件找到了可能的答案，比如百慕大三角失踪者8年后再现等。

如果时空隧道现象真的应用到现实生活中，可能对生活造成巨大的影响。一个人或物从一个地方消失，瞬间又出现在很远的地方，真有这样的"隧道"吗？1997年中国科技大学教授潘建伟等首次完成了人类对单光子量子态隐形传输。所谓"量子态隐形传输"，用通俗的话来说，就是将粒子从一个地方瞬间转移到另一个距离遥远的地方，如同穿越时空隧道一般。潘教授的这一成就引起了国际同行的广泛关注，随后的研究使他成为量子物理方面的杰出学者。2011年，42岁的潘建伟成为中科院最年轻的院士。

思 考 题

1. 哪些天体被称为致密天体，它们有何特征？

2. 白矮星和黑矮星有什么联系？

3. 中子星和脉冲星是同一种天体吗？

4. 试述什么是引力坍缩。

5. 黑洞的性质有哪些？

6. 为什么说天鹅座 X-1 中可能存在黑洞？

7. 假设太阳坍缩为一个半径为 20 千米的天体，它的平均密度是多少？属于哪种致密天体？

8. 质量为 1 百万个 $M_{\odot}$ 和 10 亿个 $M_{\odot}$ 的黑洞的史瓦西半径分别是多少？

9. 计算一个 $2M_{\odot}$ 半径为 10 千米的中子星的逃逸速度。

10. 试述白洞的基本特征。

11. 关于连接黑洞和白洞的桥梁——虫洞，你有什么看法？

12. 如果多年以后，发生在 2014 年 3 月 8 日的马航 MH370 航班飞机失踪事件仍无结果，是否可用时空隧道来解释呢？

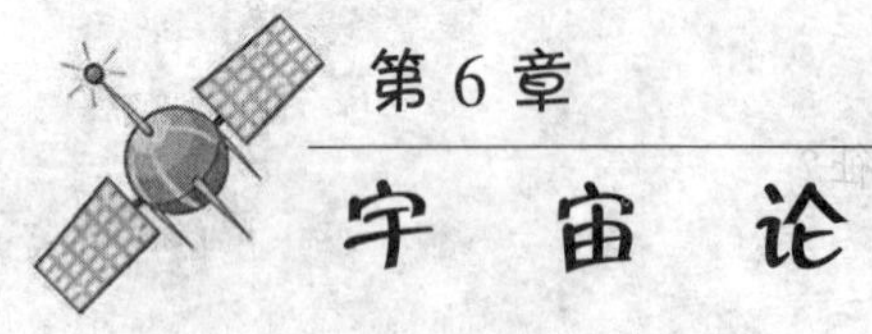

第 6 章 宇 宙 论

宇宙论是研究宇宙大尺度结构和演化的学科。宇宙中除了空间、时间、物质以外，再没有任何其他的东西了，所以宇宙论也就是研究空间、时间、物质关系的一门科学。

随着观测手段和理论研究的不断发展，人类对宇宙的认识越来越深入。而宇宙中存在的种种离奇事件，或多或少披着神秘的面纱，天文学家该如何根据一大堆观测资料和理论方法去描述宇宙的现状，去推知浩瀚宇宙的行为，预测其未来呢？

由于人类无法在宇宙之外对它进行观测，因而难以给出全面、客观的描述。身处宇宙之中的人类只能通过科学的假设来逐步认识宇宙。没有假设，科学就无法前进。忘记了这是假设，把未经检验的假设当做永恒不变的真理，也会使科学陷入泥潭，成为伪科学。历史在这正反两个方面都给了我们深刻的教训。宇宙不仅比我们知道的更丰富，甚至比我们能够想象的还要丰富多彩。

6.1 两种不同的时空观

在 1.2 节中我们已对现代天文学的起源及发展作了简单的描述。早期人类对宇宙的认识有一个共同的特点，那就是绝对的“天”，绝对的“地”，绝对的“上”，绝对的“下”。这种对空间的认识至今还在影响着人类的思维。

宇宙二字的中文含义就是空间和时间，因为早期的文明并不知道物质的存在会影响时间、空间的性质。所谓时空观就是人类对时间、空间的看法。本节仅对时空观发展史上影响最大的两位科学巨人——牛顿（I. Newton）和爱因斯坦（A. Einstein）的相关理论作些简单介绍。

6.1.1 牛顿时空观

牛顿在开普勒行星运动三定律的基础上，借助于微积分，证明了万有引力定律：任意两个质点都在相互吸引，引力的大小和两个质点的质量乘积成正比，与它们之间的距离平方成反比，用公式可表示为

$$F=-G\frac{m_1m_2}{r^2}, \tag{6-1}$$

其中 m_1，m_2 为两质点的质量，r 为两质点间的距离，G 为万有引力常数，它等于 6.67×10^{-11} 牛顿 · 米^2/千克^2，负号表示力的方向。

严格来说，牛顿的万有引力定律仅适用于质点，但当天体的半径远小于两天体之间的距离时，万有引力定律可用于天体运动的研究。

牛顿的万有引力定律使人们成功地研究了所能观测到的太阳系中的各个天体的运动状态，并且还帮助人们成功地预见尚未观测到的太阳系中的天体的存在，人们还能利用万有引力继续研究太阳系外和银河系外的天体的运动。从数学上讲，牛顿的万有引力以及牛顿力学都是以欧几里得空间作为框架的。在牛顿力学里，时间和空间是相互独立的，时间是均匀流逝永不停息的，空间是平直刚性、无头无尾、无边无际的，这称为牛顿时空观。这种时空观和人们的经验是符合的，所以很自然也很容易理解。

牛顿的力学方程中没有宇宙中心的位置，任何时空点都是平等的，即相对于任何时空点来计算，物理规律都是一样的。这就是牛顿时空观中的相对性。也正因为有了这种相对性，认识宇宙才有可能。

宇宙的范围应该随着人类观测能力的增强而扩大。当人们研究太阳系的运动、起源和演化的时候，太阳系就是人们心目中的宇宙。如果用研究太阳系时积累的知识去描述和想象更大范围的宇宙，则是没有科学根据的。牛顿所发现的万有引力曾经被人们认为是能描述宇宙万物运动的自然规律，这就大错特错了。事实上，万有引力定律仅仅适用于空间范围不太大也不太小、运动速度不太快（与光速相比）、物质密度也不太大的情况，也即所谓宏观范围。

牛顿对时间的认识是“绝对的、纯粹的、数学的时间，就其本身和本性来说，均匀地流逝而与任何外在的情况无关”。

牛顿对空间的认识是“绝对空间，就其本性来说，与任何外在的情况无关，始终保持着相似和不变”。牛顿的空间是一个与物质无关的、存放物质的容器。

在牛顿之前的宇宙模型都是有限、有边的。如果用牛顿时空观去解释宇宙，就会得出宇宙是无限无边的概念，且宇宙中天体的数目也是无限的，无论我们走到哪里，周围总是布满了天体。宇宙无限无边的说法可靠吗？

很早就有人怀疑宇宙是无限的这个说法，最著名的莫过于 1826 年德国天文学家奥伯斯（H. W. M. Olbers）提出的一个论证，称之为奥伯斯佯谬。

奥伯斯佯谬包括以下几个论点：

(1) 空间是无限的，在这无限的空间中，充满了无限多的恒星。

(2) 每颗星虽然有生有灭，但从总体看，可以认为宇宙的恒星数密度 ρ 保持为常数。

(3) 从统计观点出发，可以假定恒星的发光强度 L 基本不变，光的传播规律（照度 $E \sim \frac{1}{r^2}$）在宇宙中处处相同。

(4) 时间是无限的，从总体来说恒星可无限期地存在。

(5) 在距离地面 r 到 $r+\Delta r$ 的球壳中，恒星的数目为 ΔN，

$$\Delta N = 4\pi r^2 \rho \Delta r,$$

地面接收到的照度 $\frac{\Delta N}{r^2}L = 4\pi\rho L\Delta r$。

所以无论何时地面接收到的累积照度都会无限亮，因为

$$E \sim \int_0^{\infty} 4\pi\rho L \mathrm{d}r = 4\pi\rho L \int_0^{\infty} \mathrm{d}r \rightarrow \infty,$$

或者说白天和黑夜应该一样亮，地球不应该有白天黑夜之分。但地球上存在白天黑夜是不可动摇的事实，如何来弥合佯谬和事实的矛盾呢？

按照牛顿时空模型得到的结论却如此荒唐，这表明牛顿宇宙模型中总有某些东西并非客观事实。

作为伟大的数学家（他和莱布尼兹几乎同时发明的微积分，至今仍是数学物理中最重要的基石）、力学家、天文学家、哲学家，牛顿对人类的贡献是无与伦比的。但在当时的历史条件下，要更深刻地揭露时间、空间的本质，揭示宇宙的物理本质，无论实践还是理论的准备都是不够的。何况牛顿本人在哲学上还受着有神论的影响，他找不到物质变化的根本原因，主张有上帝第一推动力的存在，主张一切变化都是机械地不断重复进行的。牛顿的时空观中仍然保留了亚里士多德式的绝对观念，他把时间、空间和运动的物体三者独立开来。

由哲学家康德带头提出的太阳系起源的星云说对牛顿的理论体系提出了批评，然而牛顿的成就太大，威望太高，这种威望阻碍人们去进一步检验与思考在一个成功的理论所带来的新东西中，究竟哪些是已被检验了的真理，哪些只是假说。

随着越来越多的科学家对牛顿的绝对时空观表示怀疑，人们终于摆脱了时空的绝对性，时空的相对性展现在人们面前。

6.1.2　相对论时空观

19世纪末、20世纪初是物理学的变革时期。人们的实践冲破了牛顿的宏观范围，一方面原子物理学、量子力学、热辐射现象使人们进入了微观世界；另一方面，天文学的观测使人们开始接触到许多地面上所无法见到的高温、高压、高密现象，观测范围开始进入到宇观世界。

在此基础上，爱因斯坦作出了革命性的两个假设：相对性原理和光速不变原理。

相对性原理：物理体系的状态据以变化的规律，同描述这些状态变化时所参照的坐标系究竟用两个互相做匀速直线运动的坐标系中的哪一个并无关系。

光速不变原理：任何光线在“静止”的坐标系中都是以确定的速度 c 运动着，不管这束光线是由静止的还是由运动的物体发射出来的。

第一个原理可以这样来理解：假定武广高铁铁路线笔直、平坦，一条线上列车以36千米/小时匀速运行，另一条线上列车以360千米/小时匀速运行，两列车上有两组同学在做相同的物理实验，则实验结果完全相同，无法根据实验结果来判断是在快还是慢的列车上做的实验。第二个原理则已有实验来证明。著名的实验物理学家麦克尔逊（A. A. Michelson）1881年设计了精巧的麦克尔逊干涉仪用来测量光速随光源运动而发生的变化，终以失败而告终。由此确定了光速不变原理的正确性。

从这两条原理出发，爱因斯坦于1905年建立起了他的狭义相对论（Special Relativity）。狭义相对论主要论述电磁波及其在空间和时间中的传播。空间和时间在狭义相对论里被

想象成一个统一的四维连续体，即四维时空，时间和空间不仅和运动有关系，而且相互之间不再是独立的。

在狭义相对论里，同时性具有相对的性质。在某个参考系中测量为同时发生的事件，在另一个相对于前一个做运动的参考系看来就不是同时的了。对不同参考系来说，物体的尺度也不再是一个常量。如果以 l_0 表示物体相对于仪器静止时测得的长度，以 l 表示物体相对于仪器运动时测得的长度，则 l 将小于 l_0，其关系由（6-2）式决定：

$$l = l_0\sqrt{1-\frac{V^2}{c^2}}, \tag{6-2}$$

其中 V 为物体相对测量仪器运动的速度，c 为光速。类似地，可推出两个事件之间的时间间隔也是相对的：

$$\Delta t = \frac{\Delta t_0}{\sqrt{1-\frac{V^2}{c^2}}}, \tag{6-3}$$

Δt_0 为在静止参考系中用静止的钟测得的时间间隔，Δt 为在运动参考系中用运动的钟测得的时间间隔。这就是我们常说的运动物体发生收缩（$l < l_0$），运动的时钟要变慢（$\Delta t > \Delta t_0$）的原因。

从狭义相对论出发，爱因斯坦还推出物体的质量与它的速度之间的关系：

$$m = \frac{m_0}{\sqrt{1-\frac{V^2}{c^2}}}, \tag{6-4}$$

其中 m 为物体运动时的质量，m_0 为物体静止时的质量。

在此基础上，爱因斯坦引出了著名的质能公式：

$$E = mc^2, \tag{6-5}$$

其中 E 为物体的能量。

狭义相对论对时间、空间、物质及运动作了深刻的描述，从根本上改变了牛顿以来物理学的根基，成为现代物理的基石。

狭义相对论的建立导致必须考虑引力场的问题。任何物体间的相互作用的传播速度都不可能大于光速，引力也不是超距作用，寻找引力场方程显得更加重要。此外，狭义相对论只适合惯性系（即不考虑加速度），没有讨论惯性和惯性力的起源问题。

这一切随着 1915 年爱因斯坦广义相对论（General Relativity）的诞生而迎刃而解。广义相对论是研究各种物理现象，特别是万有引力的理论，它在数学上极端复杂，以至于论文发表后好多年能完全读懂它的学者寥寥无几。

广义相对论的理论基础是万有引力和某种加速非惯性系作用的等价性。

爱因斯坦根据引力质量与惯性质量相等这一日常现象，把握住了揭示惯性与引力本质的钥匙。在均匀引力场里，一切物体的运动都和一个相对均匀加速的坐标系中不存在引力场而在惯性力作用下的运动一样，所以引力的作用在于改变时空的几何性质，使时空发生弯曲。真实的时空是与物质密不可分的，描述它的几何是黎曼几何。在黎曼几何空间中，三角形三内角之和不再是 180°，两点之间也非直线最短。这一概念对我们来说并不陌生，因为地球近似球形，地面上远距离的两点之间就找不到直线。只能设想以地心为圆心，作连接这两点的大圆弧，把它作为最短的距离，这在大地测量中称为测地线。真实时空中两点间最短距离与之相似，绝对时空再也不存在了。引力场和时空之间的数学关系由爱因斯坦引力场方程来描述。

广义相对论揭示了一个与以往根本不同的时空观，它彻底否定了牛顿的与物质运动无关的绝对时空。牛顿引力理论仅仅是广义相对论在低速和弱引力场条件下的一个特例。

1919 年，爱丁顿（A. Eddington）证实了爱因斯坦广义相对论所预言的测地（宇）线在引力场中弯曲的事实。他的基本思想是，如果光线可以在太阳引力作用下弯曲，则在直线传播时被挡住了的恒星光线，通过弯曲，可以传到地面上，在日全食天空变黑的情况下，应该被观测到。

图 6-1 给出了爱丁顿实验示意图，E 为观测者。广义相对论预言，引力弯曲的最大角度为 1.75″，爱丁顿的测量值为 1.98″±0.16。以后每次日全食几乎都有科学家进行类似的测量，且实验平均值均在 1.75″附近。

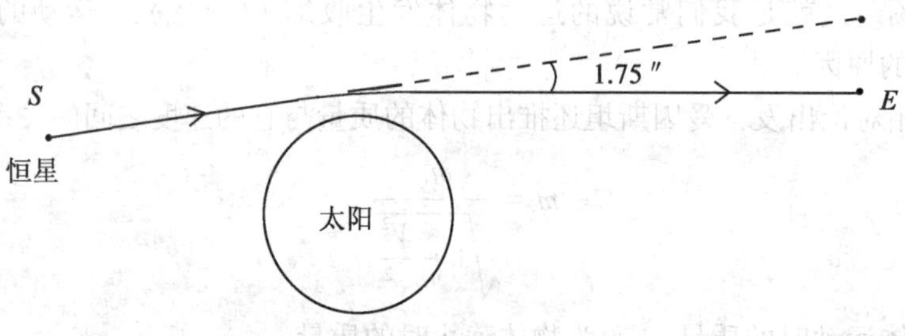

图 6-1　爱丁顿实验示意图

除此之外，广义相对论所预言的水星近日点的进动、光谱线的引力红移、雷达回波在太阳引力场中的时间延迟等，全部与观测的结果基本符合。在广义相对论中时空是弯曲的，而曲率的大小由此处引力场的强弱来决定。也就是说，广义相对论的时空不是刚性和均匀的，其几何性质逐点不同，而且受局部物理性质的影响。

在广义相对论建立的第二年，爱因斯坦建立了第一个以广义相对论时空观为基础的宇宙模型，这是一个有限无边的模型。

首先必须弄清什么是“无边无际”这个概念。在广义相对论中，直线是指光迹或短程线，实际上是光传播的路线。从物理学观点来看，在任一方向具有无限延长的短程线空间叫“无边无际”空间。

其次我们来区别无限和有限之间的差异。事实上无限和有限分别是空间开放和闭合的同义词：开放的空间称为无限的，闭合的空间称为有限的。按照这一判据，二维平面是无边际的和无限的，而曲率 $K>0$ 的二维球面也是无边际的，但却是有限的。爱因斯坦的宇宙模型正是一个有限无边的闭合三维超球面。如果 R 是宇宙半径，可以算得宇宙的体积是 $2\pi^2R^3$，而不是大家熟悉的$\frac{4}{3}\pi R^3$。在这个宇宙模型里，物质也是有限的。

既然宇宙是有限的，奥伯斯佯谬也就解决了。但是爱因斯坦认为宇宙是静态的，为了平衡引力的作用，宇宙间普遍存在一种斥力，爱因斯坦引进宇宙因子 λ 来描述这种斥力。发现了红移后，爱因斯坦一再宣布放弃宇宙因子，并说引进宇宙因子是他“一生中最大的错误”。

1922 年，前苏联数学家弗里德曼研究了爱因斯坦所作的计算。弗里德曼认为，爱因斯坦的静态宇宙仅仅是场方程的一个解，场方程应该还有一个膨胀宇宙解。他在《论空间的曲率》一文中，求出了不含有宇宙项的引力方程的通解，得到了一个膨胀的有限无边宇宙模型。弗里德曼是一位数学家，他感兴趣的是广义相对论场方程的数学解，但却第一次预见了宇宙是膨胀的。很可惜，他没有看到红移是如何证实了他的科学预见的。1925 年，年仅 37 岁的弗里德曼不幸去世。

比利时主教勒梅特（G. Lemaitre）于 1927 年独立发现了一族描述膨胀宇宙的爱因斯坦引力场方程最简单解。1929 年哈勃发现星系退行的简单规律时并不知道弗里德曼和勒梅特的膨胀宇宙模型。这些科学家各自独立的工作为人们描述了宇宙的图像，并且推动了宇宙大爆炸学说的诞生。

一个伟大的理论并不是一篇文章就能解决的。喜欢看物理学史的读者可能会发现各种不同版本的书刊对爱因斯坦创立广义相对论的年份表述有所不同，有 1915 年、1916 年、1917 年三个不同说法。事实上爱因斯坦用了多年的时间和心血才总结完善成现行的“广义相对论”。他的主要工作分以下几步：

(1) 1912 年，爱因斯坦在数学教授格罗斯曼的帮助下，在黎曼几何和张量分析中找到了建立广义相对论的数学工具。

(2) 1913 年，爱因斯坦和格罗斯曼共同发表了论文《广义相对论纲要和引力理论》，提出了引力度规场理论。首次把引力和度规结合起来，使黎曼几何获得实实在在的物理意义。

(3) 1915 年底，爱因斯坦发表了《广义相对论》。论文描述了满足守恒定律的普遍协变引力场方程，并根据这一方程计算出了光线经过太阳表面会发生 1.7″的偏转，水星近日点每 100 年的进动是 43′。

(4) 1916 年，爱因斯坦发表了总结性论文《广义相对论基础》。1916 年 6 月，他提出了引力波理论。为了让更多的人能读懂和了解相对论，1916 年底，他写了一篇科普文章——《狭义与广义相对论浅说》。

(5) 1917 年，爱因斯坦用广义相对论来研究宇宙的时空结构，发表了历史性的论文《根据广义相对论对宇宙所作的考察》，提出了有限无边的宇宙模型，即现实的三维空间无论向哪个方向运动都永远走不到尽头，不可能遇到边界；宇宙中所有各处都具有同等地位，处处是中心，又处处都不是中心——宇宙没有中心可言。

举一个例子来说明牛顿和爱因斯坦对同一个问题的不同回答。

为什么地球要绕着太阳旋转？

牛顿：因为太阳和地球间的万有引力作用迫使地球绕着太阳旋转。

爱因斯坦：因为太阳巨大的质量使太阳周围的时空发生弯曲，任何进入这个弯曲时空的物体（如地球）都将被弯曲时空推着运动。爱因斯坦并没有放弃万有引力，而是认为万有引力使时空弯曲。

6.2 3K 宇宙微波背景辐射

我们现在已经大概知道了恒星的演化过程，类星体作为星系诞生的一个标志而使我们对星系的演化略知一二。那么，宇宙是如何起源的？起源又是什么时代开始的呢？那个时代有没有什么遗迹留下来呢？1965 年，美国射电天文学家彭齐亚斯（A. Penzias）和威尔逊（W. Wilson）发现了这种遗迹：3K 宇宙微波背景辐射。这项成就获得了 1978 年度的诺贝尔物理学奖。瑞典科学院在颁奖的决定中指出：彭齐亚斯和威尔逊的发现是一项带有根本意义的发现，它使我们能够获得很久以前，在宇宙的创生时期发生的宇宙过程的信息。

6.2.1 消除不掉的噪声

第 1 章说到，詹斯基在美国贝尔实验室发现了来自宇宙的无线电波，微波背景辐射也是在贝尔实验室发现的。

图 6-2 彭齐亚斯和威尔逊用的喇叭形天线

1964 年，贝尔实验室有一架卫星通信用的喇叭形天线开始工作。由于天线是喇叭形的，如图 6-2 所示，因此有很强的方向性。当它朝向天空时，地面和旁边的无线电干扰对它影响很小。因此，这样的天线非常有利于用来测量天空中各种原因造成的噪声。这里的噪声是指通信、广播中影响正常信号传送的各种无规则的信号。一般来说，温度越高，对应的噪声越大。即使不是热运动造成的噪声，也可以给它一个对应的有效噪声温度，以此来表示各种原因的噪声水平。

通信工作者为了提高通信的质量，长期致力于消除各种噪声的工作，或者至少要查明各种噪声的原因。仪器的噪声越低，则其测量的灵敏度就越高。

彭齐亚斯和威尔逊的工作就是利用这架方向性很好的喇叭形天线来查明天空中各种原因的噪声，也就是测量天空的有效噪声温度。当喇叭口指向天空，若地面温度为 27℃，即绝对温度等于 300K（27+273=300）时，计算表明地面噪声在天线中会造成 0.3K 的噪声水平。在他俩对整个测量装置和线路做了最大限度的降噪处理后，包括用液氦（4K）冷却终端，测得天顶有效噪声温度为 6.7K。扣除大气吸收、天线电阻损耗以及地面噪声的贡献后，得到 3.5K 的剩余。这个结论远大于理论预言的 0.3K。彭齐亚斯和威尔逊检查了整个系统，最终仍不能消除这个剩余的温度。彭齐亚斯甚至清扫了整

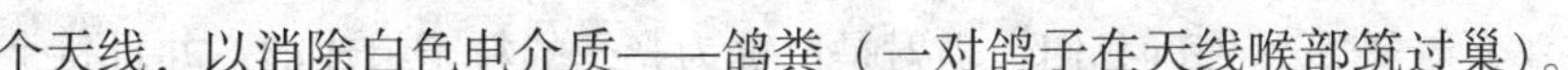

个天线，以消除白色电介质——鸽粪（一对鸽子在天线喉部筑过巢）。

在此后将近一年的测量中，他们发现这个消除不掉的噪声是各向同性的、无偏振的，而且没有季节变化。这是什么原因造成的呢？他们无法回答，只知道这样的辐射不可能来自任何特定的辐射源，因为它没有方向性。

此时，普林斯顿大学的天体物理学家迪克（H. Dike）等正准备制造一架射电望远镜来搜寻“原始火球”辐射。原始火球是他们根据哈勃定律预言的。哈勃定律告诉我们，宇宙中的星系都在互相远离，如果把这种相互远离的运动在时间上向前追溯，就会得出它们过去曾挤在一起的结论。那是一种高温、高密度状态。在该状态中，当然是不会有星系和恒星存在的，有的只是粒子和辐射。普林斯顿大学的科学家们称它为“原始火球”。这火球以一次大爆炸（Big Bang）开始膨胀，物质在膨胀中逐渐冷却而凝聚为星系和星星，此即为哈勃所看到的正在相互远离的星系。但“原始火球”还有一种遗迹，就是其中的辐射也会在膨胀中逐渐冷却，而且波长变长，到今天已经变成了微波(波长从 0.01~1 米的无线电波称为微波)，且为强弩之末，温度也只有几开了。

迪克等人在作出这种预言时，并不知道彭齐亚斯和威尔逊的工作，所以，他们决定自己制造一架特殊望远镜来寻找微波信号。这架望远镜还没有开始工作，一个偶然的机会，普林斯顿大学的研究组和彭齐亚斯与威尔逊结识了，并进行了互访。结论非常明确：彭齐亚斯和威尔逊所发现的这种消除不掉的噪声正是迪克等人所预言以及准备寻找的东西——3K 宇宙微波背景辐射。

6.2.2 宇宙起源的大爆炸理论

自从弗里德曼和勒梅特独立地从理论上说明宇宙可能在膨胀，斯里弗发现红移，哈勃发现退行和距离的关系以后，人们普遍接受宇宙在不断地膨胀这样一个事实。很自然，人们必须解决这样两个问题：宇宙的过去和宇宙的未来，所谓宇宙的过去就是宇宙从什么样的状态开始膨胀的。

勒梅特得出膨胀宇宙模型以后曾经预言过宇宙是从原始原子开始膨胀的，这是宇宙大爆炸理论的鼻祖。

关于原始火球的设想也不是迪克他们最先提出来的。早在 1946 年，美国著名天体物理学家伽莫夫（G. Gamov）就在《物理学评论》发表了一篇文章。他将核物理和基本粒子的知识同宇宙的膨胀相结合，在文章中提出宇宙是从“原始火球”（温度约 10^8K）膨胀和演化而来的观点，并指出大爆炸以后宇宙具备黑体辐射的特征，随着宇宙的膨胀黑体辐射的温度在不断降低，当前的黑体辐射温度相当于 5K。

尽管伽莫夫的大爆炸理论可以用来说明某些元素的形成，但用大爆炸理论解释所有元素的生成却遇到了相当大的困难。后来，该理论被恒星和超新星合成元素的理论所取代，到 20 世纪 60 年代，伽莫夫的大爆炸理论几乎已经被人遗忘了。

迪克并没有忘记伽莫夫关于“原始火球”的预言，根据这个预言，大爆炸还有辐射遗留到今天。迪克正是沿着伽莫夫的思路去寻找“原始火球”辐射遗迹的，并获得了极大的成功。

到目前为止，我们对辐射的描述一直沿用着电磁波的概念，如果用量子的概念去认识它，将会更加有益。量子概念告诉我们，辐射是由称为光子的粒子组成的，并且每个单独光子的能量 E 总是一个确定量的倍数：

$$E = h\upsilon, \tag{6-6}$$

其中 h 为普朗克常数，υ 为光子的频率。光子的静止质量和电荷都为零，但却是实实在在的东西，每一个光子都携带着确定的能量和动量，甚至围绕着它们运动的方向还有确定的自旋。

一个单独的光子穿越宇宙时会发生什么变化呢？就现在的宇宙而言是不会有很大变化的。100 亿光年以外的物体所发出的光线看来是完全正常地到达我们这里的。这就说明，无论星系际空间中的物质是什么，它都必须足够透明，以致光线经历相当于宇宙年龄的一个可观的时间以后仍然没有被散射或者被吸收。

在宇宙膨胀的初始阶段，宇宙的内容物是如此炽热和紧密，以致它们根本不能团聚成星系或恒星，这时即使是原子也被破裂为组成它的原子核和电子。

在这样不利的条件下，一个光子不可能像在现在的宇宙中那样通行无阻。光子在它的旅程中会碰到大量电子。电子能散射它或者吸收它。一个光子被电子散射，通常要失去或获得一点儿能量。光子在能量发生显著改变之前能飞行的“平均自由时间”是非常短的。尽管宇宙在起初是非常迅速地膨胀的，但对一个光子、电子或者原子核而言，膨胀一点点所需的时间就很长，已经足够使它们被散射、吸收、重新发射很多次了。

任何这类系统，只要每个个别粒子有足够时间碰撞许多次，都可以期望达到平衡状态。这里的“平衡”并不意味着所有的粒子都被冻结了，而是所谓的统计的平衡。这类统计上的平衡通常被称为“热平衡”，因为这种类型的每个平衡状态都有一个确定温度作为它的特征。

有了上述热平衡概念，就可再回过头来看大爆炸是怎么产生这种背景辐射的。

原来，在开始的时候，宇宙的温度和密度都极高，整个范围达到热平衡。随着膨胀，宇宙中的辐射温度和物质密度都相应地降低。当温度降到 100 亿开左右时，中子会衰变，或与质子结合成氘核和氦核。当温度进一步降低到几百万开时，核反应的过程也告结束，这时物质是以电子、质子、氘核、氦核构成的等离子体。它们对辐射是不透明的，因为那时它们还十分稠密，光子难以穿透它们。大约在大爆炸后 50 万年，宇宙的温度和密度降低到了使等离子体凝聚为通常气体的状态。此后，物质和辐射便几乎不再相互作用了，光子可以在空间中自由穿行。宇宙在这个时候好像是从一片混沌中豁然开朗，辐射冲破了“乌云”，照遍了寰宇。这种辐射当初是可见光和红外线，波长为 $10^{-7}\sim10^{-5}$ 米。由于红移，今天已经到了微波波段。也就是说在那个时候，宇宙一切物体都沐浴在一片光辉之中，所以人们称之为宇宙背景辐射，从此宇宙变成透明的了。

在大爆炸的初始阶段，是宇宙辐射为主的时代，光子以辐射的形式存在。随着时间的推移，总有一个时刻，核子、电子等的能量密度与光子能量密度相等。此后宇宙能量密度将以核子、电子等的能量密度为主，因为正是核子与电子这些粒子构成了我们看得见摸得着的物质，我们把这个时期叫做物质为主的时代。

当辐射为主时，辐射与实粒子频繁碰撞，实粒子若出现分布不均匀也会因光子散射而均匀化。当物质为主时，只要不均匀足够大，大到物质团的引力可以克服压力，不均匀性就会增长。

这种不均匀扰动区的最小半径，称为金斯尺度 R_J。一旦实际物质密度不均匀受到扰动的区域半径大于 R_J，那么，这一区域就会在引力的作用下坍缩，密度会越来越大。

是什么原因造成了密度的起伏呢？有人认为可能是宇宙很早期时的量子起伏带来的，有人认为是一般的噪声起伏形成的，至今尚无明确的答案。但有一点是肯定的，从均匀到不均匀必定有某种密度小扰动存在。有人认为，微波背景辐射上小尺度的微量不均匀性，就是在光子、物质脱离平衡态时的不均匀性的反应。此后，光子成为自由光子，这种不均匀性未能得到发展，而物质则在引力作用下使不均匀得以增长。

有了上述不均匀性，星系就可以形成了，接下来就是星系、恒星的演化和发展了。大爆炸理论完成了对宇宙起源和演化的构思。

按照大爆炸理论，甚至可以估计星系大致形成的时间。

最初扰动区的物质一方面由于随宇宙膨胀而膨胀，另一方面又由于引力而坍缩。这里要用到临界质量密度的概念。所谓临界质量密度 ρ_c，是指宇宙曲率 $K=0$ 时质量的密度。

$$\left.\begin{aligned}&\rho<\rho_c, \quad K=-1, \quad \text{宇宙是开放的；}\\&\rho=\rho_c, \quad K=0, \quad \text{宇宙是平坦的；}\\&\rho>\rho_c, \quad K=+1, \quad \text{宇宙是封闭的。}\end{aligned}\right\} \tag{6-7}$$

(6-7) 式中的曲率 K 作了归一化处理，K 究竟取何值，取决于物质的多少。ρ_c 的理论值约为 5×10^{-30}克/厘米^3。

如果扰动区的平均质量密度大于扰动区的临界质量密度，则该区在随宇宙而膨胀时，膨胀速度会越来越脱离宇宙膨胀速度，最后完全摆脱宇宙膨胀的影响，成为一团独立的团块，膨胀速度变为零时，半径最大，以后，在引力下坍缩。故今日星系的平均密度应大于星系气体团在达到最大体积时的平均密度。利用银河系的平均密度 3×10^{-24}克/厘米^3 作为典型值，可算出星系约在大爆炸后 2 亿年开始形成。

图 6-3 给出了大爆炸宇宙模型从开始到现在的演化过程。图中 T 为辐射温度。大约在 150 亿年前宇宙发生一次大爆炸，在 1 秒钟后原始火球处在“轻子时代”。由于大量电子和正电子的存在，物质和辐射之间迅速建立起热平衡。在电子-正电子对完全湮灭之后，如果物质和辐射之间的相互作用可以忽略的话，以后各个阶段上的辐射将都是黑体辐射。初期阶段的原始火球极热。在高温和高密度条件下，质子、中子、电子构成的等离子体因核合成过程转变成氘和氦核，但只有几十分钟的时间，等离子因为膨胀，温度和密度降低而不能维持核反应，所以核合成过程不完全。在这个不完全过程中产生的氢和氦的比值就是现在观测到的氦丰度，为 25%~30%。在这个阶段，等离子体要辐射和吸收电磁波，并受到自由电子的散射和再散射。在大爆炸 $10^4\sim10^5$ 年后物质的密度和温度已降低到很低水平，使得离子发生复合，大部分质子和电子结合形成中性原子。在这个持续几千年的过程中，辐射和物质没有相互作用，所以称为“退耦阶段”。宇宙从不透明变成透明，电磁波不受散射地通过空间。我们现在观测到的微波背景辐射就是这种辐射的遗迹，它所对应的黑体辐射的温度是 2.7K，通常说成 3K。

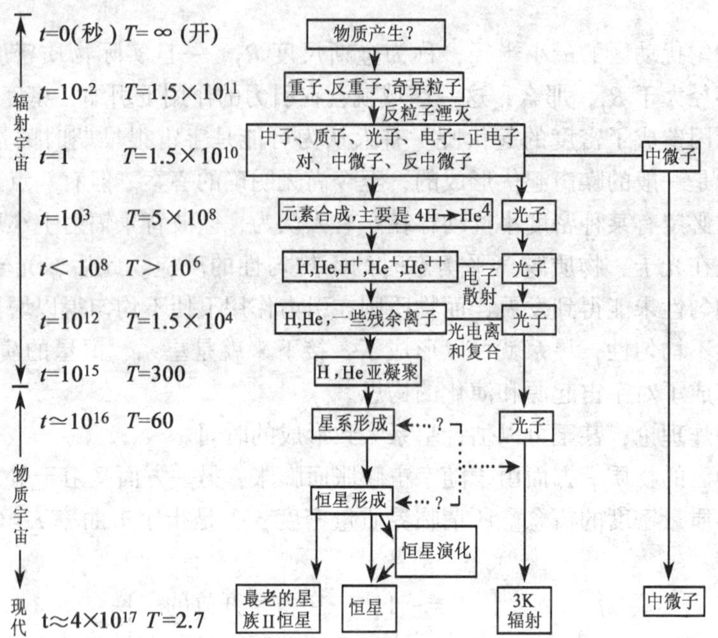

图 6-3　大爆炸宇宙模型的各个阶段

6.2.3　背景辐射的确认

彭齐亚斯和威尔逊所发现的辐射是否确是大爆炸产生的背景辐射呢？为了最后确认这一点，科学家们提出了一个检验方法：宇宙背景辐射来自热平衡的等离子体，它应当具有热平衡物体辐射的特征，也就是说，这种辐射强度随波长的分布应符合黑体辐射的功率谱曲线。

所谓黑体辐射就是指不透明的空腔内部的辐射。这类辐射的特点是能量对波长有着确定的分布，分布公式只与温度有关，它的准确公式由普朗克在 1900 年给出。普朗克公式可以定性地综述如下：在一个充满黑体辐射的盒子里，任意波长范围内的能量随着波长的减少而迅速增加，达到一个极大值后便急剧地下降。普朗克公式是普适的，与辐射周围的物质的性质无关而只取决于它的温度。现在我们所说的黑体辐射指的是能量对波长的分布符合普朗克公式的任何一种辐射，而不管这个辐射是否由一个真的黑体发出。宇宙的物质至少在最初的 50 万年是处于热平衡的，在此期间内宇宙必然是充满了黑体辐射，其温度等于宇宙所含物质的温度。

于是，紧接着彭齐亚斯和威尔逊的发现，射电天文学家开始在各个波长处寻找与黑体对应的辐射，并测量它的强度。结果发现，所测得背景辐射，强度随波长的变化恰好符合温度为 2. 7K 的黑体辐射谱密度。今天，人们已经在 30 厘米到 0. 5 毫米的范围内测定了背景辐射，证实它确实是黑体辐射。于是膨胀的宇宙模型在哈勃的红移关系被发现三十多年之后，又获得了第二个实验支柱。

最近几十年，科学家们还在做背景辐射的确认工作。1989 年，美国国家宇航局

（NASA）开始从空间测量整个宇宙的背景辐射，被称为 COBE 的宇宙背景探测器于 1992 年给出了一个非常理想的宇宙背景热辐射的曲线，如图 6-4 所示。图中的小黑点是观测结果，曲线是温度为 2.73K 的纯热辐射的理论曲线。观测和理论结果吻合之好超出了人们的预期。

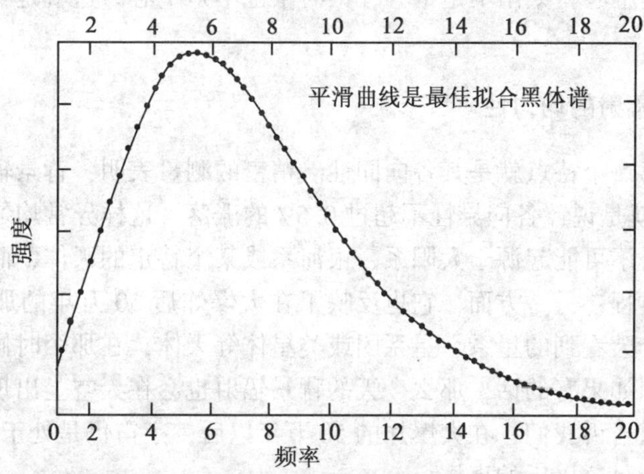

图 6-4　COBE 卫星在地球大气外观测到的微波背景辐射强度随频率的变化曲线

人们还利用高空飞行的 U2 飞机进行了另一项关键性实验，以证实背景辐射并非起源于宇宙中邻近我们的部分。这项发现被称为“天空大余弦”。它说明背景辐射与地球运动无关，与太阳以及银河系所在的本星系群运动无关，这是一个真正的宇宙背景辐射。

另一个对背景辐射的确认来自对氢和氦相对丰度的观测结果。观测表明，恒星和星系中氢和氦的质量占了全部质量的 98%以上，其中氦的比例占 25%~30%。靠恒星内部的氢-氦反应不可能达到如此高的氦丰度。根据核物理理论的计算，一颗恒星由氢聚变而达到 25%~30%的氦丰度所释放出来的能量比我们观测到的恒星实际释放出的能量要多得多。也就是说宇宙中广泛存在的氢和氦的来源不能用恒星内部核反应过程来解释，必须同整个宇宙的起源联系在一起。而大爆炸宇宙起源却刚好能解释这一比例。

关于大爆炸和宇宙的膨胀，并不是物质在虚无的空间中膨胀或爆炸，也不能用我们平常的爆炸来理解大爆炸这样一个概念。通常的爆炸可以解释哈勃关系，却不能解释物质辐射在空间中的均匀分布，也不能解释背景辐射的存在，因为在这种爆炸中，辐射总比物质更快地飞离爆炸地点，物质周围怎么还会有辐射呢？

我们说的大爆炸，是指空间自身的膨胀，物质均匀分布在整个空间中，随着空间的膨胀而变得越来越稀薄。这样的膨胀大约在 150 亿年前开始。经过大约 50 万年的膨胀和冷却，成为今天背景辐射的光线才破雾而出。我们的太阳系还要等 100 多亿年才会出生。这些辐射经过将近 150 亿年的长途跋涉，一路上因为宇宙的膨胀而路途越来越长，变成了今天仅有 3K 的微弱辐射。

如果用二维闭合球面不难想象宇宙膨胀的图像：有一个不断在充气的气球，银河系和河外星系都是气球上的许多点。在充气的过程中，这些点都在相互分离远去，从任何一个星系上看，其他所有的星系都在退行，而且距离越远，退行速度越快。我们不能说气球上的点是以某点为中心在膨胀，而是整个球面在膨胀。从这个意义上讲宇宙是没有中心的，地球不是中心，太阳不是中心，银河系也不是中心。这就是哈勃定律给出的宇宙膨胀图像。

6.2.4　背景辐射的均匀性

背景辐射的第一个特点就是其各向同性。精密的测量表明，背景辐射的温度差别不大于 0.015K，也就是说，各向异性不超过 0.5%的涨落。这样异常均匀的现象，一方面更加说明这种辐射不可能起源于太阳系、银河系或某个特定的天体，而是起源于整个宇宙尺度上的某种过程；另一方面，它也反映了在大爆炸后 50 万年的那个时期宇宙的均匀性，说明我们今天看到的星系、星系团或类星体等天体，在那个时候还完全没有将要凝聚而成的迹象，如果有的话，那么今天的背景辐射也会在天空上出现相应的斑点。所以，宇宙背景辐射告诉我们，在大爆炸的 50 万年以后，宇宙仍是处于十分均匀的状态。星系等的凝聚肯定是这以后的事情。

宇宙背景辐射的高度各向同性还提醒人们建立这样一个参考系：在这个参考系中，宇宙背景辐射是完全各向同性的。对于这个参考系如果有相对运动的话，背景辐射就不会显示各向同性，而会在运动的方向上，显示温度有所升高，在反方向上显示温度降低。我们在地球上测得的高度各向同性说明地球、太阳系以及银河系相对于这个参考系只有十分微小的速度。也就是说，对于远方的观测者来说，我们的地球、太阳和银河系正在参与整个宇宙的膨胀运动，除此之外，它们自身的运动是很小的。

对于极其精密的测量来说，这种背景辐射的微小差异还是可知的。测量的结果表明，大约在离狮子座最亮的星轩辕十四不远的方向上，背景辐射温度最高，比平均值高出 0.003 5K。由此可计算出我们太阳系正以每秒 390 千米的速度向轩辕十四的方向运动，它同时正以每秒 300 千米的速度绕银河系运转。可是这两个速度的方向并不一致。这说明银河系作为一个整体相对于背景辐射也有一个不小的速度，估计约为每秒 600 千米之巨。

2010 年 12 月，英国天文学家发表论文称，他们发现了我们所在的宇宙很久之前曾受到其他平行宇宙“挤压”的证据。他们在研究了宇宙微波背景辐射图后得出了这一惊人的结论，他们在图中发现了 4 个由“宇宙摩擦”形成的圆形图案，这表明我们的宇宙可能至少 4 次进入过其他宇宙。

2009 年 5 月，欧洲航天局的“普朗克”探测器从法属圭亚那库鲁航天中心发射升空，其主要任务是探测宇宙微波背景辐射，帮助科学家研究早期宇宙形成和物质起源的奥秘。2010 年，欧洲航天局根据“普朗克”探测器传回的数据绘制了首幅宇宙全景图，图 6-5 是 2013 年 3 月欧洲航天局公布的根据“普朗克”探测器传回的数据绘制的最新的宇宙微波背景辐射图，这幅迄今最精确的反映宇宙诞生初期情形的全景图几乎完美地验证了宇宙标准模型。所谓**宇宙标准模型**（或称**标准宇宙模型**）是指以弗里德曼宇宙模型为基础，伽莫夫将其运用于早期宇宙的演化而形成的一种宇宙模型，是目前的主流宇宙模型。

图 6-5　2013 年欧洲航天局公布的最精确宇宙微波背景图

6.3　宇宙的形状和年龄

在第 2 章关于太阳系的起源和演化问题中，我们指出由于其单一性，没有类比可言，所以对太阳系起源和演化的认识没有我们对恒星起源和演化的认识多。同样，我们对宇宙的了解也没有类比可言。按照定义，宇宙只有一个。由于宇宙的唯一性，在同样的条件下进行比较和重复观测都是不可能的。虽然科学技术的迅猛发展可能会为我们提供研究宇宙遥远部分的更好的方法，但这个基本问题仍然存在。

无论我们能怎样清楚地看到宇宙的轮廓，却永远很难有确定的把握认为，我们关于宇宙的结论是正确的，因为没有可供与之比较的其他宇宙，因而也就无从检验这些结论。

有关宇宙的最终问题很可能要靠逻辑推理和哲学来回答，凭经验是办不到的。一种有效的科学方法就是通过建立宇宙模型来回答宇宙的种种问题。这些模型必须能容纳一切现有的观测证据，而且能够解释这些现象，并且能预言某些可以发现的现象。新发现的资料则用来检验模型的正确与否。如果新资料正是预言中的事，那么这个模型到那时还是成立的。如果新资料不能被某种模型所解释或预言，那么该模型就需要修改。

6.3.1 宇宙的形状

由于时间、空间和物质的相互联系，宇宙不可能是平坦的欧几里得空间，而是非欧空间或黎曼空间。

在我们所熟悉的几何学中，彼此平行的直线永不相交，三角形的内角和等于180°，这些断言仅在平坦空间中才成立。但是，空间也可以是弯曲的。如果曲率是正的，例如在球面上，就不会有相互平行的直线存在，而三角形的内角和总是超过180°。如果曲率是负的，则从某已知直线外一点可作出许多条平行于该直线的直线，而三角形的内角和总小于180°。图6-6给出了三种典型曲率时二维空间的形状特征。广义相对论预言的宇宙空间至少是四维的，甚至更高维（这一点将在《第8章　霍金的宇宙》中再作介绍），因而空间的实际形状是无法想象的。不过有一点是清楚的，我们在解释宇宙时不必局限于欧几里得空间。爱因斯坦的广义相对论证实了非欧空间的存在。按照这种理论，不能认为空间和时间是彼此无关的，而是必须把它们看做单一的整体，这整体就是时空。质量的存在改变了时空的几何性质，使后者具有正曲率。根据费马（P. Fermat）原理，光线总是沿短程线传播，所以我们可以用光线来测量宇宙空间的曲率。如果宇宙中的物质密度足够大，宇宙就会自动闭合，也就是说，它将具有有限的大小。

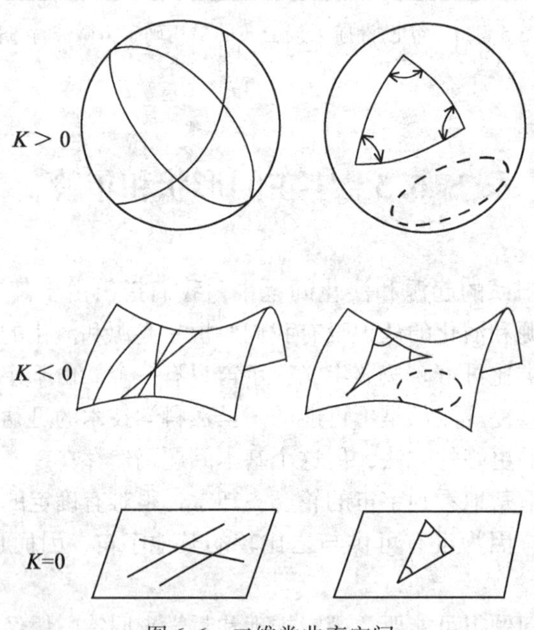

图6-6　二维常曲率空间

目前被天文学家认为是正确的几种宇宙模型，全都是根据以下三个重要的假设构拟的：第一个假设是，物质和能量在宇宙的其他地方同我们在地球上一样遵从相同的物理定律。第二个假设是，时间和空间在宇宙中皆具有相同的性质，因此，不管一个星系位于何处或沿哪一个方向运动，同样的现象都是以相同的方式发生的，这两点我们不在这里深究。

宇宙模型所依据的第三个假设是宇宙的均匀性，物质在整个宇宙中的分布密度是大致相同的。也就是说，宇宙中的物质不可能在某些地方非常密集而在另一些地方却非常稀疏。注意，这里所说的均匀性是指大尺度区域而言，这个尺度可能比星系还大。由宇宙的均匀性可以得到这样一个结论：处于宇宙中一切地方的任何观察者看到的宇宙实际上都是相同的。我们从地球上观察到的宇宙和从某遥远星系中的某行星上观察到的宇宙不应当有任何区别。这一条称为宇宙学原则。

根据宇宙学原则，宇宙就不可能有边缘。这是因为，一个位于宇宙边缘的观察者将会在某一侧看到众多的天体，而在另一侧看到的只是一无所有的虚无空间。这同位于宇宙中心的观察者见到的情况是不同的。为了消除这个疑难，人们提出了这样的解释：宇宙是无界的，没有边缘的，而每一个观察者都可认为自己处于宇宙的中心。所以我们说宇宙的形状是有限无边的。当然，也有人认为宇宙是开放的，是无限无边的。

为了理解有限无边宇宙的概念，我们举一个例子。一个无籽西瓜的香甜吸引了一只蚂蚁。蚂蚁爬到了这个瓜皮上。瓜皮本身是一个二维曲面。为了叙述方便，我们假设这只蚂蚁也是二维的，是一只“踩扁”了的二维蚂蚁，它没有高度，但有生命可以在二维瓜皮上爬行。如果给蚂蚁赋予智慧，它一定会作出这样的思考：这是个可怕的二维宇宙，我在上面爬了多年至今没找到它的边界，也没找到它存在中心的任何迹象，看来这是一个无边的“宇宙”。站在边上的三维的人看出了蚂蚁的心意，暗笑道：你个笨蛋，这是三维球体的二维球面，球面是有限的，尽管它确实无边。不怀好意的这个“小人”在实现人蚁对话后，给蚂蚁发了一个指令：翻身。可怜的蚂蚁在作了许多尝试后，给人作了一个回复：非法指令。在二维的曲面上让二维的物体作通过第三维才能实现的动作，可能吗？踩扁的蚂蚁是不可能理解第三维的内涵也无法完成三维空间中才能完成的动作的。

如果真实宇宙是由四维（或四维以上）空间加一维时间组成的高维时空，那么人类能够理解四维空间（比如第四维为虫洞）的操作吗？回答是否定的。爱因斯坦曾这样来形容人在认识上的缺陷：人就同这只不幸的扁蚂蚁一样悲哀，无法理解现实世界，唯一的区别是，人是三维的。在数学上，人能想象第四维（指空间）。对于人来说，第四维只是数学上存在的，人的智慧无法理解第四维。这是人类认识论上的局限性：人类或许永远无法认识真实的宇宙，或许可通过某种绝妙的方法来间接认识宇宙。（参阅《第 8 章　霍金的宇宙》）。

宇宙到底是闭合的还是开放的，这是一个目前无法确定的问题。人们只能说根据观测事实，宇宙目前正在膨胀，并且正在加速膨胀。

6.3.2　宇宙的年龄

哈勃定律告诉我们如何去计算各星系离开我们的速度，由此我们便能够预言它们在10 亿年、100 亿年以后的位置。当然我们也能采用同样的推理方法追溯过去。追溯过去的时间，势必发现各星系越来越近，直到最后它们回复到宇宙处于初始条件（不管是什么样的条件）时的阶段。

各星系返回到初始时刻所需的时间，就是宇宙的年龄，我们也可将宇宙年龄定义为宇宙从某个特定时刻到现在的时间间隔。我们可以根据哈勃定律计算出这年龄的大小。现已证明，这年龄就是哈勃常数 H 的倒数，大约为180亿年。由于这个数字是在假定整个宇宙历史中星系的退行速度一直是恒定不变的情况下获得的，所以必须加以修正。由于退行速度受到万有引力的制动作用一直在逐步地减慢，所以宇宙应该较为年轻，年龄约为150亿年。这与上节的结论是一致的。

由哈勃常数获得的宇宙年龄又称为**哈勃年龄**，它是指哈勃观测到的从宇宙发射出的光线的年龄。现代观点认为哈勃年龄是宇宙年龄的上限，可以作为宇宙年龄的某种度量。

我们通常所说的宇宙年龄，是指大爆炸以后逝去的时间，也就是宇宙标度因子为零起到现在的时间间隔。我们不能排除存在一个爆炸前时期的可能性，但对此我们基本上无话可说。

2000年8月8日，国际天文学联合会发出公告，由多国天文学家合作，采用5种不同方法研究宇宙的年龄，其中4种方法均得出宇宙起源于140亿~150亿年前的结论。

如果宇宙的密度足够大，那么宇宙膨胀的速率由于引力的作用会越来越小，最终使膨胀速率变为零，宇宙停止膨胀。这种情况一旦发生，宇宙就会在自身引力的作用下开始收缩。这种收缩一开始是很慢的，但以后会越来越快，最后回到大爆炸前的物质形态，并再次发生大爆炸。如果这种循环可以一再发生，我们的宇宙就成为一个振荡宇宙。这时，谈论它的年龄还有意义吗？宇宙振荡的周期更能反映宇宙演化的时间特性。

2013年2月，美国宾西法尼亚州立大学的天文学家公布了他们找到的一颗距地球仅190光年的编号为HD 140283的亚巨星，其测定的年龄高达144.6亿年，误差为8亿年。

而2013年3月，欧洲航天局根据“普朗克”探测器提供的数据，将宇宙的精确年龄修正为138.2亿岁。

6.4 宇宙学的其他模型

大爆炸宇宙学并未宣称自己是宇宙唯一可能的描述，尽管它提供了一个非常令人满意的框架来解释天文学观测到的事实，也为以后被实验和观测所证实的一些预言提供了基础，因而被大部分宇宙论研究者所接受。

大爆炸宇宙学并不能解释我们想要知道的有关宇宙的一切问题。大爆炸理论尚未解决的三个基本问题是：① 初始时刻以前的情况；② 奇点本身的性质；③ 星系的起源。如果宇宙真是“振荡”的，目前的膨胀是闭合宇宙经历的许多循环之一，那么人们就必须面对一个坍缩阶段怎样变为后续的膨胀阶段的问题。

宇宙为什么如此各向同性？过去它一直是这样的吗？后来形成星系的那些初始起伏是怎样产生的？这样的起伏是否一直存在？为了避开这些利用我们目前的物理学无法回答的问题，人们一直在寻找宇宙的其他描述。

6.4.1 稳恒态模型

宇宙学原则假定，所有的观察者，不管他们位于宇宙何处，看到的宇宙图景都是一样的。在20世纪40年代，有些天文学家指出，这条原则应当不仅适用于空间而且还要适用于时间，他们把这一概念叫做完全宇宙学原则。由此断言，位于任何地方、在任何时间的所有观察者看到的宇宙图景都是相同的。根据完全宇宙学原则，宇宙在10亿年前和100亿年后看起来应当是基本一样的，始终处于稳恒态。换句话说，宇宙的年龄是无限的，它既没有诞生之日也没有死亡之时。这种模型称为稳恒态宇宙模型。

稳恒态宇宙模型是在大爆炸宇宙模型不被接受的背景下，在1948年由英国天文学家邦迪（H. Bonti）提出来的。当时的大爆炸宇宙模型虽然得到哈勃定律的观测支持，但有一个令人困惑的问题，那就是根据当时所测到的哈勃常数 H 推算出来的宇宙年龄太小。当时由于不了解星际消光的作用，使造父变量周光关系零点定得不准，使得 H 取值太大（约为530千米/（秒·百万秒差距）），如此得到宇宙的年龄还不到20亿年，这小于已知地球年龄（40多亿年）和太阳等恒星年龄（约50亿年），从而产生了一个荒谬的结论：宇宙中的天体比宇宙本身年龄更大。稳恒态宇宙模型则绕开了这一障碍。

显然，稳恒态模型与哈勃定律是矛盾的。一个膨胀的宇宙，其物质的密度会越来越小，它怎么能处于稳恒状态呢？因此，在历史的长河中在不同时刻来看宇宙，它会呈现出不同的图景。为此，稳恒态模型假定不断有物质创生来解决这个问题。按照这个观点，当宇宙膨胀时，便会有新的物质缓慢地注入其中。为了维持宇宙现在的密度，每100亿年必须在每立方米的空间创造一个新的氢原子。持反对意见的人自然要问：物质的创生是怎样发生的呢？支持这种理论的人则回答道：我们也不知道，但这总比设想宇宙中所有的物质在大爆炸一瞬间创生出来要容易想象。

从哲学的角度来看，稳恒态模型是非常诱人的。它切实地描述了宇宙在空间和时间上的无限性，这正是人们以为宇宙应当有的样子。注意，稳恒态模型并没说单个的恒星乃至星系长生不老，而是认为诸如恒星和星系这些特殊类型的天体的数目过去、现在和将来都是保持不变的。

上述模型的又一特点是避开了科学一直无法回答的一些难题：是什么使宇宙有了开端？在宇宙诞生之前存在着什么？在稳恒态理论当初被提出的时候，它在哲学上和科学上都符合要求。由于假定宇宙从来没有开端，所以你不可以把膨胀宇宙的影片倒着放映，以便找到它的诞生之日。假如往回看100亿年或200亿年，你看到的依然是这同一个以同样速率膨胀的宇宙。

如今，支持稳恒态模型的人已甚为稀少。如果偏要把现有的所有观测证据都塞到这个模型里去，那就需要做过多的牵强附会的解释。例如，该模型允许宇宙中的一切天体都有生有死，但却预言任何一类天体将永远可以以大致相同的频率被观测到。事实却并非如此，宇宙中的类星体过去的数目比现在的数目多。

观测数据和稳恒态模型不相吻合的另一点是，缺乏表明各星系在年龄上有差异的证据。如果其中一些是最近才被创生以填充宇宙膨胀所留下的空虚，那么在宇宙的任何给定的区域，就应当有一些星系比其他星系更年老或更年轻。与此相反，观测表明，所有相邻的星系都具有大致相同的年龄。事实上，稳恒态宇宙模型已让位给宇宙的演化模型——大爆炸宇宙模型。

6.4.2　疲劳光宇宙论

宇宙的膨胀，无论从观测还是从理论都已被证明是20世纪对宇宙学的最重要的贡献。这一概念已是许多别的重要思想和发现的基础。不过仍有一种疑虑存在——我们是不是完全错了呢？我们是否有可能生活在一个静态的宇宙中呢？

从原则上讲，除了遥远星系退行速度产生的光的多普勒红移外，光还可能被一些别的效应所红移。疲劳光就是指的这样一种效应：光子在从遥远星系到我们这里来的旅途中可能失去了能量，光子能量的这种减小会导致与穿越距离成正比的波长的增加，也即红化。星系际尘埃粒子的散射也能使来自遥远星系的光发生红化。

根据（4-1）式，我们是用波长来度量红移的。当一个天体的红移在光学和射电波段（21厘米）都进行了观测时，会发现两者精确吻合。尘埃粒子对射电波一般是透明的，除非它们的尺度与波长相当。显然，宇宙空间不大可能存在直径在10厘米左右的大量“石块”来散射来自遥远星系的射电波。仅靠尘埃是不可能产生所观测到的星系际空间中的红化效应的。此外，散射会使谱线展宽，这也与观测事实矛盾。

疲劳光理论的支持者们又找到了一个新的解释，在广漠无垠的星系际空间中，我们地球上的物理规律也许会完全不能套用。唯一有效的办法是对疲劳光理论进行检验，检验它所预言的现象是否存在。具体地说，按照疲劳光理论，来自遥远星系的预期能流会减少一个与红移因子成正比的量。从原则上说，这种预期的差别能导致一种可观测的检验，尽管这类检验还没有最终结果。所以，我们现在还不能肯定地排除疲劳光理论。

6.4.3　阿普天体

美国天文学家阿普（H. Apour）为大的宇宙红移提出了一种惟像起源。他发现了许多系统由极暗弱的云雾状喷流与具有完全不同红移的天体连接着。阿普认为这些天体证明，红移，至少是红移的大部分并不是与距离相关，而是来源于所研究天体的内在特性。

阿普的特殊天体论并未能使大多数天文学家信服，因为他研究的统计基础从未清楚地提出来过。在找到某些不寻常的事例之前，我们谁也不能说暗弱的云雾状物是一个天体周围的普遍现象。粗略地检查遥远星系的照片，我们往往可以看到银河系中一些十分明亮的恒星投影在一个背景星系上。即使我们在这个星系旋臂的顶端看到这样一颗恒星，也没有人会主张这颗恒星是最近从该遥远星系抛出来的。

如果沿着一条连接低红移星体和高红移星体的气体喷流观测到连续变化的红移，这将有可能证实阿普的观点。这个问题的解决，有待哈勃太空望远镜的进一步观测。

6.4.4　星系和反星系

避免大爆炸的另一种尝试是由瑞典物理学家阿尔文和克莱因作出的。他们的基本动机在于如下想法：即物质和反物质之间的对称对于宇宙论应具有根本的重要性。在他们的模型中，宇宙起初是一个由弥漫气体构成的巨大的缓慢收缩的球形总星系，其中包含着等量的物质和反物质。当密度变得足够高时，物质同反物质开始湮灭。由这种湮灭产生出大量辐射。这种辐射能中止并扭转剩余物质的坍缩。宇宙开始再度膨胀，最后凝结出星系。根据这一理论，预期存在于可观测宇宙中的星系和反星系数目是大致相当的。

人们对阿尔文-克莱因宇宙论提出了许多批评。

首先，如果阿尔文-克莱因宇宙论是正确的，那就必须存在某种机理能把物质区和反物质区分隔开来。因为我们知道，甚至在星系际空间中也含有某些物质，星系不可能同反星系完全分开。阿尔文曾提出一种把物质区和反物质区分开的可能办法，但其他天体物理学家对他的理论仍持怀疑态度。

其次，由于宇宙间物质和反物质的同时存在，一定有很多区域会发生物质同反物质的湮灭。湮灭的一个结果将导致大量高能 γ 射线的产生。由于大气对 γ 射线不透明，所以借助空间实验可以观测到 γ 射线的存在。天文学家们的确测量到一种弥漫的宇宙 γ 射线背景，但流量相当低，这就意味着目前几乎没有什么湮灭现象发生。

对这种宇宙论最主要的批评也许来自宇宙背景辐射的存在。阿尔文必须为这种辐射找到一种非宇宙学的起源。

当然，也可以建立一种一开始就纳入物质和反物质对称概念的大爆炸宇宙论。在这种模型中，也存在着如何避免物质和反物质湮灭时产生的可探测 γ 射线辐射的问题。当然，更关键的是如何避免在膨胀的高密度阶段中整个宇宙几乎全部湮灭掉的问题，这一目标能实现吗？

6.4.5 收缩的宇宙

有人认为，宇宙的膨胀与认为原子尺度实际上随时间缩小的两种假说是无法区别的。根据这种观点，空间并不改变，星系并未彼此飞开，而是星系中的一切，包括我们自己在内正在收缩。

如果假设所有基本粒子的质量在宇宙学的时标内增加，就可以用基本的物理学术语来解释这种收缩。原子的质量增加了，但电荷并没有改变。结果电子必须在越来越小的轨道上围绕原子核运动。这种情形相当于电子达到较高的能态。同束缚得较松的原子发出的辐射相比，这种原子发出的辐射能量较高，波长较短。在一个遥远的星系中，发出的光需经历很长时间才会到达地球，也就是说，那时发光的原子会比现在星系中的原子大一些。与地面实验室中同种原子发出的光相比，这些光的波长较长，也就是较红。这样一来，宇宙红移就可用原子的收缩及随之产生的光的红化说明了。

这一理论的极端巧妙性使人们怀疑它是不是纯粹的数学模型，而无实际意义。它所依靠的假设虽然极为简洁优美，但在物理实验中却没有任何基础。预言是否得到证实是一个新理论的最终检验，而质量可变理论却没有突破这一关卡。

当然，这一理论有一个值得借鉴的优点，它说明了绕过大爆炸理论基本困难——初始奇点——的一种可能方式。

6.4.6 小结

1907年瑞典天文学家沙利叶（C. W. L. Charlier）提出了等级式宇宙模型，也吸引了众多追随者，其中不乏著名的科学家。这一模型认为，宇宙中天体的分层分布是没有止境的，如恒星、星系、星系团、超星系团、总星系……一直到无限。在每一等级内物质的平均密度随着等级的升高而下降，甚至趋近于零。在这一模型中，宇宙虽然是无限的，但由于物质分布的不均匀性，只要恒星的数密度随距离的增加下降得足够快，就可以避免奥伯斯佯谬。等级式宇宙模型不遵从宇宙学原则。在这一模型中宇宙既没有统一的平均密度，也没有统一的膨胀率，更谈不上统一的哈勃常数。但这模型的致命缺陷是过于复杂，几乎无法建立合适的模型并从数学上对它加以描述。

20世纪还发展了超弦理论，在此基础上建立了超弦理论宇宙模型，提出了高达11维的宇宙模型概念。

更多的其他模型不在这里一一列举。但有一点值得大家借鉴，每个模型都有些相对合理的物理思想和哲学观念，我们没必要对它们加以全盘否认，而应从中吸取有益精华，来进一步提高我们对宇宙本质的认识。

6.5 宇宙早期的暴胀模型

到现在为止，上述宇宙模型比起大爆炸宇宙模型要逊色多了。除6.4节中提到的大爆炸理论尚未解决的三个基本问题外，大爆炸理论有没有其他缺陷呢？

6.5.1 大爆炸理论的缺陷

哈勃定律、3K微波背景辐射、氦丰度这三个重要观测事实是大爆炸理论最强有力的支柱。特别是3K微波背景辐射把大爆炸模型推向了顶峰。然而，事物的发展常常具有双重性，也正是3K微波背景辐射首先提出了对大爆炸学说而言是致命的新问题。这些问题都出现在大爆炸远远短于1秒的最初一刹那。在大爆炸宇宙模型中只好当做原本如此的初始条件来处理。

现在大部分学者认为标准的大爆炸宇宙模型描述的是宇宙创生后万分之一秒以后的演化进程，宇宙更早期历史，即10^{-36}～10^{-4}秒这段时间大爆炸模型无法给出合理的解释，而应用暴胀模型来描述。除在上节中提到的大爆炸理论无法解释的宇宙三个基本问题外，还有以下三个主要问题：视界内均匀性问题，平坦性问题，磁单极问题。

1. 视界内均匀性问题

这里的视界是宇宙中某一点所能看到的最大宇宙范围，不同于黑洞中关于视界的定义。显然这一范围的大小受到光速和宇宙年龄的限制。相对论告诉我们，光速是一切信号传递所能达到的最高速度。如果我们所处的宇宙年龄为150亿年，则我们所能看到的宇宙最深处的天体距离不可能超过150亿光年。更遥远的天体，其信号即使从宇宙创生时就开始传播，至今还没有足够的时间让信号传递到我们面前。天文观测事实和宇宙学原则告诉我们，150 亿光年远处观测的宇宙和我们周围的宇宙没什么区别，也就是说当今宇宙在不小于 150 亿光年的范围内物质分布是大体均匀的。

可是，均匀性是粒子间反复相互作用的结果。由于宇宙年龄有限，而粒子传播速度也有限，因此在一定时刻粒子能相互作用的范围是有限的，从而均匀的范围也是有限的。理论上算出微波背景是在宇宙年龄为 50 万年时形成的，可以求出即使以光速传播的粒子，能够发生混合的范围也只有几平方度。换句话说，几平方度以外的粒子与几平方度以内的粒子没有相混过，自然不能希望它们的状态是相同的。产生一个结果，一定有它的成因，现在没有成因，却达到了处处均匀的效果，因果关系能成立吗？

均匀性的问题还有另一方面，我们在叙述星系的起源时，在假定均匀性的同时，还必须假定存在原始非均匀性。从统计物理的角度说，扰动是很自然的，任何处于热平衡的气体都必定存在着随机运动。问题是，当退回到大爆炸之初时，这种非均匀性必须非常之小，远远地小于随机运动的起伏效应，所以要求原始物质状态非常之特殊才能解释以后的扰动。

2. 平坦性问题

在 6.2 节中我们谈到了临界密度 ρ_c 的概念，并且知道了对应宇宙曲率 K 取不同值的三种宇宙状态。

根据宇宙动力学基本方程，可推导出 K 的表达式为

$$K=\frac{R^2}{c^3}\left(\frac{8\pi G\rho}{3}-H^2\right), \tag{6-8}$$

其中 c 是光速，G 为万有引力常数，ρ 是宇宙平均物质密度，R 为宇宙尺度因子，H 为哈勃常数。如果 K 取零，则可得临界密度 ρ_c：

$$\rho_c=\frac{3H^2}{8\pi G}. \tag{6-9}$$

按现在认可的 $H=50$ 千克/（秒·百万秒差距），则

$$\rho_c \sim 10^{-30}\text{克/厘米}^3. \tag{6-10}$$

将（6-9）式代入（6-8）式得

$$K=\frac{8\pi GR^2}{3c^2}(\rho-\rho_c). \tag{6-11}$$

据（6-11）式计算表明对极早期宇宙 R 非常小，特别是当时标仅为 10^{-36} 秒时，物质密度 ρ 几乎等于临界密度 ρ_c，这是一个极端的小概率事件，但它居然出现了，如何解释？是偶然的巧合，还是有本质的必然原因？

ρ 等于 ρ_c 则 $K=0$（平坦宇宙），所以我们把这一问题称为平坦性问题。

大爆炸模型的另一个微妙的问题是宇宙质量密度。（6-7）式给出了宇宙质量密度 ρ 与空间曲率 K 的关系。实际测量值 ρ 在 $0.1\rho_c \sim 2\rho_c$ 之间。时至今日，我们仍无法确定宇宙的性质究竟是开放的还是封闭的。

3. 磁单极问题

电荷有正负之分，一个物体可以带正电，也可以带负电，如果所带的正负电荷电量相等，则可表现为电中性。磁也有正负之分，但磁性物质总是同时带正磁极和负磁极。在生活中，正负磁极更多地用南极（S）和北极（N）表示。如果将一只具备 N 和 S 的小磁针从中间剪开，剩下的两个半截各自还会产生南极和北极。至今为止，人类没有发现单一磁性的物体，仅带正磁性或负磁性的磁单极物体在宇宙中存在吗？

自然界既然存在仅带正电（质子）和仅带负电（电子）的基本粒子，那是否存在带有单一磁荷的基本粒子呢？磁单极是量子力学的创始人之一狄拉克（P. Dirac）首先提出的，他把它定义为带有单一磁荷的基本粒子。如果有了磁单极，则电荷的量子化问题就非常容易理解了。计算表明，磁单极的质量约为 0.02 毫克，是质子质量的 10^{16}倍。理论研究表明，磁单极产生于早期宇宙中微观能量场取向失配的地方，并且会产生大量的磁单极，而它们湮灭的可能性又极小，所以现在应该很容易观测到磁单极的存在。尽管 1982 年美国斯坦福大学的物理学家卡伯来拉（B. Cabrera）宣称他的超导量子干涉仪记录到一次磁单极事件，但后来他和其他学者都无法重现此类事件，企图寻找磁单极的实验均以失败告终。问题出在哪里呢？

2007 年，一组由中国、瑞士、日本等多国科学家组成的研究小组宣称发现了磁单极子存在的间接证据，他们在一种称为铁磁晶体的物质中观察到反常霍尔效应，并且认为只有假设存在磁单极子才能解释这种现象。

2009 年，德国科学家宣称在进行中子散射实验中，首次发现了磁单极子，并观察到它是如何产生于实际物质之中的，可惜还未获得科学界的一致肯定。

6.5.2　大统一理论

为了给出暴胀宇宙模型，有必要对宇宙间的相互作用力作一分析。

至今为止，大家公认的物质形态有四种：固体、液体、气体、等离子体。也许是出于偶然巧合，宇宙间公认的力的形态也是四种：万有引力、电磁力、强相互作用力、弱相互作用力。更为巧合的是解释宇宙的理论体系也可分为四种：量子力学、牛顿力学、相对论力学、量子引力论。

万有引力是大家熟悉的，牛顿力学、广义相对论都是关于它的理论。万有引力的作用距离可任意远，属长程力，由引力场来完成相互作用。但万有引力在微观世界却微不足道。无论在宏观或微观都起作用的力是电磁力。从理论上说，宏观世界所有的具体形式的力，其本质都是电磁力。例如材料内部的张力，分子间的化学结合力，物体与物体间的摩擦力，乃至电动机驱动车辆行驶等都是由电磁力造成的。

强作用力和弱作用力只在微观世界出现，作用半径小于 10^{-14}米，所以称为短程力。它们是基本粒子之间的相互作用力。强力、电磁力、弱力与引力的强度之比为 $10^{39}:10^{37}:10^{25}:1$。

为什么自然界会有四种力呢？这四种力有没有共同的本质呢？或者说，这四种力能不能统一起来呢？爱因斯坦从他的哲学思想出发，直觉地认为应当是可以统一的。在他完成广义相对论后，就致力于“统一场论”的研究，但直到1955年他去世都没有成功。

经过几代科学家的不懈努力，统一场理论终于有了相当大的成功。1976年，温伯格和萨拉姆提出了弱作用与电磁作用统一的弱电统一场论：在温度为10^5K时，这两种作用力表现为一种力，只有一个耦合系数，由相同的玻色子传递力的作用，温度下降后才自发破缺成两种力。1983年，在欧洲联合高能粒子加速中心果然找到了弱电统一的传播子。

在弱电统一的基础上，高能物理学家又进一步提出了大统一理论。该理论的基本思想是强作用力、弱作用力、电磁作用力三种力实际上是一个单一的统一力的各部分：在高温时，统一地表现为一种平衡状态中，处于一种对称状态；而在低温时，对称状态自发地发生破缺现象，各种力才显现出不同的强度和特性。大统一理论预言，发生这种变化的临界温度为10^{27}K。

到现在为止，实验结果和理论研究都有利于大统一理论的存在。

再进一步，人们还猜测，在大爆炸后的10^{-43}秒中，宇宙中只有一种相互作用力，这就是所谓“超统一理论”。

而在小于10^{-43}秒以内，现有的物理规律都已失效，时空的概念要发生根本变化，甚至还要量子化。

6.5.3 暴胀宇宙模型

大爆炸理论的缺陷，能不能进行修正呢？1980年，美国物理学家古斯（A. H. Guth）第一个提出了经过修正的新模型。新模型称为暴胀模型。因为大爆炸宇宙模型的问题都发生在强弱电大统一破缺之前，所以要修正的只是最初的一刹那。

暴胀模型仍属于半经典理论，即物质可以量子化而时空不能量子化，所以也是从10^{-43}秒以后开始讨论的。该模型仍有奇点起源，而在10^{-43}秒到10^{-32}秒时有个暴胀阶段。10^{-32}秒以后，宇宙演化的行为则与大爆炸宇宙模型所描述的演化行为没有差异。

观测事实是不可改变的，宇宙早期的均匀性已是公认的结果，所以，新理论一定要能解释这种现象。一个好的办法是设想我们观测的宇宙在强弱电破缺之前就已相互作用过了。比如说宇宙本身膨胀得极快以致在极短的时间就膨胀了10^{50}倍，使观测宇宙仅只是其中很小很小的一部分，因而不均匀性、不平滑性、不平性都被减少到了很小很小的一部分。在极短时间内要发生如此大的膨胀，只能是指数膨胀，它可以在极短时间内大大地超过光速。

对我们现有的理论和认识的物质而言，最大的速度只能是光速，只有静止质量为零的粒子（如光子、引力子等）才可以达到。在那个时候要想超过光速，宇宙的物质就不能是现有物质形态中的任何一种，可能存在有一种超光速的新的物质形式。

在稳恒态宇宙模型中，我们说到有一股巨大的斥力使宇宙高速膨胀，并且在这种膨胀过程中粒子从虚无中产生出来。

很可能宇宙的早期经历过这样一段暴胀时期，原先宇宙中不存在任何现有粒子，对现有物质形式而言，密度为零。自然，从哲学上讲，物质是不会为零的，它是以一种特殊的形式寄寓于那时的空间中。随着宇宙的发展，它们由特殊形式转化成了现今的粒子形式。物理上把这种转变叫做相变。现今的粒子形式属于低温相，而在此之前的形式属于高温相。

古斯在提出这一设想时，采用了大统一理论。大统一理论已由弱电统一理论作出了证实，人们相信它是真实可靠的。按照古斯的理论，宇宙的温度在高于10^{27}K时，空间中有一种新物质形式存在，所以宇宙虽然也处于“真空”态，但能量很高。由于宇宙膨胀，温度下降。10^{27}K属于物质发生相变的温度，就如同摄氏零度时H_2O由液态变到固态一样。水是H_2O的高温相，冰是H_2O的低温相。在高温相时，H_2O分子排列混乱，无论从什么角度去摆弄它，分子之间都是对称的，一旦有分子变成了冰，就不再是处处对称了。大统一理论中把这种由对称态变为不对称态的过程叫做对称的自发破缺。

一旦破缺，宇宙能量曲线就会自动地出现一个处于不对称状态的最低点，因为只有能量最低的状态才是最稳定的状态，宇宙就会自发地变到那个状态去，物质形式最终要发生相变。可以算出来，这段时间的膨胀按指数规律进行。水变冰是逐步进行的，而且一旦压力超过一个大气压（101.325千帕），水就可以在比摄氏零度还低的过冷状态下存在。暴胀理论也有类似的过冷现象存在，因而有足够的时间使宇宙膨胀到极大程度。直到末了，相变才很快进行，现有物质形式的最基础的粒子（如夸克、轻子以及传递相互作用的玻色子）才大量地产生出来。

水结成冰时要放出潜热。类似地，宇宙中高温相物质转化为低温物质的同时，宇宙的潜热也被释放出来，加热了空间，使空间温度几乎又回升到10^{27}K，此后宇宙的行为便与大爆炸模型的行为完全一致。

暴胀模型认为宇宙是由于暴胀而急速胀大的，这样一来，视界内均匀性的问题就被解决了，不存在没有因果联系的区域，因果关系成立了，平坦性问题也解决了。暴胀模型认为$\rho \approx \rho_c$不是偶然的，宇宙应当是$K=0$的平坦宇宙。暴胀模型回避了磁单极问题，认为并不是磁单极不能存在，而是在今天所观测到的宇宙范围内还没形成磁单极存在的条件。

暴胀宇宙模型在更高数学和物理概念上的描述这里就不多谈了。可以说，暴胀宇宙理论解决了大爆炸理论的基本缺陷。暴胀模型还在发展之中，人们不断地对它进行修改，以便更好地与观测拟合，并且它已有被证实了的理论作依据。当然，它最终能否成立，还要经受实践的不断考验。

暴胀模型在哲学上给我们带来了一些新的内容。

首先，关于宇宙的无限性问题，大爆炸宇宙模型认为我们观测的宇宙就是整个宇宙；而暴胀模型从科学上把宇宙又大大地扩大了，认为观测宇宙只是宇宙的一部分，有人还提出了许多这种宇宙存在的理由，因此，暴胀模型不只是在纯哲学观念上的，在科学上也为宇宙的无限性提供了证据。

其次，暴胀模型提出了在已知的物质形式之外还有新的物质形式存在。19世纪以前人们知道了具体的物质是由原子、分子构成的，到19世纪认识到了还有“场”的存在，20世纪初了解到原子由电子、原子核构成，后来又认识了各种基本粒子，到20世纪60年代提出夸克、轻子和某些玻色子为更加基本的粒子，1995年已确定了数种夸克的存在。而暴胀模型设想粒子之前还有其他物质形式，从而大大地丰富了人们关于物质的认识。

暴胀模型仍然没有涉及奇点问题。不过已经有人在开始讨论 10^{-43} 秒以前的情形，提出了时空量子化理论。该理论提出的物理图景与我们知道的图景完全不同。在那里，我们通常理解的时间、空间都已不存在了，时空都已不再是连续的，时间箭头、空间方向也都没有了。不只是现今的物质是演化来的，现在的时间、空间也都是演化来的，奇点问题也就解决了。

2014 年 3 月，美国哈佛大学的约翰·科瓦克（J. Kovac）宣布他领导的射电天文学团队发现了宇宙暴胀的直接证据——来自大爆炸的引力波。他们利用一架设在南极、名为“BICEP”的望远镜探测到引力波现象。BICEP 是宇宙泛星系偏振背景成像的英文缩写。宇宙微波背景辐射并非均匀分布于空间中，残余的辐射由于空间中电子和原子之间的相互作用而存在偏振现象，科瓦克等发现了这种偏振。

在早先的计算机模拟中已经预测了这种背景辐射应当具备的特殊偏振模式，从而使其能够与宇宙大爆炸之后的暴胀理论相吻合。这种偏振被认为是暴胀过程中产生引力波扩散的证据。如果这项发现被证实，现在的大爆炸宇宙理论就具有了一个坚实基础，对整个天体物理学的发展将带来极大的推动。很多学者认为这一发现具有挑战诺贝尔奖的实力。

6.6 宇宙中的其他问题

天体物理学是当今物理学中最活跃的领域之一，新的发现和新的理论层出不穷，要在这本书中作全面介绍是不可能的。但天体物理现在和将来研究的重点无非包括下列两方面：一方面，研究快速多变的天体现象，如脉冲星、X 射线源、类星体等；另一方面，研究涉及我们宇宙全局的一些整体问题，如膨胀、背景辐射、宇宙线、宇宙起源和演化等。本节所述的则是一些最基本也是最热门的问题。

6.6.1 下落不明的质量和暗物质

银河系重约 2 000 亿个太阳质量，如果均匀分布在银河系空间内，那么平均密度只有 10^{-24} 克/厘米^3，也就是每立方厘米只有一个氢原子。这样稀疏的环境，其密度仅是实验室里的高真空的几十亿分之一。

在更大的范围内，物质的分布情况又是怎样的呢？由于星系倾向于聚集成团，所以我们先看一下星系团的物质分布。有一些星系团很庞大，可以包含一千多个星系。例如较近的后发座星系团就是如此。这个星系团呈球状，说明它在自身引力的作用下已达到平衡。可是根据它的发光强度来计算它的质量时却发现，要使星系团平衡，这些质量还差 80%~90%。

随着观测技术的进步，这种由发光强度计算的质量同由引力计算的质量之间的矛盾进一步明显。例如，离我们最近的一个大星系团——室女座星系团，在它的密集区外围，有一个半径50万~100万光年的“晕”，其中的光不是由气体或电子发出的，而是由恒星发出的。要把恒星束缚在这样的“晕”中，需要有几十万亿倍太阳的质量，此数目比根据光度估计的质量要大几十倍。其他星系团大多有这样的矛盾。有的星系团的引力质量与光度质量之差高达数百倍，这就是下落不明的质量问题。

在广阔的星系际空间，有没有物质存在呢？这当然是天体物理学家在寻找下落不明的质量时首先想到的。他们把光学和射电望远镜指向那“一无所有”的空间，发现那里确实不是虚空。如大、小麦哲仑星云之间有着氢原子构成的“桥”，这种“物质桥”也存在于其他星系之间。星系间物质既可能是气体，也可能是恒星。另外，科学家在研究蝌蚪状的射电星系时，指出它们的拖在后边的尾巴也许是星系在星系际介质中的运动所造成的。根据尾巴的扩展程度，可以算出星系际介质在星系内不超过每立方厘米0.003个氢原子。在关于类星体红移的问题中，我们发现有些类星体有多种不同的吸收线，这可能是星系际气体的吸收所造成的。这些证据都证明了星系际物质的存在。星系际气体如果存在的话，应有1亿开的温度，能发射X射线，射线强度与观测的事实是一致的。进一步的研究和计算表明，星系际介质的平均密度不超过1.5×10^{-12}个原子/厘米^3。这样看来，星系际介质虽然是天体物理学必须考虑的一个因素，但对于质量的贡献却嫌太小，不能完全解释“下落不明的质量”。

根据现代物理学的观点，辐射也是一种物质形式，它们对质量有没有贡献呢？在星系际空间，有各种星系发出的光，有3K微波背景辐射，各种射电源在星系际也形成射电背景辐射。

除此之外，星系际还有各向同性的X射线辐射，它可能是各种X射线源产生的辐射总和，也可能是爆发星系的高能粒子与微波背景辐射相互作用所产生的结果。所有这些辐射量的能量密度总和所对应的物质量密度也是不能与要求的物质密度相比的。

除了辐射，星系际还有高能粒子存在。它们所对应的能量密度也同样小得可怜。

为此，我们定义了宇宙学中的一个新名词——**暗物质**。暗物质是指自身不发射电磁辐射，也不与电磁波相互作用的一种物质。人类无法通过现有的任何观测工具来直接观测到它们，只能通过引力产生的效应得知其中有大量暗物质的存在。现代天文学认为宇宙密度可能由约70%的暗能量、5%的发光和不发光物质、5%的热暗物质和20%的冷暗物质组成。

2006年，美国天文学家利用钱德拉塞卡X射线望远镜对星系团IE 0657-56进行观测，无意间观测到星系碰撞的过程，星系团碰撞威力无比，可使暗物质与正常物质分开，因此发现了暗物质存在的直接证据。2009年，美国科学家在地下废弃铁矿中捕获了暗物质粒子，这是迄今为止最有力的发现暗物质的证据。

由著名物理学家、诺贝尔奖获得者丁肇中教授主持的空间探测反物质、暗物质的阿尔法磁谱仪计划（AMS），是人类第一次用磁谱仪在太空进行物质、反物质和暗物质探测的科学实验。该计划已于1998年开始实施，航天飞机已将磁谱仪送入由美、俄、西欧和日本合作研制的阿尔法空间站上。

迄今为止，人类几千年来观测宇宙使用的主要是光学方法，这种方法无法区分物质和反物质，而AMS带有在空间条件下运行的强磁体，它能区分带电粒子电荷的符号，精确测量粒子的动量，并识别粒子种类。1998 年 6 月，AMS 搭载美国“发现号”航天飞机成功地进行了首次飞行，收集到了 1 亿多个事例。结果表明，AMS 性能达到了设计目标，能够正确区分不同的原子核和正负电荷。第一台 AMS-01 在 2001 年进入国际空间站。

寻找太空中的反物质是目前天体物理、粒子物理和宇宙论面临的重大疑难问题。根据目前公认的大爆炸学说，宇宙是由大约在 150 亿年前的大爆炸产生的。大爆炸后，宇宙在不断地膨胀和冷却。

根据粒子物理理论，大爆炸应产生同样数量的物质和反物质。组成我们周围世界的物质的原子核是由质子和中子构成的，带正电荷。所谓反物质，它的原子核是由反质子和反中子构成的，带负电荷。迄今为止，所有的实验都没有观察到反物质的存在，尽管人类可以制造若干种反粒子，如电子的反粒子正电子。探测反物质必须包括一个强磁场的磁铁探测器，用于区分太空中飞行的原子核的电荷符号。

丁肇中主持的 AMS 计划，可用磁谱仪精确测量太空中的反质子、正电子和光子的能量分布，进而有可能给这一极富挑战性的重大疑难问题以明确的答案。

阿尔法空间站磁谱仪实验是一个大型国际合作项目，中国参与了这个项目。磁谱仪采用了由中国制造的钕铁硼永磁铁。这种磁铁磁场强，不需要能源，适用于太空的实验环境。中国科学院和中国科技大学等还参与其中某些实验设备的设计和制造，并将参加将来物理数据的分析工作。

作为人类送入太空的第一个磁谱仪，这个实验很可能还会有意外的发现，因此，阿尔法空间站磁谱仪引起了世界各国科学家的极大兴趣。

经数次推迟后，第二台阿尔法磁谱仪 AMS-02 于 2011 年 5 月由美国奋进号航天飞机送入国际空间站。值得高兴的是整个探测器的机械结构的设计、制造和试验均由中国运载火箭技术研究院承担。AMS-02 将在国际空间站开展长达 3 年的探索之旅。2013 年 2 月丁肇中及其领导的团队对外宣布，他们用 AMS-02 发现了弱相互作用大质量粒子（WIMP）存在的证据，而 WIMP 是一种暗物质的候选者。

2013 年 4 月，丁肇中教授在日内瓦欧洲粒子中心公布了 AMS 项目 18 年后的第一个实验结果：已发现的 40 万个正电子可能来自一个共同之源——暗物质。诺贝尔物理学奖获得者李政道教授认为暗物质是笼罩 20 世纪末和 21 世纪初现代物理学的最大乌云，它的发现将预示着物理学的又一次革命。

2013 年 3 月，欧洲航天局“普朗克”探测器搜集的 138 亿年前大爆炸后的数据显示，神秘的暗物质占据了整个宇宙密度的 26.8%。

2010 年 12 月，在四川雅砻江锦屏水电站建设了中国首个极深地下实验室，清华大学和上海交通大学已经进入这个实验室，并开展对暗物质的研究。

科学界为何如此关注宇宙中的不明物质呢？这是因为它的存在与否影响到宇宙物质的平均密度，进而影响到宇宙的开放和封闭性质。

当然，宇宙中还有大量的引力波、中微子，也许还有很多黑洞，它们很难直接观察。但愿它们占据宇宙中的大部分质量，这是今后天文学要研究的项目之一。随着引力波天文学和中微子天文学的进展，丢失质量的下落也许能够找到。

中微子模型是原子物理的奠基人泡利（W. Pauli）于20世纪30年代提出的。他认为中微子没有静止质量。20世纪中叶，从基本粒子实验中找到了电子中微子（e）和μ中微子存在的证据。1998年7月，美国费米粒子加速器实验室找到了第三种τ中微子。1997年7月，日本东京大学宇宙线研究所教授户塚洋二在德国汉堡举行的基本粒子理论研讨会上宣布找到了中微子存在静止质量的证据。1998年6月，户塚洋二进一步肯定了这一发现。到目前为止，已有多国科学家给出了类似证据。虽然中微子静止质量的确切数值还难以给出，但已基本确定其下限为500万分之一电子质量，而电子质量 $m_e = 0.91\times10^{-27}$ 克，所以中微子静止质量不小于 0.18×10^{-33} 克。

20世纪末，科学界又将暗物质分成冷暗物质和热暗物质两种。质子和中子属冷暗物质，中微子则属热暗物质。21世纪初，美国实施了两大空间探测计划，即宇宙微波辐射各向异性探测器（WMAP）和斯隆数字巡天（SDSS）。两个计划所获得的数据出奇地相符。2003年底，根据WMAP和SDSS的观测数据，科学家给出宇宙质量一个相当定量的描述，如图6-7所示。

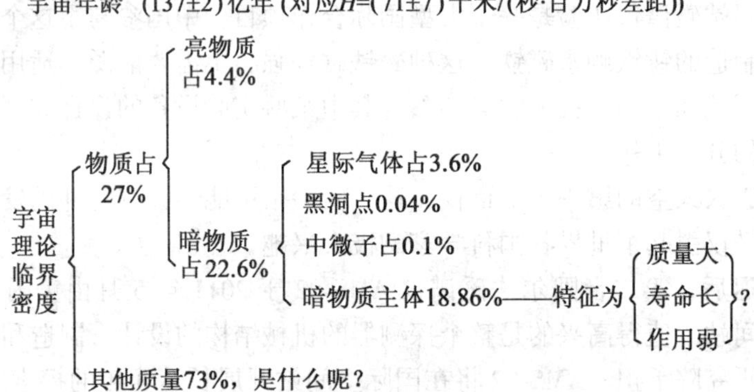

图6-7 宇宙的质量构成

［注］以上的百分比均是指占理论临界密度的百分比

如果宇宙物质的平均密度小于临界密度，说明宇宙中的物质不够多，所产生的引力不足以抗衡宇宙膨胀的趋势，宇宙将会永远膨胀下去，这样的宇宙即为开放宇宙。如果宇宙物质的平均密度大于临界密度，说明宇宙中的物质足够多，总有一天，引力会占上风，膨胀会变成收缩，最终回到大爆炸奇点，这样的宇宙称为封闭宇宙。

6.6.2 宇宙中的暗能量和宇宙的加速膨胀

在前面的内容中我们谈了暗物质，那么有没有暗能量呢？

2002年11月，英国曼彻斯特大学天文学家韦尔金森教授领导的研究小组宣布，他们已得到了宇宙中大部分能量是以神秘“暗能量”形式存在的新证据。这种新证据是通过对宇宙中遥远类星体进行长达10年的观测而得出的。他们的研究显示，2/3的宇宙可能由神秘的暗能量组成。

爱因斯坦曾在广义相对论中作出过暗能量的假设。当星系使远距离类星体发出的光弯曲时，便会对同一类星体形成若干像，这种效应称为引力透镜效应。将发现的透镜数目同星系数目联系在一起，科学家推断出宇宙中大部分能量可能处于不可见的、一种目前未知的形式。但是，包括爱因斯坦在内，很多天文学家一直怀疑暗能量是否真的存在。

过去十多年中，若干天文学家小组收集到的证据已表明，暗能量确实存在，并可能在宇宙总能量中占支配地位。借助设在美国和英国的一些大型射电望远镜，国际天文学家小组共对数千个类星体进行了观测。结果发现，平均每700个类星体中就有一个受到"引力透镜"的影响，其射电信号会发生弯曲，最终出现两个以上的"虚像"。

韦尔金森等人观测到的受引力透镜影响的类星体数目异常多，他们认为，这也许只有暗能量才能解释。他们的进一步分析表明，在假设暗能量占到宇宙成分的2/3时，理论计算与实际观测的结果最为吻合。

暗能量的探测比暗物质的探测更难，暗物质有引力，对外界有作用，而最新的研究结果表明，暗能量不仅没有引力，或许还有斥力。爱因斯坦当年发表他的宇宙模型理论时，曾经加上了一个宇宙项，后又被他自己否定了，原因是宇宙项代表了斥力。现在看来，如果暗能量具备斥力，宇宙项就非加不可了。更有学者认为这个斥力还不是一般的斥力，它应对应于万有引力，故应称之为万有斥力。

近几年对暗能量的研究更加完善，并且给出了一个可能的定义：暗能量是指一种充溢空间的具有负压强的能量。按照相对论，这负压强在长距离类似于一种反引力，并且这个定义能很好地解释宇宙加速膨胀这个观测事实。所以我们可以简单地认为暗能量就是指使宇宙加速膨胀的能量。

20世纪20年代，美国天文学家哈勃最早发现我们的宇宙不是静止的，而是在膨胀着。按照已经被高精度验证的广义相对论，当时人类已知的宇宙中的物质只会引起膨胀的减速。然而，1998年美国加州大学伯克利分校的天体物理学家萨尔·波尔马特（S. Perlmutter）和澳大利亚国立大学教授布赖恩·施密特（B. Schmidt）分别领导的两个研究小组，通过观测发现，那些遥远的星系正在以越来越快的速度远离我们，也就是说宇宙在加速膨胀。这与此前科学家认为的减速膨胀完全相反，这一发现从根本上动摇了对宇宙的传统认识。那么到底是什么样的力量在促使所有的星系或者其他物质加速远离呢？科学家将这种与引力相反的斥力来源称为暗能量。

2011年的诺贝尔物理学奖授予了"通过观测遥远超新星发现宇宙加速膨胀"的美国人萨尔·波尔马特和澳大利亚人布赖恩·施密特。

但暗能量到底是什么呢？

6.6.3 宇宙线及其起源

我们所说的宇宙线，是指来自天空的带电粒子，又叫宇宙射线，不包括各种光子、中微子等。1912年，奥地利科学家用气球把静电计带到了高空，首先发现来自宇宙深处的这种神秘射线。这是一种"粒子雨"，不分昼夜地从四面八方落向地球。至今，这些从宇宙中来的不速之客的身份和来历，仍是一个没有完全解决的难题。

通过设在大气层外的探测器给出的结果，发现这些带电粒子主要是氢原子核——质子，它占总粒子数的88%，另外，氦原子核——α粒子占10%，其他较重的原子核占

1.0%，电子等轻粒子占1%。今天，我们已在宇宙线中找到了元素周期表上所有的原子核。

宇宙线最引人注目的特点是它们落向地球的速度几乎等于光速，因此有些宇宙线粒子的能量是极高的。这种粒子的动能甚至达到地面实物粒子的动能——10^{20}电子伏。地面上最大的加速器输出粒子的能量也不过10^{15}电子伏，可造价达数百亿美元。这就是为什么现在高能物理学家在建造加速器的同时，也十分重视对宇宙线的研究。他们在高山顶上建造宇宙线观察站，以期获得加速器所不能获得的高能现象。

但宇宙线的研究非常困难，这是由它的基本性质决定的。

首先，地球的大气总是阻挡从宇宙空间飞来的宇宙线粒子，使它们不能到达地面的观测站。一个质子要从外层空间到达海平面而半路上不与空气粒子相碰的几率只有百万分之一。那种进入大气层以前的宇宙线称为初级宇宙线。为了探测初级宇宙线，人们必须用卫星、气球等把探测仪器带到30千米以上的高空。利用初级宇宙线来做实验有相当大的困难。

其次，宇宙线的密度是非常小的。在大气层外，每平方厘米每分钟只有数十个粒子通过。而对高能粒子，每平方米每小时连一个也探测不到。因此，在高能物理学的研究中，宇宙线观测只能作为加速器的一种补充手段。

宇宙线是不是无法加以研究呢？由于初级宇宙线穿过大气时会因碰撞而变成其他粒子，因此我们可以通过对这种粒子产物的探测来研究初级粒子的性质。事实上，加速器对粒子的研究，也是通过对粒子穿过探测器中的气体或液体等介质时产生的现象加以测量来进行的。

高能宇宙线粒子进入大气以后同空气中的粒子发生复杂的相互作用，产生一连串的反应，这些反应的产物有π介子、μ介子、正负电子、质子、中子、光子和中微子等。反应的产物称为次级宇宙线粒子。注意，碰撞是反复进行的。

关于宇宙线的起源，自从宇宙线发现之日起，就开始了争论。许多知名的科学家，如测得电子电荷的密立根（R. Millikan）和发现康普顿效应的康普顿（A. Canpton）曾为宇宙线的起源问题争得不可开交。争论的焦点，开始集中在宇宙线的太阳起源说上面。持这种观点的人认为太阳的活动，如黑子爆发、耀斑等，会加速粒子，宇宙线是从太阳那里来的粒子。但宇宙线基本上是各向同性的。为了解释这个现象，太阳起源说认为，在太阳周围以及整个行星际空间都存在着磁场，磁场使高速粒子的轨迹发生弯曲，既造成了粒子的均匀分布，又把它们约束在太阳系内，造成长时间稳定的宇宙线流。直到20世纪50年代初，一系列能量大于10^{16}电子伏的宇宙线的发现，才证实太阳起源的错误。因为这样的粒子能量太大，行星际磁场是不会使它们发生大的偏转的，因而不可能被约束住。于是，人们把视线转向了更广阔的银河系，提出了宇宙线的银河起源说。银河起源说在宇宙线粒子的偏转、约束上沿用太阳起源说的论证方法，认为宇宙线粒子受银河系磁场的偏转和约束。该磁场比行星际磁场要弱得多，可是银河系幅员广阔，故仍能约束住能量较高的粒子。

问题是究竟是谁提供了这些高能粒子呢？既然太阳对宇宙线的贡献不大，那么其他的正常恒星也不可能成为宇宙线源。因此，宇宙线源只能到其他特殊天体中去寻找，主要是超新星及其爆发产物——中子星。

到20世纪60年代，能量高达10^{20}电子伏以上的高能粒子被发现，并且能量在10^{18}电子伏以上的宇宙线比预计的要多。这使得银河起源说又遇到了困难，因为根据此理论，当宇宙线能量趋近于银河磁场的约束极限时，宇宙线的强度应急剧减小。而实际观测到的情况却出乎预料。对这种现象当然可以作如下解释：来自银河系外的宇宙线能补偿从银河系磁场中泄漏出去的高能部分而且有余。越来越多的证据似乎都支持这一猜想。宇宙线的银河起源说经过这样的修正就变得更加完善和令人信服了。

但是，仍有一些理论家捍卫着宇宙线完全起源于银河系的理论。他们认为，关于超新星中的粒子产生和加速过程还有很多不清楚的地方，也有可能产生宇宙线的天然加速器在高能区域效率会陡然增高，这样就不必用银河系外的宇宙线来补偿从磁场泄漏的高能粒子了。

正当宇宙线的“纯粹银河血统”的维护者同“混合血统”的主张艰苦奋战时，有些学者又提出了河外起源说。他们认为，河外射电星系和类星体同样是同步加速辐射源，肯定会使质子及重核加速。这种加速的粒子在星系际的微弱磁场及稀薄介质的作用下，逐渐均匀分布在星系团中，然后又逸出星系团，成为真正的“宇宙”射线。只不过宇宙线中的电子是不可能来自河外的，因为电子在星系际的距离上会同背景辐射相互作用，发生逆康普顿散射而形成X射线或γ射线。

总之，到现在为止，关于宇宙线加速和起源的争论，仍然没有得出最后的结果。看来，这个问题同银河系内外普遍发生着的高能过程是相互联系的。

6.6.4 化学元素的产生

如果高能宇宙线真是来自银河系以外的话，那么大自然的统一性就得到了很好的证明，因为这些来自天外之天的高能粒子与地球上的各种元素的核并没有什么两样。从氢到铀以至更重的元素，究竟是从哪里来的呢？这是天体物理学必须回答的一个问题。

为了回答元素的起源问题，我们先来看一下各种元素在宇宙中的相对丰度。所谓相对丰度，是指各种元素占宇宙中的原子总数的相对数值。人们从宇宙线、地球本身、陨石、月球岩样、火星地质等资料的分析中都得出了大体相同的元素丰度。

这些结果告诉我们，氢是宇宙中最丰富的元素，按原子数算，它占93%，按重量算，占76%；名列第二的是氦，按原子数算，占7%，按重量算，占23%。这两种元素就占了整个宇宙原子总数的几乎百分之百，重量占了近99%。剩下的微不足道的比例，分配给其他一百多种重元素。

这种比例组合是如何造成的呢？尽管所有的核都是由中子和质子组成的，中子和质子的不同个数就形成了形形色色的各种元素。

伽莫夫的大爆炸宇宙模型认为，宇宙最初的高温高密状态全是中子构成的。当宇宙膨胀时，有些中子衰变成质子，质子立即俘获一个中子，形成氢的同位素氘的原子核，这样比氢重的第一个原子核就诞生了。氘核会俘获另一个中子而形成氚核，氚核很快释放出一个电子而蜕变为氦3。就这样，通过一连串的中子俘获和电子衰变，所有元素就在大爆炸中创造出来了。伽莫夫认为，元素形成的整个过程只有几分钟。此后，宇宙的温度下降到不能生成元素的地步。这些元素便飞散开形成星系。

实验证明，几乎所有的原子核都很容易俘获中子，而根据各种核俘获中子的能力计算出的元素的相对丰度与实际观测的值符合得很好。但它也有与事实不符的一面，而且矛盾还相当严重。这就是中子俘获生成元素的过程很难越过氦4后面的两个障碍：因为质量为5和8的原子核总是不稳定的，氦4俘获中子而成为氦5以后，它立即会重新衰变为氦4。同样，质量为8的铍的同位素一经形成，也会立即分裂为两个氦4原子核。于是形成元素的一连串过程在这里中断，世界上不会有比氦4更重的核了。但这结论是荒谬之极的。因此，为了生成比氦4重的原子核，需要补充别的过程。

1957年，霍伊尔（F. Hoyle）、福勒（W. Fowler）等提出了一个系统的理论来表明各种元素是如何在恒星内部合成的。他们认为，产生能量的核过程在产生元素方面也起着关键的作用。该理论假定大爆炸只能生成氦以下的元素，因此，当宇宙的高温高密状态之后第一代恒星出现时，其主要成分是氢核——质子，其他只有少量氘和氦。当恒星因引力收缩而内部温度升到500万开时，发生质子-质子聚合，4个氢原子转变为1个氦原子。这样在恒星核心部分就形成一个氦核区，体积逐渐扩大。当氢燃料烧完后，该核心便冷却而收缩，其时热压力消减，引力占了优势。而收缩又使温度上升。当核心温度升高到1亿开左右时，两个氦核合成铍8的速度同铍8分裂为两个氦核的速度一样，于是在这种平衡中总有少量铍8存在，其中有一部分会俘获氦4而产生稳定的碳12的核。于是，自然界就跳过了锂、铍、硼三种元素，跳过了原子量5和8的障碍，直接生成了碳。自然界中存在的锂、铍、硼这三种元素可能是重元素碎裂的产物，这也说明了自然界中这三种元素的丰度特别低的反常现象。

一旦碳12得以形成，它便会进一步俘获氦核而形成氧16、氖20和镁24。当氦核大部分用完时，核心部分重又冷却和收缩。接着温度再次提高，使碳核、氧核和氖核相互作用而形成硅族元素等，最后形成铁元素。由于铁元素是最稳定的元素，继续反应只能吸收能量，正常恒星生产元素的过程就到此结束了，这也说明了铁族元素丰度高得反常的现象。

至于比铁重的元素，通常认为是在第二代恒星的晚期和超新星爆发中形成的。第一代恒星不断向空间发射微粒。当它们死亡时，常常会发生爆发而把它内部的从氢到铁的各种核抛射到空间中。在这些物质基础上凝聚而成的第二代恒星中，存在着碳，其能量的主要来源不再是质子-质子聚合，而是碳氮循环。当恒星达到晚期红巨星阶段时，其中少量的铁就会依次俘获中子而生成从铁到铅和铋这样的元素。而在此后的超新星爆发中，又会生成更重的元素——以致比铀更重的元素。

上述元素的产生过程已经得到了许多实验资料的证明，成为我们今天关于元素起源的公认理论。1983年，福勒因化学元素的核起源理论而获得诺贝尔物理学奖。

如果氢在宇宙中的比例不是那么大，而是其他物质如铁占据绝对优势，那么这个世界将不会有恒星，也就不会有生命和人类。如果宇宙中的恒星大多是由氦组成的，虽然氦也能释放能量，但寿命太短，那么生命将来不及在氦星周围的行星系统上发展起来。

那么，为什么宇宙中大部分氢并没有变成氦呢？这是由宇宙早期的状况所决定的。按照大爆炸理论，宇宙在早期高温高密状态所停留的时间并不长，接着就迅速冷却，大部分氢还来不及合成氦，宇宙就已经冷却到不能发生核聚变的地步了。而宇宙的冷却是膨胀引起的，膨胀的速度决定了冷却的速度。因此，今天宇宙中有大量氢残留下来，是同大爆炸以后几分钟内宇宙的膨胀以及膨胀的快慢有直接关系的。

正是当时的爆炸式膨胀，才使大量的氢保存了下来。这些氢后来在恒星内部缓慢地转化为重元素，给这个宇宙带来光和热，为生命和人类的发生、发展准备了条件。只要当初的膨胀速度慢一点，就会有大量的氢聚合成氦，那么今天宇宙就不会这样星光灿烂了，生命和人类也将不会出现。

6.6.5 宇宙中的常数

如果仅仅是绝对意义的常数，也许没有再讨论这个问题的必要。但如果自然界的基本常数有变化的话，问题就严重了。自然界的一切事物都处于永恒的变化之中，当然这种变化也有相对静止和稳定的一面。常数所表示的正是自然界中长期比较稳定的一些关系，如万有引力常数、普朗克常数、电子的电荷、真空中的光速、精细结构常数等。既然稳定是相对的，所以提出常数可能出现些微小的变化，并不是胡思乱想。当然，基本常数的变化是不可能很大的，否则的话，就不会被认为是常数了。

常数的变化同宇宙学有很大的关系。一方面，因为常数的变化十分微小，只有在大尺度的时空上才会显示出这种变化的后果。更重要的是，常数如果有变化的话，其根源恐怕就在于宇宙的演化。比如，宇宙的膨胀会不会影响物质之间相互关系的纽带——万有引力常数 G 呢？有很多学者认为随着时间的推移 G 在变小。由于 G 变小的速度非常缓慢，每年约百亿分之一，所以要测量由此而引起的宏观效应相当困难。因此 G 是否变化的问题至今仍是一个悬案，只能期待进一步的实验和观测。

前面说过，电子与质子的引力相互作用仅为电磁相互作用的 $1/10^{37}$。设想这个比例稍微改变一下，那么恒星的寿命就会大大不同，因为恒星的稳定基本上就是引力同热压力与辐射压力的平衡。因此，或许等不到生命在行星上发展起来，恒星就开始坍缩了。

又如，精细结构常数是 1/137，它是一个表示基本电荷作用强弱程度的基本常数。如果当初由于某种原因，这个常数比 1/137 大一点或者小一点，那么撇开别的后果不说，氢原子的半径就会有所不同，它也许就不可能与碳形成种类繁多的碳水化合物。这样，以这种化合物为基础的生命当然也就不会出现了。精细结构常数为什么是 1/137，这在目前完全是一个经验事实。如果我们能够弄清极早期宇宙各种相互作用出现时的物理过程，相信这个数字的大小将会得到理论上的证明。

还有一些与此类似的例子，目前我们还无法回答它们为什么是这般大小。看来，用我们通常的把局部同整体割裂开来的研究方法，是很难回答上述问题的。对宇宙整体性质的研究，尤其是对早期宇宙的研究，似乎有希望对它们提供一个统一的理论解释。

6.6.6 引力波

1. 引力

德国物理学家开普勒（J. Kepler）于 1609 年发表了著名的行星运动第一、第二定律。1919年他又发表了行星第三定律。他的三大定律（见1.2节）精确地描述了行星运动的轨道及行星在轨道上运动的规律。遗憾的是开普勒并不能说明这些规律存在的物理基础。

1666年牛顿（I. Newton）找到了使行星绕太阳运动的力是源于太阳的一种吸引力，其作用线始终通过太阳，大小正比于太阳和行星的质量，反比于行星和太阳之间距离的平方。

牛顿将其推广后称之为万有引力定律：在宇宙中，任何两个物体之间都有引力 F 相互作用，其方向沿着两物体的连线。其大小与它们质量 m_1，m_2 的乘积成正比，与它们之间的距离 r 的平方成反比，如公式（6-1）所示。

2. 引力场

按照万有引力定律，两物体（通常将其简化为质点模型）的引力与它们之间距离的平方成正比。通常此两物体之间隔着一定的距离，其间可以是介质（如空气）也可以是真空。那么引力是如何传递的呢？早期这种力的传递被认为是超距作用：即相隔一定距离的两个物体之间存在着直接的、瞬时的相互作用，这种作用不需要任何媒质来传递。

显然，超距作用有些不可思议，现代人不会接受这种观点。用“场”的概念可消除超距作用的疑惑：任何物体都在自己周围的空间里建立一个引力场，这个场使得处在其中的任何其他物体受到一个作用力。也就是说，万有引力是通过引力场来传递的。

广义相对论认为：引力场由时空中存在的物质所决定。随着物质的运动，引力场会发生变化。这种变化以光速传播。对于静止或运动较慢（与光速相比）的物体，可忽略传播时间，把引力作用看成是即时作用。

根据引力场的定义，我们可以用试探质点来确定引力场的强弱。根据万有引力定律，试探质点在引力场中任一点 P 所受的力 $\boldsymbol{f}$（这里 $\boldsymbol{f}$ 为矢量）与其质量 m_0 成正比。比值 $\boldsymbol{f}/m_0$，是一个与试探质点无关的矢量，它反映了引力场本身在 P 点的性质。我们把它定义为 P 点的引力场强度用 $\boldsymbol{g}$ 表示，即

$$\boldsymbol{g}=\frac{\boldsymbol{f}}{m_0}. \tag{6-12}$$

显然 $\boldsymbol{g}$ 具有加速度的量纲，可用米/秒^2 作单位。如果某物体在空间某点 P 产生的引力场为 $\boldsymbol{g}$，则任一质量为 m 的质点在 P 点所受的力为

$$\boldsymbol{f}=m\boldsymbol{g}. \tag{6-13}$$

注意这里的质量 m，m_0 均指引力质量。

引力场有个奇特的性质：任何质点，无论其化学成分和质量如何，它们在引力场中同一处都具有相同的加速度。如果再给这些质点以相同的初始条件，则在引力场中它们的运动轨迹完全一样。质点在引力场中的动力学问题变成了一个相对简单的几何问题。引力场的这种几何性质是其他场（如电磁场）所没有的。

一个质量为 M 的质点所产生的引力场在不同点的场强可写成

$$\boldsymbol{g}=-\frac{GM}{r^2}\tilde{\boldsymbol{r}}, \tag{6-14}$$

其中 $\tilde{\boldsymbol{r}}$ 为场点矢径 $\boldsymbol{r}$ 的单位矢量，负号表示力的方向与矢径方向相反，是吸引力。

引力场还有一个叠加性质：若空间有 N 个物体存在，它们各自在 P 点产生的引力场强为 $\boldsymbol{g}_1$，$\boldsymbol{g}_2$，…，$\boldsymbol{g}_N$，则 P 点的总引力场强为

$$\boldsymbol{g} = \boldsymbol{g}_1 + \boldsymbol{g}_2 + \cdots + \boldsymbol{g}_N. \tag{6-15}$$

3. 引力波

为了理解引力波的概念，先来看一下大家熟悉的电磁波。随时间变化的电场会在它的周围产生磁场。随时间变化的磁场会在它的周围产生电场。变化的一种场产生另一种场的过程，可使电磁场能够脱离电荷和电流而独立存在。独立存在的电磁场以光的速度在空间运动或传播，运动的电磁场称为电磁波。光波是特定频率内的电磁波。波的存在一定有源，电磁波起源于随时间变化的电荷和电流。

模仿上面的叙述，我们可以这样定义：运动的引力场称为引力波，而引力波起源于运动的物体。当两个物体间有引力作用时，也就是说，一个物体运动，另一个物体会感觉到它的运动。把一个物体的运动传递给另一个物体，需要一个载体来传递这个信号，这个载体就是引力波。

但引力波的探测却比电磁波的探测难得多。1888 年赫兹（H. Hertz）第一次在实验室探测到电磁波的存在，而引力波则无法在实验室产生。物理学家只能探测宇宙中产生的引力波，他们从不怀疑引力波的存在。可惜引力波太弱了，没有极端灵敏的设备和极好的运气，是无法探测到它的存在的。当引力波到来时，空间会弯曲又平直，物体也会跟着运动，但能发出可观引力波的波源离我们太远了。就好比太平洋的中心有一艘快艇驶过，你却在太平洋岸边苦苦等候快艇激起的水波，你能感觉得到吗？

5.2 节中的脉冲双星提供给我们一种探测引力波存在的间接方法。

4. 引力子

在讨论引力子之前，我们还是来看一个熟悉的东西——光波。光波是特定波长的电磁波。在量子力学中，光波的能量是量子化的。这个量子化的能量载体称为光子。也就是说，光波由大量光子构成，波动是有能量的。

类似地，在量子理论中，引力波是由引力能量的最小单位来组成的，这个能量的载体称为引力子。也就是说，引力波由大量的引力子构成。

一个有质量的物体产生引力场，就是在发射这些有能量的引力子。从而两物体之间的引力作用可理解为：一个物体发射引力子，引力子以光速传播，另一个物体吸收引力子，这个过程频繁地重复着。两个物体间这种不断交换引力子的过程，就产生了观测到的引力。

爱因斯坦的广义相对论指出了引力子的性质。引力子与光子一样无静止质量，不带电，但引力子的自旋（表征基本粒子特性的一种参量）是光子的 2 倍，可以被物质发射和吸收。我们找到了光子，知道了光子的性质。如果知道了引力子的性质，能找到引力子吗？答案是，现在连引力波尚未真正探测到，又何以找到引力子！

6.6.7　人类面临的挑战

经历了长时间的演化，宇宙中终于出现了星系、恒星、行星，在地球这样的一个行星上，出现了生命，最后出现了人类。

人类在自己的进步过程中不断探索周围的环境。他们用眼睛、望远镜、天线以及其他仪器捕捉来自天空的各种信号；后来，他们小心翼翼地跨出地球，攀登月球的山峰，让探测器飞入太空、穿透金星的浓雾，再挖开火星的土地，发射轨道空间站、航天飞机、哈勃太空望远镜，新地平线号已踏上探测太阳系边缘之路……

在人类不屈不挠的努力面前，大自然渐渐露出了自己的真相。人类终于能够在一个小小的地球上，面对着点点繁星，浩瀚银河，回顾他们生活在其中的那个宇宙所走过的漫长道路，欣赏它内在的和谐与统一。在他们面前，浮现出当初大爆炸的辉煌场面，超新星的耀眼光芒，宇宙线不息的奔流，以及别的星球上欣欣向荣的生命世界……

然而这一切并不是说我们对宇宙的了解已够清楚了，相反，在探索宇宙的道路上，我们还有许许多多的问题需要回答，比较引人注目的问题有：

(1) 宇宙中的X射线、γ射线爆发是怎样产生的？

(2) 太阳的中微子发射为什么比预期值要小？

(3) 脉冲星的内部结构如何？它的转动能量是通过什么具体办法转变为辐射的？

(4) 黑洞在自然界真的存在吗？它们在哪里呢？

(5) 星系核与类星体有什么样的联系？它们的能量是从哪里来的？

(6) 星系和星系团中下落不明的质量到哪里去了？

(7) 宇宙线的加速机制及其起源是怎样的，它们来自何处？

(8) 宇宙中的有机分子是怎样形成的？它们同生命的发展有什么联系？

(9) 宇宙中有其他生命吗？有比人类更高级的动物吗？他们在哪里？

(10) 中微子和引力波的探测将揭示出一些什么样的新问题？会不会改变我们的宇宙观呢？

(11) 自然界的基本常数会不会有变化？

(12) 为什么我们熟悉的宇宙空间是三维的？

(13) 为什么时间是一维的单向流动？

(14) 宇宙为什么具有各种对称性？是巧合吗？

(15) 为什么宇宙中反物质十分稀少？

(16) 还有新的物质形态、能量方式存在吗？

(17) 暗物质、暗能量存在吗？它们是什么？

(18) 为什么宇宙在加速膨胀？

……

科学还需要我们去不断探索，去思考……作为自然界的四大基本起源问题——宇宙的起源、太阳系的起源、生命的起源、人类的起源，能离开天体物理的研究吗？

6.7 宇宙新奇模型

所谓宇宙模型就是对宇宙的大尺度时空结构、运动形态和物质演化的理论描述。下面我们对几种新奇宇宙模型作一个简单的介绍。

6.7.1 大挤压理论

大挤压理论是一个解释宇宙如何灭亡的过程的理论，它是由宇宙膨胀论延伸而来的。宇宙膨胀论认为，宇宙是从一团炽热的火球膨胀而成的。而且到目前为止还在膨胀。但是宇宙的物质如果足够多，会产生足够大的引力，让宇宙停止膨胀，并且收缩，并让宇宙回复到刚诞生时的状态；如果物质不够多，则宇宙将永无止境地膨胀。根据研究显示，把宇宙所有可见的物质加起来只能达到让宇宙坍缩质量的1%~2%，但是宇宙中可能存在有一种不发光的暗物质，如果把暗物质加进去，大概占让宇宙坍缩质量的10%~20%。好在宇宙学家又预测宇宙中有另一种更神秘的物质，比暗物质更不容易观测到，如果是这样的话，宇宙中的暗物质就超出让宇宙坍缩质量的下限了。

大挤压理论就是大坍缩。一种假想的宇宙状态，是宇宙终结的奇点。可以这样来理解大挤压理论：以地球为模型，宇宙是作为从北极的一点（大爆炸）开始的，从北极一直往南走时，离北极等距离的纬度圈越来越大，这对应于宇宙随时间的膨胀。宇宙在赤道处达到最大的尺度，再往南去，宇宙将随着时间的继续增长而收缩，最后在南极收缩成一点（大挤压）。

6.7.2 平行宇宙

平行宇宙（Multiverse，Parallel Universes），或者称为**多重宇宙论**，指的是一种在物理学里尚未被证实的理论，根据这种理论，在人类的宇宙之外，很可能还存在着其他的宇宙，而这些宇宙是宇宙的可能状态中的一种，这些宇宙可能其基本物理常数和人类所认知的宇宙相同，也可能不同。我们的宇宙正处在从一个奇点（质量极大）不断膨胀到达极限后又重新收缩为一个奇点或者撕裂成多个宇宙的过程中。宇宙在极限膨胀的过程中也有可能撕裂为多个宇宙，中间间隔有无物质区。我们可以设想一下，万事万物最初是这样一个质量极大极大的奇点，通过膨胀不断地撕裂成无数个平行宇宙，在某一天的某一刻，就诞生了我们存在的这样一个宇宙。

2003年美国宇宙学家马克思·泰格马克（M. Tegmark）提出将平行宇宙分成以下四类：

第一类：这类的宇宙和我们宇宙的物理常数相同，但是粒子的排列方法不同，同时这类的宇宙也可视为存在于已知的宇宙之外的地方。

第二类：这类的宇宙的物理定律大致和我们的宇宙相同，但是基本物理常数不同。

第三类：根据量子理论，一件事件发生之后可以产生不同的后果，而所有可能的后果都会形成一个宇宙，而此类宇宙可归属于第一类或第二类的平行宇宙，因为这类宇宙所遵守的基本物理定律依然和我们所认知的宇宙相同。

第四类：这类的宇宙最基础的物理定律不同于我们的宇宙。而基本上到第四类为止，就可以解释所有可能存在的宇宙，一般而言这些宇宙的物理定律可以用 M 理论构造出来。

多年来，物理学前沿不断扩张，吸收融合了许多抽象的概念，如时间在高速下流动减慢、量子重叠、空间弯曲、黑洞等，近几年来“多重宇宙”的概念也加入了上面的名单。作为预言给出的论断也可能是错误的。现在问题的关键已不是多重宇宙是否存在，而是它们到底有多少个层次。关于层次，科学家是这样来分层的：

第一层次：视界之外

所有的平行宇宙组成第一层多重宇宙。这是争论最少的一层，所有人都接受这样一个事实：虽然我们此时此刻看不见另一个自己，但换一个地方或者简单地在原地等上足够长的时间以后就能观察到了。就像观察海平面以外驶来的船只，观察视界之外物体的情形与此类似。一个球形、炸面圈形或者圆号形的宇宙都可能大小有限，却无边界。

另一种观点认为：空间本身无限，但所有物质被限制在我们周围一个有限区域内。在大尺度下物质分布会呈现分形图案，而且会不断耗散殆尽。这种情形下，第一层多重宇宙里的几乎每个宇宙最终都将变得空空如也，陷入死寂。生活在第一层多重宇宙不同平行宇宙中的观察者们将察觉到与我们相同的物理定律，但初始条件有所不同。

第二层次：膨胀和气泡

如果第一层多重宇宙的概念不太好理解，那么试着想象下一个拥有无穷组第一层多重宇宙的结构：组与组之间相互独立，甚至有着互不相同的时空维度和物理常量。这些组构成了第二层多重宇宙“膨胀和气泡”。膨胀作为大爆炸理论的必然延伸，与该理论的许多其他推论联系紧密。比如我们的宇宙为何如此之大而又如此的规整、光滑和平坦？原因是空间经历了一个快速的拉伸过程，它不仅能解释上面的问题，还能阐释宇宙的许多其他属性。“膨胀”理论不仅为基本粒子的许多理论所预言，而且被许多观测证据所证实。作为一个整体的空间正在被拉伸并将持续下去，然而某些特定区域却停止拉伸，由此产生了独立的“气泡”，好像膨胀的烤面包内部的气泡一样。这种气泡有无数个，它们每个都是第一层多重宇宙：在尺寸上无限而且充满因能量场涨落而析出的物质。

对地球来说，另一个气泡在无限遥远之外，远到即使你以光速前进也永远无法到达。因为地球和“另一个气泡”之间的那片空间拉伸的速度远比你行进的速度快。如果另一个气泡中存在另一个你，即便你的后代也永远别想观察到他。基于同样的原因，即空间在加速扩张，观察结果令人沮丧地指出：即便是第一层多重空间中的另一个自己也将看不到了。

第二层多重宇宙与第一层的区别非常之大。各个气泡之间不仅初始条件不同，在表观面貌上也有天壤之别。当今物理学主流观点认为诸如时空的维度、基本粒子的特性还有许许多多所谓的物理常量并非基本物理规律的一部分，而仅是一种被称为“对称性破坏”过程的结果而已。由此，我们称空间的对称性被破坏了。量子波的不确定性会

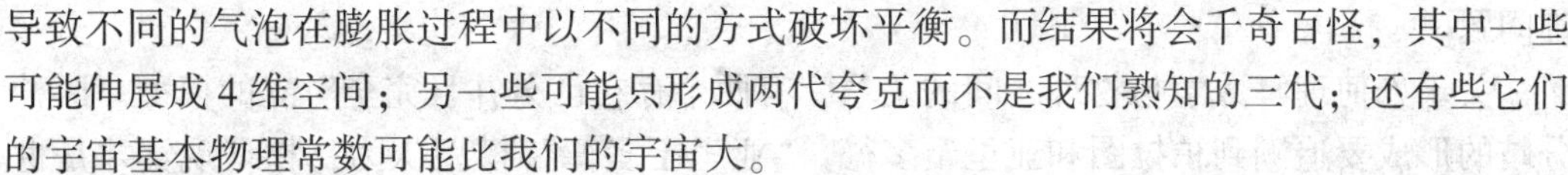

导致不同的气泡在膨胀过程中以不同的方式破坏平衡。而结果将会千奇百怪，其中一些可能伸展成 4 维空间；另一些可能只形成两代夸克而不是我们熟知的三代；还有些它们的宇宙基本物理常数可能比我们的宇宙大。

第三层次：不平行世界

第一层、第二层多重宇宙预示的平行世界相隔如此之遥远，超出了天文学家触及的范围。但下一层多重宇宙却就在你我身边。它直接源于著名的、备受争议的量子力学：任何随机量子过程都将导致宇宙分裂成多个量子平行宇宙。当你掷骰子，它看起来会随机得到一个特定的结果。然而量子力学指出，那一瞬间你实际上掷出了每一个状态，骰子在不同的宇宙中停在不同的点数。其中一个宇宙里，你掷出了 1，另一个宇宙里你掷出了 2……然而我们仅能看到全部真实的一小部分——其中一个宇宙。

20 世纪早些年，量子力学理论在解释原子层面现象方面的成功掀起了物理学革命。在原子领域下，物质运动不再遵守经典的牛顿力学规律。量子理论指出宇宙并不像经典理论描述的那样决定宇宙状态的是所有粒子的位置和速度，而是一种叫做波函数的数学对象。根据薛定谔方程，该状态按照数学家称之为“统一性”的方式随时间演化，意味着波函数在一个被称为“希尔伯特空间”的无穷维度空间中演化。尽管多数时候量子力学被描述成随机和不确定，波函数本身的演化方式却是完全确定、没有丝毫随机性可言的。

关键问题是如何将波函数与我们观测到的东西联系起来。许多合理的波函数都导致看似荒谬不合逻辑的状态，比如那只在所谓的量子叠加下同时处于死和活两种状态的猫。为了解释这种怪异情形，在 20 世纪 20 年代，物理学家们做了一种假设：当有人试图观察时，波函数立即“坍塌”成经典理论中的某种确定状态。普林斯顿大学科学家在 1957 年提出的一种观点认为“波函数坍塌”的假设完全是多余的。纯粹的量子理论实际上并不产生任何矛盾。它预示着这样一种情形：一个现实状态会逐渐分裂成许多重叠的现实状态，观测者在分裂过程中的主观体验仅仅是经历完成了一个可能性恰好等于以前“波函数坍塌假设结果”的轻微的随机事件。这种重叠的传统世界就是第三层多重宇宙。

第三层多重宇宙的存在基于一个至关重要的假设——波函数随时间演化的统一。所幸迄今为止的实验都不曾与统一性假设背离。在过去几十年里我们在各种更大的系统中证实了统一性的存在。同样的原理也可以适用在第二层多重宇宙。破坏对称性的过程并不只产生一个独一无二的结果，而是所有可能结果的叠加。这些结果之后按自己的方向发展。因此，如果在第三层多重宇宙的量子分支中物理常数、时空维度等各不相同，那些第二层平行宇宙同样也将各不相同。

第四层次：其他界构

虽然在第一层、第二层和第三层多重宇宙中初始条件、物理常数可能各不相同，但基础法则是相同的。平行宇宙的终极分类是第四层，包含了所有可能的宇宙。宇宙之间的差异不仅表现在物理位置、属性或者量子状态，还可能是基本物理规律。它们在理论上几乎就是不能被观测的，我们能做的只有抽象思考。该模型解决了物理学中的很多基础问题。

关于如何理解数学与物理之间的关系，有两个存在已久并且完全对立的模型。两种分歧的形成要追溯到柏拉图和亚里士多德。“亚里士多德”模型认为，物理现实才是世界的本源，而数学工具仅仅是一种有用的、对物理现实的近似。“柏拉图”模型认为，纯粹的数学结构才是真正的“真实”，所有的观测者都只能对之作不完美的感知。换句话说，两种模型的根本分歧是：哪一个才是基础，物理还是数学？

宇宙的数学结构是抽象、永恒的实体，独立于时空之外。如果把历史比做一段录像，数学结构不是其中一帧画面，而是整个录像带。“柏拉图”派模型带来了一个新的问题：为何我们的宇宙是这个样子？对“亚里士多德”派来说，这个问题是没有意义的，因为宇宙的物理本源就是我们观测到的样子。但“柏拉图”派不仅无法回避它，反而会困惑为什么它不能是别的样子。如果宇宙天生是数学性的，为什么它仅仅基于“那一个”数学结构？要知道数学结构是多种多样的。似乎在真实的核心地带有某种最基本的不公平存在。

第四层多重宇宙的假设作出了可验证的预言。在第二个层次上，它包含了全体可能（全体数学结构）和选择效应。数学家们还在继续为这些数学结构分门别类，而他们最终应该发现，用来描绘我们世界的那个数学结构将会是所有符合我们观测结果的结构中最简单的那个。类似地，我们将来的观测结果将会是那些最简单的、与过去观测结果相一致的东西；而过去的观测结果也应该是最简单的、与我们存在相符合的那些。

最新研究发现我们生活的宇宙可能并非单独存在，事实上，它很可能是由无限多个宇宙组成的“多重宇宙”中的一个。尽管多重宇宙的概念听起来有些不可信，但它背后却有物理学理论支持。有关多重宇宙的概念是由多个相互独立的物理学理论共同得出的。有的专家甚至认为还可能存在隐匿的宇宙。

2007年8月，科学家在研究宇宙微波背景辐射信号时发现了一个巨大的冷斑（cold spot），其中完全是“空”的，没有任何的正常物质或者暗物质，也没有辐射信号。为什么宇宙中会存在如此怪异的时空呢？为了寻找这个答案，科学家认为这是另一个宇宙的证据，冷斑现象可能使得宇宙学家推出一种结论，暗示我们的宇宙之外还存在平行宇宙。科学家通过普朗克探测器观测到的辐射数据发现我们的宇宙可能是10亿个宇宙中的一个，第一次有证据显示平行宇宙是存在的。

普朗克探测器绘制的地图显示了微波背景辐射的分布情况，科学家认为大爆炸后期残留的辐射均匀分布于宇宙空间中。但2005年美国学者预言了异常辐射的存在，并认为由于平行宇宙的存在导致了辐射分布异常。根据普朗克探测器的数据，在我们的宇宙之外还存在更多的平行宇宙，由于这些宇宙的存在，导致了背景辐射的异常，这一切都体现在宇宙学理论无法解释的冷斑时空中。

6.7.3　无限宇宙

虽然科学家并不确定时空的具体形状，但它很可能是扁平的（而非椭圆形或者圆环状）并且无限延伸。但是，如果时空是无限延伸的，那么它必须在某个点开始重复，因为粒子在时空中的分布形式是有限的。

如果你向前延伸到足够远，或许能够遇到另一个你，甚至是无限多个你。这些“双胞胎”可能正在做着此刻你正在做的事，有的可能穿着不同的衣服，有的可能正面临不同的事业和人生选择。由于可观测到的宇宙只能够延伸到光能够触及的地方，也就是从宇宙大爆炸起的137亿年间（也即137亿光年远的地方），在此范围以外的时空就可以被当做是另一个独立宇宙。按照这种方式，多个宇宙彼此相邻，共同位于一个巨型无限宇宙之中。

6.7.4 气泡宇宙

除了无限膨胀的时空创造了多个宇宙的理论，其他宇宙的存在还可能通过名为“永恒膨胀”的理论解释。永恒膨胀理论是由美国塔夫斯大学宇宙学家亚历山大·维兰金（A. Vilenkin）首次提出的，该理论认为有些空间的口袋停止膨胀，而有的地区持续膨胀，因此产生了很多独立的“气泡宇宙”。

我们自身宇宙的膨胀已经停止，这使得很多恒星和星系开始形成，但它只是时空广袤海洋中的一个小气泡，很多其他类似我们自身的气泡宇宙仍在继续膨胀。在某些气泡宇宙中，物理学定律和基本常数可能与我们的有所不同，这导致这些宇宙可能有些奇怪。

6.7.5 数学宇宙

关于数学是否为描述宇宙的一项简单工具，或者数学本身就是基本现实，而我们对宇宙的观测其实是对宇宙真实数学本质的不完美认知，科学家一直争论不已。如果后者是正确的，那么组成我们宇宙的特殊数学结构可能并非是唯一的可能，事实上所有可能的数学结构都存在于它们自身的单独宇宙里。

“数学结构是完全独立于人类的一种能够以某种方式描述的事物。”提出这项颇费脑筋的理论的美国麻省理工学院的马克思·泰格马克这样说道，“我认为一定存在某些独立于我们的宇宙，即使某一天人类灭亡，这些宇宙仍将继续存在。”

6.7.6 婴儿宇宙

宇宙不是无限的，而是有一个时间上的起点，在那个起点时间发生宇宙大爆炸，形成了现在的宇宙，迄今约137亿年，这个时间对宇宙来说太小，仅相当于人类发育的婴儿时期，故此得名婴儿宇宙。借助美国航天局的微波背景辐射探测器，一个国际天文学家小组新获得了“婴儿期”宇宙迄今最精细的照片，为宇宙大爆炸理论提供了新的依据，根据这张照片，科学家“精确地测量出了宇宙的实际年龄大约是138.2亿年”。

婴儿宇宙的概念，首先确立了无限的意念，在无限之中，包含了无穷的未知时空和生命。这个宇宙，从其历史角度讲，并非是初生的，它也有着辉煌的历史。理论上白洞所在的宇宙就是婴儿宇宙。

根据广义相对论方程式的某些解释，当我们宇宙中一个天体坍缩形成一个黑洞时，它能够经过黑洞中心的奇点膨胀到一个不同的时空中去。这个从奇点膨胀开的时空区将完全等价于我们的宇宙从大爆炸奇点的膨胀。即使进入原始黑洞的物质只有太阳质量的几倍，这样一个婴儿宇宙却可以因暴胀而变得同我们自己的宇宙一样大。

很可能，我们的宇宙是以这种方式由另一个时空区中的黑洞坍缩成的，而时空总结构（“总宇宙”）是一系列相互连通的泡，就像一杯啤酒上面的泡沫，没有起始也没有终结。要说明这点，可将我们宇宙的时空想象成一个膨胀气球的外皮，婴儿宇宙就对应从这个气球上挤压出来并独立膨胀的一小块，从这个婴儿宇宙的皮上又会像芽体那样产生新的婴儿宇宙，依此类推，以至无穷。

我们知道宇宙的年龄的确是有限的，宇宙是在大约137亿年前大爆炸形成的。而计算表明，要把地球的夜空全部照亮，要花上以亿亿亿年计的时间，远处的星光才能都抵达地球。显然我们的宇宙还太年轻了。

6.8　宇宙中的哲学思想

这是一个内涵非常广泛的题目，足以让哲学家写上几百万字的专著。作为本章的结尾，我们只想简单地谈谈辩证法在宇宙起源和演化中的作用，更多的问题留待读者去思考，去研究。

读到这里，人们一定会觉得这个世界太奇妙了，它超出常人的想象；也一定会觉得这个世界太难了解了，似乎超出了人类认识的极限。因此，正确的指导思想和方法论对认识宇宙就显得尤为重要了。

6.8.1　宇宙起源中的辩证法

先来看看起源问题。大爆炸宇宙模型认为宇宙起源于原始火球。在原始火球里，物质以基本粒子形态出现。今天看来，原始火球由基本粒子构成的观点是很难成立的，因为根据暴胀模型，宇宙在大爆炸后的头一秒钟内才产生基本粒子。原始火球究竟由什么构成，只能让自然科学去解决。哲学代替不了具体科学。

但是，依据世界的统一性在于它的物质性原理，唯物辩证法能够为我们解决这个问题指明正确的方向。这就是，原始火球是某种未知的物质形式，而不是某种超物质的东西。原始火球是无限多的物质形式无限转化过程中的一环。原始火球也不是绝对最早的物质形式，因为它也是由过去某种物质形式转化来的，也经过了其他不同物质形式的无限转化过程。因此，当我们说宇宙起源于原始火球时，其含义是指，宇宙起源于某种特殊的物质形式，而不是起源于超物质的东西，不是起源于一无所有的绝对的“虚无”。这样一句话也许更能说明上述问题：我们今天所知道的宇宙的开端，可能是其他物质发展形式的终结，尽管对那个时期的情况我们实际上完全不可能了解。

那么原始火球又是怎样起源的呢？按照广义相对论，原始火球可以进一步收缩为没有大小的奇点。为了克服这一困难，必须运用吸引（收缩）和排斥（膨胀）这对自然辩证法范畴说明原始火球是怎样从过去的物质形式转化来的。

第一，收缩和膨胀是相互联系、互为前提的。收缩运动和膨胀运动是无机自然界，因而也是宇宙起源中的两种运动的基本形式，它们是矛盾的双方，是互相联系、互为前提而存在着的，失去一方，另一方也就失去存在的条件。因此，对膨胀的宇宙而言，它的起源必然有一个收缩过程作补充。也就是说，在当前，宇宙不仅要经历一个膨胀阶段，而且在过去，它也应该经历了一个收缩阶段。

第二，收缩和膨胀不仅是互相联系的，而且是相互转化的。因此，现在宇宙的膨胀很可能就是从宇宙过去收缩的末尾中转化来的。观测宇宙就是在收缩转化为膨胀的过程中诞生的。所以宇宙的起源过程经历了两个阶段：先是原始火球起源阶段，即宇宙在经过长期收缩运动之后，它的收缩的末尾就是原始火球，然后，宇宙再从这个原始火球通过大爆炸转化为膨胀运动。从哲学上说，宇宙的振荡理论是可行的，也是最完美的。

第三，原始火球是由过去什么样的物质状态转化来的呢？它本身又是什么样的物质状态呢？我们知道，运动和物质不可分割，在天体物质中与收缩和膨胀两种运动的基本形式相对应，存在着两种基本的物质状态，即超密物质状态和弥漫物质状态。伴随着收缩运动，宇宙中的物质也由过去极其稀疏的弥漫物质收缩为超密状态的原始火球。

需要指出的是，随着这种密度状态的改变，物质形式也要发生变化。例如，由分子态变为原子态、基本粒子态、夸克态（汤），这也符合量变质变原则。从哲学的角度看，奇点总是可避免的。原始火球不仅是收缩宇宙的终点，也是膨胀宇宙的起点，在这里终点和起点是辩证的统一，是可以互相转化的。

既然原始火球是膨胀宇宙即观测宇宙的起点，那么，观测宇宙又是怎样从原始火球创生的呢？这需要分析原始火球的内因，原始火球发生爆炸的内因是吸引与排斥的相互作用。在相当长的时间内，原始火球中的吸引是矛盾的主要方面，排斥是矛盾的次要方面，所以才使宇宙收缩在一个极小的体积内。但是，在超高温、超高密的原始火球中，吸引与排斥始终激烈地斗争着，因而使原始火球越来越不稳定。在某个时刻，当排斥超过吸引最终失去控制时，原始火球中的物质迅速向外抛射，发展成巨大的爆炸，于是宇宙便开始膨胀下去，直到今天。

宇宙的起源是一个正在探索中的十分复杂的问题，它会碰到许多困难，其中既有自然科学的问题，也有哲学的问题。如果能够将辩证法的观点与现代自然科学成果紧密地结合起来，会使我们少走很多弯路，更有利于揭示宇宙起源中的本质。

6.8.2　宇宙演化中的辩证法

自然界是沿着什么样的道路、方向演化和发展的呢？哲学上认为整个自然界是在永恒的流动和循环中运动着。

首先，考察一下未来宇宙两种衰亡的途径。唯物辩证法认为，自然界中一切具体的事物都是有生有灭的。宇宙也不例外，它不仅有其产生和发展的历史，而且也逃脱不了衰亡的命运。宇宙未来衰变的可能途径将取决于它属于哪种宇宙模型。

根据爱因斯坦引力场方程的解来分析，有三个非静态解，对应于三种不同的空间曲率，见（6-7）式。对应于 $K=-1$ 和 $K=0$ 的两种宇宙模型称为开模型。这种宇宙将一直膨胀下去，并且随着星系和恒星内部核燃料的耗尽而走向衰亡，宇宙变成一个黑暗世界。对应于 $K=+1$ 的宇宙模型称为闭模型。这种宇宙膨胀到某一最大体积后，开始转化为收缩，温度也随之回升得越来越高，终于又恢复到原来的原始火球状态。然后在一定条件下，宇宙又一次爆炸，又一次膨胀。随着膨胀和收缩的无限更替，我们的宇宙不断地有生有灭，再生再灭，故称之为振荡宇宙。

我们的宇宙究竟按哪种模型走向衰亡，迄今的天文观测尚未得到充分的证据来作出判断。目前观测到的物质密度大约为10^{-30}克/厘米^3，低于临界质量密度ρ_c，不能使膨胀的宇宙转变为收缩的宇宙。种种迹象表明，宇宙中除了这些看得见的物质之外，还存在有大量看不见的物质。譬如，中微子就很可能是这种物质。过去人们一直认为中微子的静止质量同光子一样为零，因而不能影响宇宙的质量密度。然而，最近的实验表明，中微子的静止质量并不为零，尽管很小，只有几十电子伏特，但一旦这个结果得到最后证实，那么仅仅是宇宙中的中微子质量密度就能超过临界值而使宇宙闭合。很多学者正在致力于这方面的探索。

其次，在弄清了宇宙未来衰亡途径的质量衰变的条件之后，就可进一步研究宇宙演化的基本规律——循环律不同的表现方式。

第一种方式，对于闭模型而言，物质演化的循环律是非常明显的。因为在这种模型中，生与死、收缩和膨胀是无限转化的，因此我们的宇宙并没有什么起点，这一代宇宙起源于上一代宇宙的末日，而这个结局又为下一代宇宙开创了新的起点。由于初始大爆炸的具体情况不同，所以各代宇宙演化的过程就不完全相同，这就避免了形而上学的简单机械循环论。

第二种方式，对于开模型而言，怎样论证它的循环律呢？这里就要从收缩和膨胀、吸引与排斥的对立统一观点出发，弄清楚原始火球是怎样产生的这个困难的问题。对此可以从哲学和自然科学两个方面加以解决。

在哲学方面，应当求助于运动不灭原理。宇宙中有一个吸引运动，就一定有一个与之相当的排斥运动来补充，反之亦然。否则必然导致运动最后停止的结局。根据这个原理可以推断，在原始火球大爆炸之前，一定有一个收缩运动作补充，才能产生原始火球，并且大爆炸之后，由收缩转化为膨胀，造成我们宇宙的膨胀运动；反之，对于这个膨胀运动，也必然能在别处找到一个收缩运动作补充。正是由于收缩和膨胀是无限转化的，因而才造成无限时间内，无数的宇宙有生有灭，有灭有生，处于永无止境的连续更替之中。

在自然科学方面，已经有科学家提出了原始火球是由非常稀薄的气体转化而来的观点。他们认为，在原始火球之前有一个非常稀薄的气体组成的宇宙。这种极稀薄的气体由于受到它的自身范围里分布的引力场的作用，慢慢地不断收缩，使得宇宙变得越来越紧密。收缩的最终结果，使温度升高，辐射增强，导致收缩放慢。当收缩达到的辐射压力与引力刚好平衡时，就形成了所谓原始火球。此后，在某个时刻，温度和辐射的向外推力最终失去控制，宇宙物质向外抛出，并迅速发展和爆炸，再转化为膨胀。

上面关于开模型的宇宙实现循环律的论述，是以这样的假定为前提的，即承认在我们的宇宙之外，还存在有许多其他类似的宇宙。我们的宇宙在膨胀，在排斥；而在别处，另外的“宇宙”在收缩，在吸引。而这个另外的“宇宙”，既可能发生在“我们的宇宙”的过去，使得目前正在膨胀的宇宙开始于从前一次收缩的末尾，又可能发生在未来，使得走向衰亡的“我们的宇宙”放射到无限太空中去的物质和能量的一部分，参与到这个另外的正在收缩的“宇宙”中去，重新转化为一个新的原始火球，并在一定的条件下，发生新的爆炸，新的膨胀……如此循环往复，永不停息。

作为开模型的宇宙，宇宙是无限的，也许在我们的宇宙以外，还有无限多的宇宙……

如果再运用其他辩证法的规律，如否定之否定，运动的螺旋式上升，低级到高级……还能得到更多的认识。

作为本章的结尾，作者提出了这样一个问题：根据量变到质变的辩证关系，也许收缩的极限——奇点，正是连接物质和反物质的通道，奇点问题也就解决了，不过宇宙又有了新问题——正宇宙、反宇宙……

思　考　题

1. 什么是宇宙论？

2. 牛顿时空观和相对论时空观有何区别？

3. 狭义相对论中，长度、时间、质量等物理量与运动速度的关系如何？

4. 宇宙微波背景辐射是如何发现的？它表达了什么样的物理思想？

5. 如何理解宇宙的形状和年龄？

6. 试述宇宙中存在的主要问题。

7. 阐述几种主要的宇宙理论，你支持哪种说法？

8. 什么是宇宙学原则？宇宙学原则的哲学意义是什么？

9. 关于引力，你有什么话想说？

10. 什么是引力透镜？

11. 如何来探测宇宙中的暗能量、暗物质？

12. 试述哲学和宇宙观的关系，并试着用所学的辩证法来解释宇宙中的一些模糊概念。

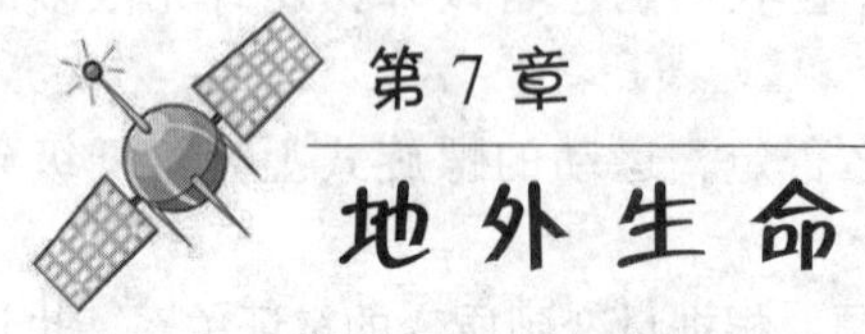

第7章 地外生命

在21世纪的今天，什么样的新闻最具爆炸性？战争、海啸、瘟疫、火星之旅……都不是。只要能够发生，外星人来访一定是地球21世纪最大的新闻。从《星球大战》、《ET》、《星战前传》等，好莱坞的外星人大片从来都是人类最感兴趣的话题。外星人长什么样？具备什么能力？这是我们想知道又无法知道的最大悬念。外星人是地外生命的高级形式，那什么是生命呢？

7.1 关于生命

人类很容易识别地球上的物体什么是生命体，什么是非生命体。但对生命的严格的、确定的定义却因种种原因又难以完整表达，我们只能给出较为普遍的观点。

7.1.1 生命的定义

作为生命，它应具备以下特征：

(1) 具有自我复制繁殖后代的能力。这里的复制是指生殖细胞中的遗传因子DNA要进行自我复制。

(2) 具有自我更新，也即新陈代谢的能力。

(3) 具有主动改变自己去适应环境的能力。(这个能力老鼠可比人强多了。科学研究表明，地球上将来最后一种灭绝的动物可能就是老鼠。) 科学家把这一能力称为生命的兴奋性。

(4) 生命的最小单元是细胞。细胞主要由蛋白质和核酸组成，而蛋白质和核酸则由有机分子构成，有机分子的主要成分为碳、氢、氧。

具备以上特征的物体，我们称之为生命。如果用通俗的词语来表达上述特征，那仅需两个字——“活的”。

7.1.2 生命存在的条件

地球上生命存在的条件，我们可以归纳为如下几个主要方面：

(1) 在一个恒星的行星系统中，恒星有适当的辐射能，以使“万物生长靠太阳”的基本理念得到保障。行星与恒星之间有适当的距离，行星的自转和公转速度在一个合适的水平。

(2) 行星具有富氧并能提供防紫外辐射的大气层，有一定的磁场及电离层，以抵抗宇宙高能粒子辐射，有一定的重力。

(3) 有液态水的存在和水的循环过程（如雨、雪等）。

(4) 适宜的温度。地球上生命耐受的温度范围在摄氏-200 度至摄氏 100 度之间，有合适的大气压。

(5) 除上述物理条件外，还应有适合生命生长的生物条件。

当然这是以地球生命为样本给出的条件，不排除地外生命由于演化方式、物种特性、化学组成不同而产生的特殊生存条件。

最近几年，科学家在深海火山口发现了让人目瞪口呆的现象：数种生物（包括甲壳动物）在海底火山口温度高达摄氏 200 度至 300 度、深达数千米（极高的水压）、恶劣的水质（含硫量极高）中悠闲地游荡着。海底火山口的极端条件违背了我们公认的生存原则，但生命已经存在了，是环境造就了生命，还是生命适应了环境？

7.1.3 生命的起源

生命是怎样起源的？自古至今人类对这个问题的探索就从未停止过。历史上出现过许多关于生命起源的假说，主要可分为以下四种：

(1) 自生说：认为生命是从非生命物质中迅速而直接地产生出来的。

(2) 生源说：认为生命不能自然产生，只能从生命以前的生命中产生（类似于鸡生蛋，蛋孵鸡）。

(3) 太空起源说：认为生命并非起源于地球，而是起源于地球之外的太空。

(4) 化学进化说。

第(1)、(2)两种假说由于显而易见的错误已被抛弃。第(3)种说法由于 20 世纪 60 年代星际有机分子的发现而得到重视。第(4)种假说则是科学界大致公认的普遍学说。

化学进化说认为最初的生命形态是在原始地球环境下经过长期的化学演化和生物演化而逐渐形成的，原始生命的形成可分为三个阶段：

(1) 由无机物合成简单碳化物，在水和酸的作用下产生碳氢化合物，在阳光、闪电、火山活动提供的能量支持下经氧化形成烷、醚、醛等有机物。

(2) 大量简单有机物随雨水汇集于原始海洋中，长期的积累使得海水中有机物的浓度达到一定的水平，从而生成复杂的大分子结构——氨基酸和核苷酸。

(3) 氨基酸和核苷酸合成蛋白质和核酸，原始生命就诞生了。具有自我复制能力的原始生命由非细胞形态到细胞形态，由简单的原核细胞到有细胞器结构的真核细胞，由异养型生物到自养型生物，由单细胞到多细胞，由无性繁殖到有性繁殖，由简单到复杂，由水生到陆生，由低级到高级，直至形成复杂的生命世界。

据生物分类学家的研究，今天生活在地球上已经确知的生物物种约 170 万种，其中动物约 120 万种，植物约 50 万种，真菌类约 4.5 万种。加上未被发现的物种和已经灭绝的物种（物种灭绝的同时会有新物种产生），地球上物种的数目是相当可观的，保守估计在亿种以上。

7.2　地 外 生 命

迄今为止，人类所认识到的生命现象都在地球上，人们从未见过地球以外的生命形态。如图 7-1 所示，科幻片中的外星人形象是人类通过想象创生的，没有任何事实依据。宇宙中如果存在着完全不同于地球的另一种或多种模式构建而成的生命，我们对此无话可说。如果宇宙中存在着与地球上相同模式构建的生命，那他们真的存在吗？

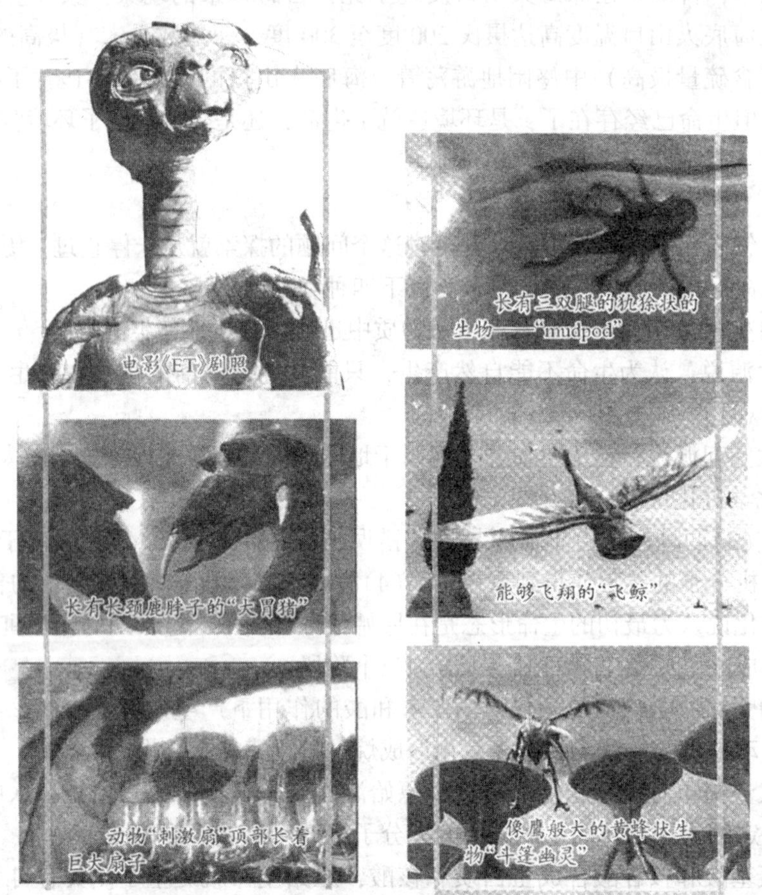

图 7-1　可能的地外生命形态

7.2.1　地外生命存在的依据

哲学中有句名言：世界是物质的。如果把这句话压缩一下则可表述为：生命是物质的。构成生命的基本物质材料和构成非生命的基本物质材料并无区别，无非是各种化学元素，而这些元素则由更为基本的粒子——质子、中子和电子构成。天文学研究已经证明：在地球以外的广阔宇宙中，构成恒星、星系、星际物质等的基本材料与地球上的是一致的。地球上物质之间相互作用的物理过程、化学过程和生物过程所遵循的规律也应适用于地外物质的相互作用。也就是说，如果地外存在符合地球模式的生命，那么构成他们的材料、结构方式、生存条件和地球上的生命也应该是一致的。承认宇宙的物质性及其规律的统一性是一切自然科学研究的前提。6.3节中在讲到宇宙模型时用到的第一个假设：物质和能量在宇宙其他地方同我们在地球上一样遵从相同的物理定律，就是指的这一前提。离开这一前提，认为外星人可以用一种与地球人截然不同的方式生存，比如不受重力场的影响，可以在恒星表面生存，往地上摔一只玻璃杯，结果玻璃杯破碎后变成一只玻璃碗，那我们讨论地外生命还有什么意义呢？

星际有机分子的发现表明：在宇宙中许多地方，由无机物形成有机物的化学演化早已完成，这为由有机分子形成生物大分子结构，进而发展为生命的演化准备了充足的物质基础，组成生命的基本构件——氨基酸也被我们在宇宙空间中找到，地外生命的发现还会太远吗？

7.2.2 地外生命的探测

我们这里说的对地外生命的探测，是指对低级生命的探测，我们与它们之间不存在互动性。对地外高级生命即地外文明的探测留在下节讨论。由于人类认识自然的局限性，到目前为止，对地外生命的探测局限于太阳系内，探测的结果是：在太阳系内的其他天体上不存在像地球人那样的高度发达的生命形式，至于是否存在低级生命的可能至今也没有定论。

了解地外生命的最好办法是通过地球本身，将富有生命的地球的性质尝试推广到其他星球，作为搜寻地外生命的一条可行途径。探测地外生命就是探测生命必需的条件，这些条件包括以下几方面：液态水的存在，生命在新陈代谢或复制中必需的元素，生命体可利用的能源，生命体能够持续生存的稳定的环境。

没有液态水，很难想象生命能够存在。液态水是地球生命存在的最重要的条件。生物学家坚信，探测地外生命就等于探测液态水和碳水化合物在地外的存在。科学家重点对月球、火星、木星、土星以及它们的卫星作了探测。

1. 月球

1969年7月20日，阿波罗11号登月舱首次实现了人类登上月球的梦想。从1969年7月到1972年12月，先后有6艘阿波罗飞船登月成功，共有12名宇航员登上了月球的土地。除此之外，前苏联也有多个月球探测器完成了登陆任务。但他们的登陆点都在月球赤道附近，没有发现月球水或水冰的存在。研究表明，在月球表面大部分地区，水冰会因阳光蒸发而变成水汽，逃逸到太空中。但月球的两极由于温度极低（约-230℃），如果有水冰的话则可保存下来。1994年美国航天局发射了“克莱门汀”号航天器，对月球南极进行探测，发现在南极的一个盆地中可能存在冰湖，大量的水冰和泥土混在一起。为了确认这一发现，1998年1月，美国航天局发射了“月球勘探者”号月球探测器，118分钟绕月球飞行一圈，在月面100千米上空对月球两极及整个月面进行了为期一年半的考察，进一步证实了在月球南北两极存在冰湖的可能性。1998年5

月发表的“月球勘探者”探测报告指出：月球南极650千米^2、北极1 850千米^{2}范围内有水冰约66亿吨。1999年7月31日，“月球勘探者”进行了最后的自杀式撞击月球南极的实验，希望能够通过撞击来产生水分子和氢氧离子，以证明水冰的存在。

2009年10月，美国航天局连续用一枚半人马座运载火箭和月球陨坑观测与传感卫星撞击月球南极的凯布斯坑，以探测月球之上的水冰。据称这次撞击扬起至少95升水，为月球有水给出有力证据。

2010年，NASA宣布，科学家在月球北极用雷达发现40多个陨石坑含有6亿吨水冰。

2. 火星

数百年前，当科学家用小口径望远镜观察火星表面时，发现有大量的规则线条，这些线条的规则性使人否定了它自然生成的可能性，人类将其解读为文明社会的产物——运河。随着人类技术的进步，探测器火星登陆的实现，运河观早已成了历史。火星的主要参数见2.3节。火星大气层比较稀薄，且主要成分为二氧化碳。火星比地球冷，表面温度在摄氏-167度至20度之间。两极有很厚的白色冰层，称为极冠，但主要是干冰(固态二氧化碳)，水冰很少。

近半个世纪，已有数十个火星探测器对火星进行了探测，虽然目前还没有发现火星存在生命，但存在的可能性还是相当可观。20世纪90年代，美国实施了一系列的火星探测计划，发现火星表面有许多无水的干涸河床，宽几十米到数百米，长达数百千米，既有干流又有支流，还有大洪水冲刷过的痕迹。

2004年欧洲空间局的“火星快车”飞行器发回了长期受水流侵蚀的火星表面照片，同年登陆火星的美国“勇气号”和“机遇号”火星探测器则找到了更多火星曾经有水的证据。特别是2013年，“机遇号”火星探测器发现了火星早期存在过水的强有力证据。

1996年美国航天局宣布，1984年在南极洲发现的命名为ALH84001的陨石为来自火星的陨石（判断依据是，陨石缝隙中气体的化学组成不同于地球大气而与火星大气构成完全一致)。更为重要的是，美国航天局发现陨石中存在化石微生物。这表明，在数亿年前火星上很可能有过相当温暖潮湿的气候，适合生命的存在和维持，也就是说，至少火星上曾经有过生命。如果以上的发现得到完全证实，那曾经的洪水、河流、微生物，甚至生命现在到哪里去了呢？完全消失了吗？

3. 巨行星的卫星

在太阳系各大行星的卫星中，最有可能存在生命的是木卫二和土卫六。木卫二比月球略小一点，质量约为月球质量的70%。1989年美国发射了“伽利略号”木星探测器，于1995年7月到达木星附近。1996年6月27日，“伽利略号”飞船飞临木卫二，对它进行了考察。结果表明，木卫二表面布满环形山，有山脊、裂缝和沟槽；表面为冰层所覆盖，估计冰层厚度在8~16千米之间，冰层下可能存在液态水，水深可能有80千米，水底还可能有火山活动，活火山提供的能量足以使水中某些不需要阳光和空气的微生物生存和繁殖；木卫二有自己的磁场，两极有臭氧层。

1997年美国航天局发射了“卡西尼号”土星探测器，飞船于2004年到达土星附近，对土星及其卫星、光环进行了系统的考察。特别是对土卫六，即泰坦进行了大量的科学探测。泰坦是太阳系中的第二大卫星，直径 5 150 千米，质量为月球的 1.8 倍，有厚厚的大气层，表面物理条件类似于原始地球，故其上存在生命的可能性相当大。2005 年 1 月 14 日，“卡西尼号”携带的“惠更斯号”探测器降落在泰坦表面。“惠更斯号”临终前发回的照片表明，泰坦上可能富含碳氢化合物和冰块。

2006 年 3 月 9 日，美国宇航天局宣布，正在探索土星的“卡西尼号”飞船很可能已找到了土星的卫星——“土卫二”上存在液态水的证据。“土卫二”直径约 500 千米，表面温度低于摄氏-100 度。科学家认为，这些埋藏很浅的液态水可能是解开“土卫二”一系列奇特现象的关键。

2005 年，“卡西尼号”飞船 4 次近距离飞掠“土卫二”，特别是 2005 年 7 月的一次，飞船距“土卫二”表面仅 168 千米，拍摄了其南极地区的大量高清晰照片。照片显示，“土卫二”南极地区有一系列裂缝和喷口，这些喷口喷出的冰屑形成了“土卫二”喷发现象。这些冰屑的来源是“土卫二”浅表层的液态水，而液态水被冰层覆盖，当温度、压力满足一定条件时，水的固、液、气三态可以保持平衡，但如果覆盖的冰层出现裂隙，就会出现这种情况：一方面蒸汽喷发，另一方面喷出的蒸汽迅速形成冰屑。当然由于“土卫二”实在太小，能存在生命的可能性几乎为零。

2006 年 1 月，用于探测太阳系边缘的冥王星和柯伊伯带的“新地平线号”探测器发射升空，预计九年半后到达目的地。尽管探测生命不是它的主要任务，可这一路上会不会有意外发现呢？但到目前为止，所有太阳系的探索结果表明，还未发现有比地球更适合生命生存的天体。我们只能把眼光放得更远一些。

7.3 地外文明

地球是太阳系内唯一拥有智慧和文明的星球，太阳系外的宇宙中是否会存在同样的文明或异样的文明，即地外文明呢？目前还不得而知。我们能做的就是根据地球文明这个样本，去科学地分析探讨地外文明存在的可能性、可能的存在形式，并想方设法与他们取得联系。

7.3.1 地外文明存在的可能性

地球上生命的诞生和文明社会的形成是按照一定的物理过程自然演化的结果，只要条件合适，在宇宙中其他地方也会出现同样的结果。因此探讨文明产生的条件是寻找地外文明的基本前提。

地球上智慧生物的进化用了约 45 亿年的时间，尽管人们不知道这一时间长度是否具有典型性和普适性，但保守的假设是这一过程需要数十亿年，也就是说，作为行星能量来源的恒星至少要有如此长的稳定期。只有主序星是恒星一生中的稳定期。主序星要在主星序上停留足够长的时间并有合适的光谱型，根据这一要求计算可知，恒星的质量应在 0.33~1.3$M_{\odot}$之间。研究表明，此类恒星有相当部分是双星和聚星，双星系统不能保证生命的长久存在，要将它们排除在外。

对于质量适中的长寿命恒星，还需要有一个年龄上的要求。如果年龄太小生命演化的时间就不够长，文明也不会出现。

恒星的条件的满足对文明的产生来说，只能算是具备全部条件的一半。作为生命栖息地的行星也必须具有非常优越的条件。这可分为以下几方面来讨论。

(1) 与恒星的距离要适当。距离太近，由于过热，液态水无法存在，生命就难以为继。距离太远，水都成了冰，无法形成水的循环。生命即使存在也无法向文明进化。这一距离范围称为恒星的生命圈。

(2) 行星本身的大小和质量要适当，才能有足够的引力维系住厚厚的大气层，保护住液态水。质量太小，大气层和水分没有了，质量太大、引力过强也会影响高级生命的形成。

(3) 其他条件。如行星轨道的偏心率、自转和公转的周期、磁场、固体外壳、周边行星环境等。

以上的分析可以得出一个结论：文明的产生在宇宙中是一个极小概率事件，几率比中彩票的头奖还要小很多个数量级。但不要忘了，我们的宇宙有的是恒星，在千亿计的恒星中发生若干小概率事件并不稀奇。

现在就以文明产生的条件来估计银河系中符合这些条件的星球数量——这就是著名的德雷克方程：

$$N = R_S \times f_p \times f_g \times n \times f_1 \times f_i \times f_c \times L, \tag{7-1}$$

式中，N 为银河系内可以联络的文明星球数；

R_S 为银河系中的恒星形成率，也即每年形成的恒星数目，通常 $R_S \approx 10$；

f_p 为有行星系统的恒星所占比率，通常 $f_p \leqslant 0.5$；

f_g 为类似太阳型恒星所占比率，通常 $f_g \approx 0.2$；

n 为每个恒星有多少个行星处在其生命圈内，通常 $0.01 \leqslant n \leqslant 3$；

f_1 为宜居行星中出现生命的行星的比率，通常 $10^{-3} \leqslant f_1 \leqslant 1$；

f_i 为有生命的行星中出现智慧生命的比率，通常 $10^{-3} \leqslant f_i \leqslant 0.5$；

f_c 为有智慧生命的行星中，具有星际通信能力的行星的比率，$0.1 \leqslant f_c \leqslant 0.5$。

L 为文明存在的寿命。L 是很难确定的未知数，因为高度发达的文明社会具备了自我毁灭的强大能力，反而会缩短文明社会的寿命。取值范围 10^4 年 $< L < 10^9$ 年。上述各参量中只有 R_S，f_p 和 f_g 可以被确定，其他因子只能靠估计，因此 N 可能的取值范围就相当广。考虑 N 极小和极大两种情况。

悲观的观点：

$$N_{\min} = 10 \times 0.01 \times 0.2 \times 0.01 \times 10^{-3} \times 10^{-3} \times 0.1 \times 10\,000 = 2 \times 10^{-7}.$$

在这种情况下，需要搜寻 10^7 颗恒星才能发现一个智慧文明星球，文明出现的几率为千万分之一。

乐观的观点：

$$N_{\max} = 10 \times 0.5 \times 0.2 \times 3 \times 1 \times 0.5 \times 0.5 \times 10^8 = 7.5 \times 10^7.$$

在这种情况下，银河系内的智慧星球数以千万计，这种事件出现的可能性又让我们产生怀疑。事实上影响 N 的因子很多，并非仅仅上述 8 个。综合考虑的结论是银河系内的 N 为 $10^5 \sim 10^6$ 个，也有学者认为大约每500颗恒星中可能会有一个恒星的行星系统发展为文明社会。

即使地外文明大量存在，要与他们取得联系也非易事。除了技术和设备上的限制，时空屏障才是我们要克服的最大难题。以500颗恒星有一个文明社会为例，可以计算出太阳附近500颗恒星占据的空间半径为35光年，所以最近的一个文明星球可能远在35光年以外。即使采用无线电信号来联系，收到他们的回音也得在70年以后，这是空间问题。再说时间问题，宇宙中各个文明星球不可能同时达到相同的发展阶段，当某一星球上文明刚刚萌芽的时候，也许另一个星球上已经形成高度发达的文明社会，文明发展程度差异太大的星球是无法进行通信沟通的。300年前的地球人是无法接收和回复无线电信号的。更为可悲的是，当一个星球上的原始人逐渐进化到高度发达阶段的时候，他想联系的另一个星球上的超级文明会由于过度发达自我毁灭（人祸），也可能由于小行星或彗星的撞击或恒星主序星周期的完结而消亡（天灾）。文明发展的时空屏障也许会让每个文明星球各自孤独地走完一生。

7.3.2 地外文明的分类

人类文明已经历了数万年，牛顿的微积分理论和运动定律的建立，才使科学技术得以飞速发展。经过最近一个世纪的努力，人类终于进入了高度（这个“高度”是人类将现在和以往相比得出的结论）发达的时代。如此短暂的时间建立起来的人类文明，在茫茫宇宙之中不大可能是至高无上的。科学家认为，如果存在地外文明，则大部分地外文明要比地球的文明史长得多。地球文明在宇宙文明中仅是初级文明。

为了区分地外文明发展的程度，前苏联天体物理学家卡尔达舍夫将文明社会按其工业技术发展水平分成三类：

第Ⅰ类：工业技术水平略高于现在地球上已经达到的水平，能调集和掌握本行星的全部资源和能量进行宇宙通信。对地球来说，这个能量约为 10^{16} 瓦。

第Ⅱ类：掌握自己的中心恒星和行星系统（如太阳系）的物质和能量资源，其能量约为 10^{26} 瓦。

第Ⅲ类：能掌握自己的恒星系统的一切资源，其能量约为 10^{36} 瓦。

也有学者建议将这三类文明每类再细分为10个次型，如：

Ⅰ-1.0 型对应能量 10^{16} 瓦；

Ⅰ-1.1 型对应能量 10^{17} 瓦；

……

Ⅰ-1.9 型对应能量 10^{25} 瓦。

据说按我们地球目前的水平，尚不够进入真正的Ⅰ类文明，地球文明指数仅为Ⅰ-0.7，悲哀啊！也有学者这样进行分类：第一类完全适应行星；第二类可以控制行星系统；第三类可以控制行星对应的恒星系统。

7.3.3 地外文明的探索

目前人类用于地外文明探索的方法大致可分为以下四种：无线电通信，光学通信，空间探测器，载人飞船。

1. 无线电通信

这是最自然最实际的方法。此方法最大的特点是信号传播的速度达到了速度的极限——光速。利用无线电通信的方式又可分为两类：一是接收地外文明发射的无线电信号；二是向地外文明发送地球文明的声音、图像等无线电信号。在寻找地外文明的无线电信号时，由于不知道其他文明世界所使用的频率、空间位置，所以应采用全频段、全天空、全天候大口径高灵敏度的射电望远镜。但这种设备实际上是不存在的，就像发现脉冲星一样，机遇有时更重要。

（1）搜寻地外无线电信号。1960 年，美国天文学家德雷克（F. Drake）开始实施人类探索地外文明的奥兹玛（OZMA）计划。计划历时二十多年，对太阳附近的近 700 颗恒星进行了观测，没有发现真正的来自天外的人工信号。

1992 年，美国航天局开始实施“高分辨率微波巡天（HRMS）”计划，使用包括波多黎各阿雷西博望远镜在内的世界上一些最大的射电望远镜，对太阳附近 100 光年以内的 1 000 颗类太阳恒星逐个进行扫描。接收机能同时对 200 万个带宽为 20 赫兹的频道进行分析，区分接收到的信号究竟是自然信号还是人工信号。HRMS 计划实施一年后，因经费问题而被迫中止。随后美国加利福尼亚州的天外智慧搜寻研究所（SETI）启动了更为巨大的凤凰（Phoenix）巡天计划，发现了近百个可疑信号，但没有确认的地外文明信号。1999 年 SETI 启动了“SETE@ home”计划，发动全人类通过互联网参与对信号的分析和甄别。

SETI 计划的科学家认为在银河系中的行星就像虫子一样普遍，哪个角落里都有。如果所有行星都无法孕育生命，这就太不合情理了。他们甚至预言在 2025 年前，一定会找到外星生命。

美国计划在 2015 年前后发射陆地行星发现者（Terrestrial Planet Finder）TPF 空间望远镜，搜寻可能孕育生命的行星化学信号，如二氧化碳、氧气、甲烷和水蒸气等。

欧洲宇航局也不甘示弱，准备开展“达尔文计划”搜寻外星生命。科学家们认为，21 世纪是一个寻找外星生命的世纪。

中国计划在 FAST（见第 10 章）计划建成以后再实施 1 千米^2 面积的 SKA（Square-Kilometer Array）的建设。SKA 将是人类建造的最大尺寸的射电望远镜。SKA 除了进行深空探测任务外，另一项主要目标就是探测地外文明，或与外星人进行通信联络。SKA 的建设方案有两种：一是单台 1 000 米口径射电望远镜，二是 30 台 200 米口径的射电望远镜阵。

（2）发射无线电信号。向地外文明发送地球文明的信号的最佳频段为 1 000 ~ 10 000 兆赫兹，因为这个波段星际物质和大气层对它的吸收最小。而最佳频率则为氢的 21 厘米射电频率 1 420 兆赫兹。因为氢的 21 厘米谱线完全各向同性，不随空间、时间而变化，并且氢是宇宙中最普遍的元素，不管外星人的差异有多大，1 420 兆赫兹应当是易懂的、通用的和熟悉的频率。发射信号的功率应足够大，以便遥远的外星人能收到，这一点地球人已能做到。

发射的信号必须加以调制，以什么形式调制呢？也就是说如何才能让外星人收到这个信号后知道它来自另一个文明星球并还能读懂它呢？说得更简单些就是与外星人交流用什么“语言”。多数学者认为宇宙语言只能用一种抽象的数学语言来表达，因为不管处在什么层次的智慧生命，都应有“数”的概念。用“数”设计的语言最简洁的就是二进制1或0。那用“数”表达什么呢？最好用“数”表达一幅图像，因为不仅是智慧生命甚至连低级动物也都是有视力的。

1974年11月16日，口径305米的阿雷西博射电望远镜对准了武仙座球状星团M13方向，发出了地球文明的联络信号。信号采用二进制编码脉冲形式，数据点数为23×73=1 679个二进制信号单位。若把信息数码按先后顺序从右到左、从上到下排成73列23行，用白色方块代替信号“0”，用黑色方块代替信号“1”就可获得一幅图像。图像内容为太阳系概况，人类生命的基本组成元素氢、碳、氮、氧和磷的原子序数，遗传物质DNA的化学结构，地球人男女及小孩的形象和平均身高、体重等。信号总长历时3分钟。

M13是银河系中恒星最密集的星团之一，星数在30万颗以上，应该有若干地外文明存在，可惜M13距太阳系25 000光年，信号往返至少需要5万年，地球人有耐心等下去吗？

1999年4月，一个国际探测小组向4颗距离我们50~70光年的类太阳恒星发出了一系列的无线电“宇宙邀请信”，以期与地外文明沟通。事实上，一百多年前人类就开始使用无线电信号，这些信号现在已经离地球100多光年了。在这个范围内有数千颗恒星，说不定已经有地外文明收到了这些信号，并已经回复了。随着技术的进步，人类还将不断尝试发送更多文明信号给我们宇宙中的邻居。

2. 光学通信

光学通信就是激光通信。这项技术在地球上已进入商业运作阶段。因激光的固有特性——高强度、方向性强、极好的单色性、大容量等，大有替代传统无线电通信的可能。我们理应将这一最新通信方式用来与外星人交流。只要有足够强大的大功率激光器，星际光学通信就能成为可能。问题是如何让外星人知道在复杂的恒星光谱中有地球文明的使者——激光信号。

3. 空间探测器

利用航天技术，将探测器送入太空，当探测器接近目标时再与目标进行无线电联络，也可直接降落在目标星球上。如果宇宙飞船在驶往宇宙深处的途中被外星人截获，这也是我们求之不得的好事。

1972年和1973年，美国发射了“先驱者10号”和“先驱者11号”宇宙探测器。两艘飞船上都有介绍地球人的“名片”，它采用经过特殊处理的镀金铝板制造，面积14×22.5厘米^2，几亿年不会变形变质。上面刻有二进制编码的有关太阳系和地球的各种信息，14颗脉冲星的脉冲周期和地球与它们的相对位置，“先驱者”飞离地球的时间，一对男女地球人的裸体图像，如图7-2所示。图中的不同数字处的图形代表如下含义：

1——女人身高；

2——氢原子及其特征波长；

3——表示一个数字；

4——太阳在银河系中的位置；

5——太阳与银河系中心的距离；

6——太阳和九大行星、探测器从太阳系第三颗行星地球出发。

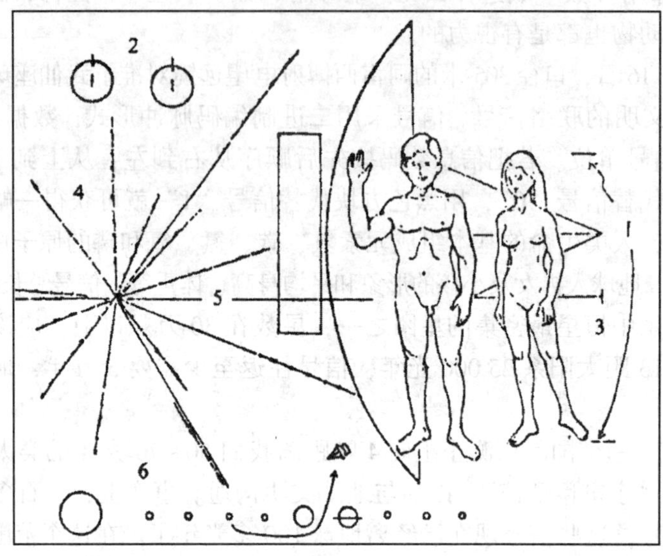

图 7-2　“先驱者 10 号”所带的地球信息镀金名片

这是人类想表达的信息，外星人能否读懂是另一回事，但愿他们不会产生误会。1984 年“先驱者 10 号”已飞出太阳系。

1977 年美国发射了“旅行者 1 号”和“旅行者 2 号”探测器，它们身上都带有可以播放两个小时的关于“地球之音”的镀金铜唱片。只要不出现意外，唱片可以在宇宙空间连续播放 10 亿年以上。唱片里录入了地球上具有典型意义的各种音像资料，包括巴赫、莫扎特的音乐作品，中国古典乐曲《高山流水》等 27 首世界名曲，还有 35 种地球上的自然声响，如打雷，动物叫声，人的语言等。图片资料有 116 张，内容包括地球的宇宙环境、自然环境、人体、各国风土人情、科学和文明的成就等。两个“旅行者”探测器也早就飞出太阳系，等待着外星人的“绑架”。

4. 载人飞船

由宇航员驾驶空间探测器出巡，优点是可与不同文明程度的外星人直接接触，了解他们的生存环境，生活方式，外观形态，交流“思想”，交换礼物，取长补短，等等。缺点是现有技术尚不能制造所需的飞行器，无法保障宇航员星际航行中的生存和安全。留待后人来实施吧。

7.3.4　UFO 现象

我们有理由相信，地外文明早已存在，只是由于时空的阻隔，人类目前的认识能力还不足以确切探明它们究竟在哪里。如果地外文明比我们发达得多，那外星人会来地球找我们吗？不明飞行物是他们的飞船吗？

不明飞行物，简称 UFO（Unidentified Flying Object），一百多年来各国有过大量的报道和传闻。最早的 UFO 现象发生在 1878 年 1 月，美国德克萨斯州的一位农民在田间干活时，发现空中有一圆形的飞行物体，不知为何物。记者将这一事件披露后，引起了极大的轰动。1948 年 6 月 24 日凌晨 3 时 40 分，美国飞行员驾驶麦克唐纳·道格拉斯飞机公司生产的 DC-3 型飞机时，迎面看见一个物体从他们的右上方掠过，急速上升，消失在云中。据飞行员回忆，该物体有喷气动力装置，没有翅膀，有两排明亮的窗子……直到今天类似的报道还会经常出现于报刊、电视。

科学家对大量 UFO 事件进行考察和分析得出结论：UFO 可能是一种自然现象，也可能是一种幻觉甚至骗局，不排除人类自身的恶作剧，是外星人交通工具的可能性微乎其微，因为所有的报道都未得到证实。如 2006 年 5 月，中国某城市上空夜间出现了 UFO，原来是装了发光二极管的高空风筝。

地球上有一些神奇建筑，如英格兰北部的巨石群，埃及的金字塔，建造于人类文明似乎尚不足以建设它们的年代，是不是外星人的手笔？地球上还有一些神秘现象，比如百慕大三角之谜，也有人用外星人来解释。外星人已经来过了吗？回答是否定的。设想一下，外星人费了九牛二虎之力克服了时间空间的障碍来到地球上，并且发现了苦苦寻找的地球人，却放弃与地球人的任何交流，招呼都不打就匆匆离去，或做出种种地球人不可理喻的行为，这是“文明人”做的事吗？

综合各种可能性，现将 UFO 的主要可能性列注如下：

(1) 某种还未被充分认识的自然现象或生命现象。

(2) 对已知物体、现象或生命物质的误认、误解。

(3) 特定环境下群体或个人的幻觉、错觉、心理现象或骗局。

(4) 地外高度文明的遗留产物。

(5) 由外星人或外星智慧生命操控的飞行器。

(6) 超级智慧所用的近光速或超光速交通工具。

如果有一天地外文明使者真的来到地球，想想我们该如何欢迎他们吧！

思 考 题

1. 如何理解生命？地球生命有何特征？
2. 简述生命起源的几种假说。
3. 除地球外，太阳系内其他地方会有生命吗？
4. 地外文明如何分类？
5. 探测地外文明的主要方式有哪些？
6. 人类在探测地外文明方面已做了哪些工作？
7. 如果外星人突然站在你身边，你会说什么？

第 8 章
霍金的宇宙

史蒂芬·霍金（Stephen Hawking）生于 1942 年，当今最伟大的广义相对论学家和宇宙论学家，还被称为“宇宙之王”，如图 8-1。曾任英国剑桥大学卢卡逊数学教授（Lucasian Professor of Mathematics）。卢卡逊数学教授可以说是有史以来最为崇高的教授职务，牛顿和狄拉克都曾担任过这一职务。

图 8-1　史蒂芬·霍金

在科学成就上，霍金被认为是现代史上仅次于爱因斯坦的杰出科学家。更为重要的是，他的贡献是在他五十多年来被卢伽雷病（运动神经细胞病，通常存活期为 1~2 年。1963 年，霍金被诊断患此病）禁锢在轮椅上的情况下做出的。他的精神及其成就将对人类的观念产生深远的影响。

除了在各种杂志上发表的专业论文，霍金还单独或与他人合作写了多部科普专著，如：

《时间简史》（*A Brief History of Time*），1988 年。

《霍金讲演录——黑洞、婴儿宇宙及其他》（*Black Holes and Baby Universe and Other Essays*），1993 年。

《时空本性》（*The Nature of Space and Time*），1994 年。

《果壳中的宇宙》（*The Universe in a Nutshell*），2001 年。

《时空的未来》（*The Future of Spacetime*），2002 年。

《在巨人的肩膀上》（*On the Shoulders of Giants：The Great Works of Physics and Astronomy*），2002 年。

《果壳里的 60 年》（*Sixty Years in a Nutshell*），2003 年。

《时间简史（普及版）》（*A Briefer History of Time*），2005 年。

《大设计》（*The Grand Design*），2010 年。

霍金不仅仅是一位伟大的科学家，在全世界的同行中激起了强烈的反响，其中不乏反对之人士，更是全世界的科学使者。他的贡献已经远远超出了科学界。霍金空前提高了大众对宇宙和物理学的认识和知识水平。

霍金的主要成就可归纳为以下几个方面：

(1) 广义相对论在宇宙学中的应用：研究了爱因斯坦场方程解的数学性质、微扰解，并和彭罗斯（R. Penrose）一起证明了著名的奇点定理，为此他俩共同获得了1988年的沃尔夫物理奖（此奖是物理学领域的最高荣誉）。

(2) 广义相对论在黑洞方面的应用：研究了黑洞的唯一性、黑洞的热力学性质，并证明了黑洞的面积不减定理，从而将黑洞的面积和热力学的熵增原理联系在一起。

(3) 弯曲时空的量子场论：研究了黑洞的粒子生成、黑洞蒸发、量子信息疑难等问题，并证明了黑洞附近的量子效应，发现黑洞会像黑体一样发出辐射。黑洞辐射的发现具有极其基本的意义——它将引力、量子力学和统计力学结合在一起。

(4) 半经典引力与量子引力论：研究了路径积分、瞬子、宇宙波函数、无边界条件，并证明了：

- 时空在普朗克尺度（10^{-33}厘米）以下是不平坦的，而是处于一种称之为泡沫的状态。
- 在量子引力中不存在纯态。
- 因果性受到破坏，因此使不可知性从经典统计物理提高到了量子引力的第三个层次。

(5) 对量子宇宙论的开创性贡献：

- 超对称和超引力理论。
- 全息论和对偶论。
- 超弦理论和p-膜理论。

(6) 促进公众对科学的理解：他的《时间简史》和《果壳中的宇宙》成为科学普及类全球最畅销的书籍。

霍金和彭罗斯可以说是一对最佳搭档，但他们的观点并非处处一致。比如他俩对量子场论和广义相对论这两个物理学中最精确和成功的理论能否被统一在单一的量子引力论中就持相反的意见。彭罗斯拒绝把量子力学接受为最终理论，他认为宇宙是开放的，并将永远膨胀。霍金则认为仅靠广义相对论不能简单地解释宇宙的开端，只有量子引力和无边界假设相结合才有望解释我们对宇宙的观测。

霍金的最终愿望是将爱因斯坦的广义相对论和费因曼（R. Feynman）的多重历史思想结合成能描述宇宙中所发生的一切的完备统一的理论。

本章将对霍金的部分理论作一个尽可能不涉及数学推导的介绍。注意，本章有一个问题——不确定原理不是霍金的思想，但对理解霍金的理论是必不可少的。先来看看霍金的几个主要伙伴。

8.1 一个好汉三个帮

本章之所以用“霍金的宇宙”为标题并非指这些理论均是由他一人“无中生有”创造的，而是他在这些理论的创立过程中起了主导性的作用。但他的同事和合作者在这些理论的建立和完善过程中也做出了相当重要的贡献，有必要对他们其中几位作一个简单的介绍。

8.1.1 费因曼（Richard Feynman）

理查德·费因曼 1918 年诞生于纽约的布鲁克林，1942 年取得普林斯顿大学博士学位，在洛斯·阿拉莫斯实验室从事过曼哈顿（原子弹）计划。作为一名杰出的物理学家，他对原子弹理论做出了不可磨灭的贡献。1965 年他因在量子力学方面的贡献而获得诺贝尔奖。

他的主要贡献在于向基础的经典假设，即每个粒子只有一个特定的历史进行了挑战，而是认为粒子从一个位置到另一个位置可沿着时空的每一可能的路径运动。也就是说粒子从 A 到 B 的概率是把通过 A 和 B 的所有路径的有关的波求和。在日常生活中，我们似乎觉得物体在出发点和目的地之间只沿着一个单独的路径运动。因为对于宏观的物体，其波动性微乎其微，费因曼的理论保证它除了一个路径外所有路径的贡献在求和时都抵消了。所以日常经验和他的多重历史思想不矛盾。就宏观运动的运动而言，在无数的路径中只有一个是重要的，这一轨道就是牛顿经典运动定律中出现的那一个。

8.1.2 瑞斯（Martin Rees）

马丁·瑞斯 1967 年获剑桥大学博士学位。瑞斯是英国皇家天文学家，剑桥大学教授，三一学院院长。其主要贡献在相对论天体物理学、黑洞和宇宙学方面，最大的贡献是发现了类星体的动力源是一个大质量的旋转黑洞。瑞斯获得过众多荣誉，也写过很多普及读物，特别是 2003 年 10 月，他发表了一部惊世之作——《我们最后的世纪》（*Our Final Century*：*The* 50/50 *Threat to Humanity's Survival*），警告我们在下个世纪生存的几率仅有 50%。

8.1.3 哈特尔（James Hartle）

詹姆斯·哈特尔毕业于普林斯顿大学，1964 年获加州理工学院博士学位，现为圣巴巴拉加利福尼亚大学物理学教授，美国科学院院士。他的研究方向是把广义相对论用于天体物理学，特别是宇宙学。他的主要贡献在对引力波、相对论天体和黑洞等方面进行的研究。自 1971 年以来，他与霍金进行了密切的合作，提出了著名的宇宙起源“无边界假说”。现在，他把研究兴趣放在了量子力学、量子引力和宇宙学融合在一起的大爆炸的最初瞬间。

8.1.4 彭罗斯（Roger Penrose）和彭罗斯楼梯

罗杰·彭罗斯，当今世界最杰出的数学家，他 2002 年从牛津大学 Rouse Ball 数学教授的岗位上退下来。他的主要贡献在时空奇点和量子引力论等方面。他认为量子力学必须加以改造，并且一直致力于发展量子化引力的研究方法。现在他的兴趣已从时空的整体结构转向其他问题，比如大脑和量子力学与引力的关系。

彭罗斯超凡的几何想象引出许多其他发现，包括不可能图形，如图 8-2~图 8-5 所

图 8-2 不可能的桌子图形

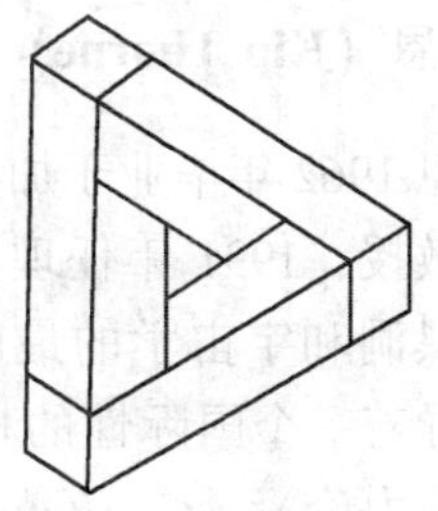
图 8-3 不可能的三角框图形

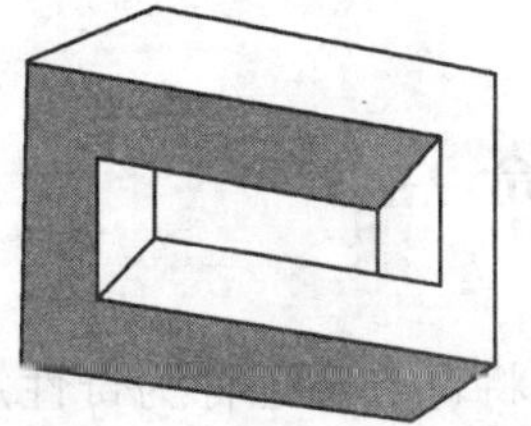
图 8-4 不可能的四方框图形

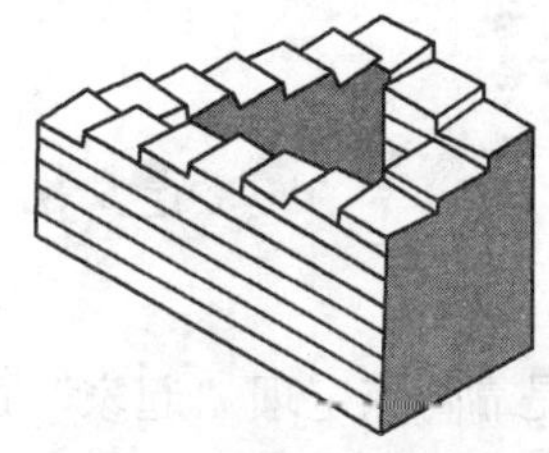
图 8-5 不可能的循环阶梯图形

示。彭罗斯从十几岁就发明了“彭罗斯楼梯”，如图 8-6 中看到的永远上升的楼梯。他的普及读物如《皇帝新脑》，表现了他关于人类思维和数学物理的独特观点。由于他无与伦比的数学智慧，成为霍金最亲密的搭档。

图 8-6 彭罗斯楼梯

8.1.5　索恩（Kip Thorne）

凯普·索恩 1962 年毕业于加州理工学院，1965 年获普林斯顿大学博士学位，现任加州理工学院教授，1991 年任理论物理学费因曼讲座教授。自 20 世纪 60 年代以来，索恩一直站在黑洞和宇宙学的最前沿。多年来，他倡导并促成了 LIGO 引力波探寻计划。现在他领导着一个国际性的相对论天体物理研究小组。他与导师惠勒（J. Wheeler）合作的《引力论》（*Gravitation*）是学习广义相对论和相对论天体物理学的经典名著。他早年出版的《黑洞与时间弯曲》迄今为止还是关于黑洞内容最丰富多彩的普及读物。

8.2　时空奇点

据说霍金是靠奇点定理“起家”的，也有书刊将奇点定理称为奇性定理，内容相同。

8.2.1　奇点定理

1965 年，英国数学家兼物理学家罗杰·彭罗斯提出了彭罗斯定理：宇宙的任何坍缩必须终结于一个奇点。奇点具有一系列奇异的性质，如无限大的物质密度，无限大的压力，无限弯曲的时空等。

正在做博士论文的霍金看到彭罗斯的这一定理后，很快认识到如果将他定理中的时间方向颠倒以使坍缩变成膨胀，也即类似弗里德曼的膨胀宇宙，则可得到推论：任何类似弗里德曼的膨胀模型必须从一个奇点开始，也即在宇宙膨胀相的开端，时空被高度地畸变，并且具有很小的曲率半径。

在以后的几年中，霍金发展了新的数学技巧，以避免奇点定理中附加的某些条件。1970 年，霍金和彭罗斯合作发表的论文证明了奇点定理：假定广义相对论是正确的，宇宙中包含着我们观测到的这么多物质，那么不论宇宙的大爆炸开端，还是黑洞引力坍缩的终结，都会产生时空奇点。

奇点定理是人类文明关于时空命运的第一个数学宣言，科学界称之为“数学的一小步，宇宙学的一大步”。奇点定理的成立，依赖于时空的因果结构和能量条件。其中最重要的是所谓“主能量条件”。这个条件包括两方面：① 任何观测者看到的局部能量都是正的；② 能量流的速度不能超过光速。主能量条件的一个结果是：经典理论不允许物质“无中生有”，注意前提是经典理论。根据我们目前所观测到的宇宙微波背景辐射，奇点定理的条件确实是存在的。

大爆炸奇点意味着宇宙有一个开端，它所有的物理量都是无穷大，而且，开端没有“以前”，也没有“这里”和“那里”。

他们的论文一发表，即遭到了很多学者的反对。反对者认为奇点的观念是令人讨厌的，它糟蹋了爱因斯坦理论的完美特性。但人的情绪不能战胜数学定理，最终他俩的工

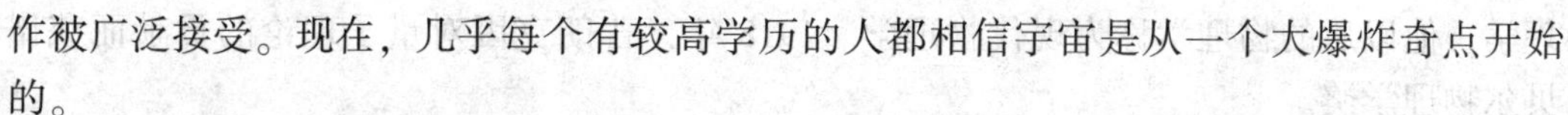

作被广泛接受。现在，几乎每个有较高学历的人都相信宇宙是从一个大爆炸奇点开始的。

8.2.2 奇点的消失

能不能让讨厌的奇点消失呢？能！如果在广义相对论的方程中添加一个巨大的斥力，也即爱因斯坦添加的宇宙项就可以避免奇点，但这要求有很大的宇宙学常数，然而我们现在观测到的宇宙学常数不能满足这一条件。

大家知道，每一条定理都有一定的适用范围和条件。随着研究的深入，思维的成熟，十多年后，霍金改变了想法。现在，他想做的是说服其他物理学家：宇宙的开端没有奇点——只要考虑量子效应，奇点则会消失。

奇点定理表明，广义相对论仅是一个不完全的理论，它不能告诉我们宇宙是如何开始的，所以广义相对论是一个部分理论。事实上，不仅是广义相对论，现有的其他物理定理在解释宇宙的开端时都会失效。所以奇点定理真正所要表达的含义是，在极早期宇宙中有过一个时刻，那时宇宙是如此之小，以至于人们不能再不理会 20 世纪另一个伟大的部分理论——量子力学的小尺度效应。

霍金的上述思想及其随后的研究，标志着一个新的理论——量子引力论的诞生。

彭罗斯认为奇点定理在高维空间中也成立，坍缩和膨胀宇宙的奇点必须用某种方式连接到一起。一个真正的量子引力论应该取代奇点处的时空的目前概念，它必须以一种明晰的方法来谈论我们在经典理论中称做奇点的东西。但愿量子引力论能真正解决奇点问题。

8.3 黑洞不是那么黑了

为了更好地理解本节和下节的内容，有必要先介绍一个量子力学的基本思想——不确定性。

8.3.1 不确定原理

随着牛顿万有引力理论被各种观测事实所证明，法国科学家拉普拉斯在 19 世纪初断言：宇宙是完全被决定的。拉普拉斯认为存在一组科学定律，只要我们完全知道宇宙在某一时刻的状态，我们便能依次预言宇宙中将会发生的任何一件事，包括天体的运动、人类的行为。这种宿命论的观点一经抛出，即遭到了大批科学家的反对，但又无法找到合适的理论来驳斥这种观点。直到 20 世纪初，科学家才找到回击宿命论的武器。

1900 年，德国科学家马克斯·普朗克（M. Planck）指出：光波、X 射线和其他电磁波不能以任意的速率辐射，而必须以某种称为量子的一定的波包发射，并且，每个量子具有确定的能量。波的频率越高，其能量越大。量子能量 E 与频率 ν 的关系由(6-6)式确定，式中 h 为以他名字命名的常数——普朗克常数。

普朗克的工作是划时代的。现在理论学界习惯于将普朗克以前的物理学称为经典物理学，他以后的物理学称为现代物理学。1918 年，普朗克因对量子理论的贡献而获诺贝尔物理学奖。

普朗克量子理论的建立为量子力学的理论体系奠定了基础。1926 年，德国科学家威纳 · 海森伯（W. Heisenberg）提出了量子力学中著名的不确定原理，彻底否定了宿命论的宇宙模型：既然我们不能准确地测量宇宙现在的某些状态，那就肯定不能准确地预言将来可能发生的事件。

为了预言一个粒子未来的位置和速度，人们必须能够准确地测量它现在的位置 x 和速度 v。这件看似简单的事情，事实上我们是不可能做到的。海森伯的不确定原理指出，粒子位置的不确定性 Δx 乘以粒子质量 m 再乘以速度的不确定性 Δv，其值不能小于一个确定量——普朗克常数 h。由于 m 乘 Δv 即为粒子动量 p 的不确定性 Δp，故不确定原理的数学形式为

$$\Delta x \cdot \Delta p \geqslant h. \tag{8-1}$$

很多初学者对此原理不甚理解，觉得有些玄乎。这一原理早先称为测不准原理，这种叫法让人感到不确定性是由于测量不准而造成的，故现已放弃了“测不准”这种说法。我们可以这样来理解不确定原理：要测量粒子的位置，必须用光照到这粒子上，再通过由被粒子散射的光来确定它的位置。由于不可能将粒子的位置确定到比光的两个波峰之间的距离（一个波长）更小的精度，所以必须用短波长的光来测量粒子的位置。根据波长 λ 和频率 v 的关系式

$$\lambda v = c \tag{8-2}$$

（其中 c 为光速）可知，λ 和 v 的积为定值 c，所以短波长的光频率高，根据（6-6）式，相应的能量就大。

根据普朗克的量子假设，人们不能用任意少的光束进行测量，至少要用一个光量子。这光量子会扰动被测的粒子，并以一种不能预见的方式改变粒子的速度。这样，粒子位置测得越准确，所需的波长就应越短，频率应越高，单独光量子的能量就应越大，粒子速度被扰动的程度就越厉害。如果改用小能量的光量子，粒子速度被扰动的程度就较小，但光量子的波长较长，位置的不确定性就越大。

简而言之就是，不可能同时确定一个粒子的位置和速度，对粒子位置测量得越准确，对速度的测量就越不准确，反之亦然。

粒子的不确定性不依赖于测量粒子位置和速度的方法，也不依赖于粒子的种类。不确定原理是宇宙中的一个基本的不可回避的事实。不确定原理是一个普适的规律，并不仅限于位置与动量之间，而存在于所有共轭物理量之间，如能量和时间。

上述解释是为了让读者能理解不确定原理的内涵而作的一些描述。事实上，在量子力学中，粒子的概念已不是我们想象中的实实在在的实物粒子，而是一种波、一片云，这就是量子力学中的波粒二象性：一个粒子具有粒子和波动两重性质。粒子的位置由几率云来描述。

1932 年，海森伯因对量子力学特别是对不确定原理的贡献而获诺贝尔物理学奖。

不确定原理除了对传统观念带来极大的冲击外，也带来了一系列的争论。爱因斯坦因量子的光电效应而获得诺贝尔奖，也就是说，他对量子力学的建立做出了不可磨灭的

贡献，但他无法接受不确定原理的思想，他的意见可以用他著名的断言来表达："上帝不玩弄骰子。"为此，爱因斯坦和提出原子结构模型的杰出科学家尼尔斯·玻尔（N. Bohr）争论了半辈子。玻尔坚信不确定原理是宇宙的自然法则，并认为量子理论中，不干涉所研究的对象就可以观测该对象是做不到的。历史上最有名的争议莫过于手套问题。

比如，有一只量子手套放在盒子里，由于不确定性的存在，你永远也无法确定这只手套是左手手套还是右手手套，只有打开盒子你才能作进一步的判断。如果有一双量子手套放在两个盒子里，同样也无法知道哪个盒子里的手套是哪只手的。只有当打开一个盒子后，才能确定这只手套是左还是右，同时也可以确定另一个盒子中手套的左右性。问题一，第二个盒子没打开但已知手套左右性——与不确定性相悖。问题二，第一个盒子里手套的左右性确定后，如果第二个盒子里手套的左右性也确定了，那么这个信息是如何传递的？如果同时打开两个盒子，会不会出现两只同左或同右的手套呢？实验表明，这种情况是不会出现的，总是一左一右。有的学者认为这个实验中的两个盒子相距太近了，信息瞬间就可传递。1997 年，瑞士日内瓦大学的几位物理学家设计了一个精巧的实验，将两个盒子放在相距 10 千米的两处，而观测者位于中间，通过各长 5 千米的光纤来连接，同时打开两个盒子来观测其特性，发现总是满足不对称性。注意，事先放入的是一双手套。问题三，量子力学的性质真是超距作用吗？

8.3.2 黑洞的辐射

霍金证明只要物质或辐射落到黑洞中去，黑洞的视界面积就会增大，如果两个黑洞碰撞合并成一个单独的黑洞，合并后的黑洞的视界面积就会大于或等于原先黑洞的视界面积的总和。这就是黑洞的面积不减定理。这条定理否定了黑洞发生分裂行为的可能性。

黑洞的面积不减定理容易使人想起熵的行为。熵被定义为测量一个系统无序程度的物理量。热力学第二定律告诉我们：一个孤立系统的熵总是增加的，如果将两个系统连接在一起，其合并系统的熵大于两个单独系统熵的总和。

霍金的黑洞面积不减定理发表后，普林斯顿大学的一名研究生雅可布·柏肯斯坦指出：黑洞视界的面积就是黑洞熵的量度。柏肯斯坦的这个建议不违背热力学第二定律，但它有一个致命的缺陷：如果一个黑洞具有熵，那黑洞也应该有温度。

热辐射定律告诉我们，具备一定温度的物体必须以一定的速率发出辐射。温度越低，辐射越小，只要温度不等于绝对零度，辐射就不会等于零。为了不违反热力学第二定律，黑洞就必须发出辐射。而按照定义，黑洞是不发出任何东西（包括辐射）的天体。霍金面临着两种选择：① 黑洞可以辐射；② 黑洞的视界面积和它的熵是两回事。当时的霍金倾向于选择②，并对柏肯斯坦滥用他的面积不减定理表示了愤怒。

1973 年 9 月，两位前苏联科学家说服了霍金，让他接受了按照量子力学的不确定原理，旋转黑洞应该产生并辐射粒子的观点。随后，霍金进行了繁杂的数学计算。计算结果表明，不仅是旋转黑洞发出辐射，甚至连非旋转黑洞也以不变的速率产生和发射粒子，黑洞辐射的粒子谱刚好是一个热辐射的谱，而且黑洞以刚好防止热力学第二定律被违反的准确速率发射粒子。紧接着，其他学者的计算也都证实了黑洞必须存在辐射，黑洞的温度只依赖于黑洞的质量特性——质量越大，则温度越低。

8.3.3　黑洞不是那么黑了

我们知道，任何东西都不能从黑洞的视界之内逃逸出来，那么黑洞怎么会发射粒子呢？量子理论这样来回答这个问题：粒子不是从黑洞里出来的，而是从紧靠黑洞的视界的外部的“空”的空间来的！

所谓“空”的空间是这样的：根据不确定原理，“空”的空间充满了虚粒子（即具有负能量的粒子）和虚反粒子（具有正能量）对。他们被一同创生，相互离开，然后再回到一起并且湮灭，如图 8-7 所示。注意，虚粒子不同于实粒子，虚粒子对的湮灭不产生能量，以遵守能量守恒定律，能量不能无中生有。如果附近有黑洞存在，带有负能量的虚粒子落到黑洞里变成实粒子或实反粒子是可能的。这种情况下，虚粒子不再需要和它的虚反粒子相互湮灭了，虚反粒子也可以落到黑洞中去，但虚反粒子具有正能量，也可以作为实粒子或实反粒子从黑洞的邻近逃逸。当然这一切以黑洞的存在为前提。

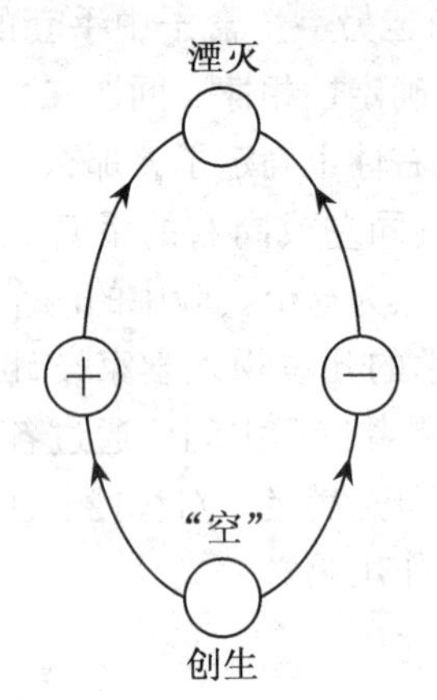

图 8-7　虚粒子和虚反粒子对

对远处的观察者而言，这看起来就像粒子是从黑洞发射出来的一样。这种发射后来被命名为霍金辐射，2010 年意大利科学家称观测到了霍金辐射。

关于这个问题的更多解释已超出了本书的范围。记住这句话，由于黑洞可以发出辐射，霍金说：黑洞不是这么黑了。

8.3.4　黑洞的空间弯曲

为了理解黑洞的时空弯曲，可用黑洞的周长来与它的直径比较。通常情况圆周与直径之比为 π。但对黑洞来说，这个比值要远小于 π。黑洞的周长跟它的直径相比是微不足道的。

设想有一张弹性十足的橡皮膜，中间放一块质量很大的小石头。如图 8-8（a）所示。我们设想找一只没长眼睛的蚂蚁，它沿着边缘爬了一圈就可以度量那个洞的周长，向下爬到中心，就可度量半径。它得到的结论是：周长比半径小得太多。黑洞空间的弯曲形态与我们看见的橡皮膜的弯曲形态是完全一样的，只不过黑洞的中心是一个奇点而不是一块石头，如图 8-8（b）所示。当然黑洞的这种弯曲并不是谁都看得出来的，必须是生活在更高维平直空间里的更高维的生命，才会看出黑洞空间出现那样的弯曲，高维空间又叫超空间。

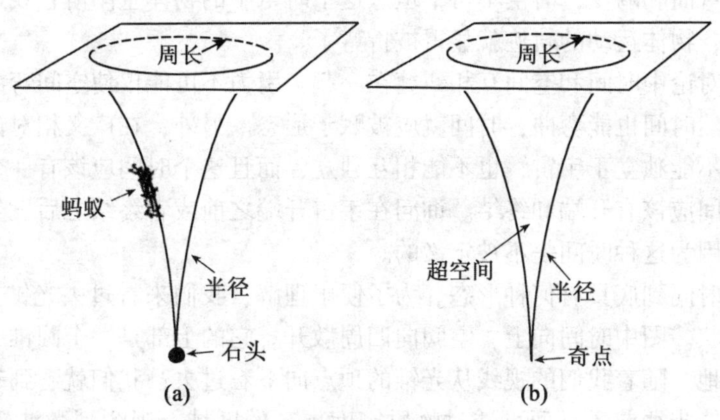

图 8-8 压塌的橡皮膜和黑洞的弯曲空间

8.3.5 霍金的灰洞理论

2014 年 1 月，史蒂芬·霍金以灰洞理论再次震惊了物理学界。他认为黑洞其实是不存在的，但“灰洞”是的确存在的。大质量天体的坍缩不足以形成黑洞，而是形成比中子星更小且密度更大的天体——灰洞。霍金认为黑洞其实是一个拥有极端物理环境的灰色地带，质量能量进入黑洞后还会“回到”宇宙中，因此先前对黑洞的理论认识有待改善，黑洞不会永久保存质能信息，会在某个时候将质量释放出来。

黑洞之所以是黑的，是因为其视界的存在，在视界之外的物质行为才会被我们所察觉，视界之内连光也无法逃脱黑洞的引力。霍金认为黑洞视界的理论需进一步完善，视界并不是黑洞的边界，黑洞可能存在一个明显的地平线；黑洞内部出现的量子涨落使得黑洞如同一个灰色地带，它不违反任何广义相对论和量子力学的理论，但黑洞可以从宇宙中吸积物质信息，也可向外辐射物质信息。

8.4 时空再认识

牛顿的时空观我们早已熟悉，爱因斯坦的相对论时空也已略知一二，那霍金笔下的时空又是怎样的呢?

8.4.1 时间的形态

时间是什么？在不同的社会历史背景下，人类对它的认识是不同的。

时间和空间在牛顿的模型中是事件发生的背景，这种背景不受事件的影响。时间和空间相互分离，时间被认为是一条单独的在两个方向上都可无限延伸的直线，时间本身被认为是永恒的。

广义相对论把一维的时间和三维的空间合并形成所谓的四维时空。物质和能量的分布会引起时空弯曲和畸变，时空不再平坦。这个时空中的物体企图沿直线运动，但因为时空是弯曲的，物体运动的轨迹就显得被折弯了。

在广义相对论中时间和空间互相纠缠在一起，引力不可能仅使空间弯曲，而让时间安然无恙。既然时间也能弯曲，时间就应被赋予形态。另外，在广义相对论中时间和空间的存在不仅不能独立于宇宙，也不能相互独立，而且这个时间应该有一个最大值或最小值，也即时间应该有开端和终结。询问在宇宙开端之前或者终结之后发生什么是没有任何意义的，因为这种时间是不被定义的。

现在来看时间到底具有何种形态。为了便于理解，我们来看过去光锥。图 8-9 表示时间光锥的形状。图中时间向上，空间向四周散开。它的上部是一个圆锥，其顶点正是我们的此时此地。随着我们的视线从光锥的顶点向下看过去，我们就看到越来越早的星系。当我们进一步往前看，便可透过物质密度更高的区域，观测到微波辐射的暗淡背景。再往前看，足够多的物质使时空得以弯曲，过去光锥中光线开始弯曲。当过去光锥的截面达到最大尺度后，就开始再度缩小。

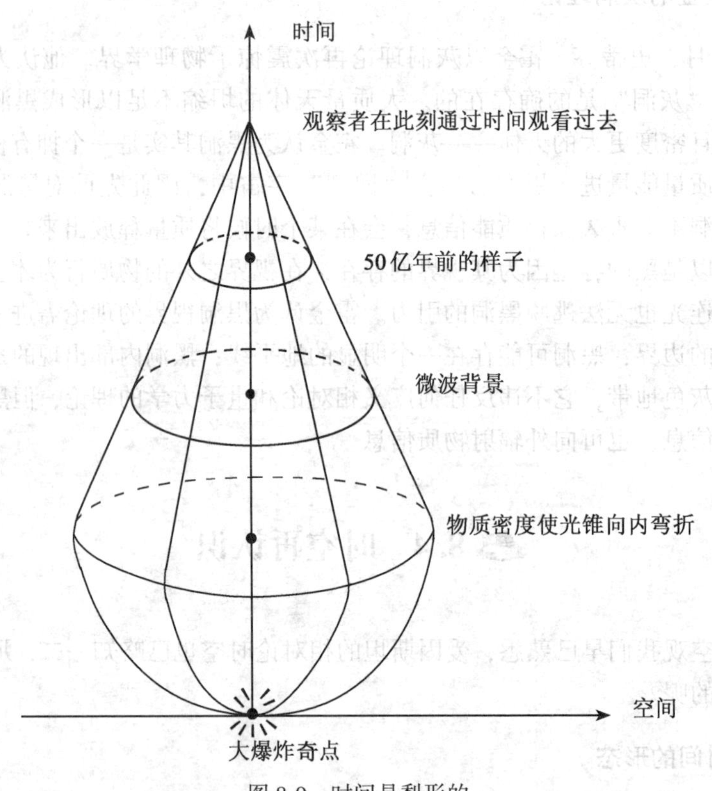

图 8-9　时间是梨形的

若人们沿着过去光锥回溯得更远，物质正的能量密度引起光线朝相对方向更强烈地弯折。光锥的截面在有限的时间内缩小到零尺度，这就是时间的开端——大爆炸奇点。综上所述，时间的形态为梨形。

8.4.2 虚时间

为了描述量子理论如何赋形于时间和空间，有必要引进虚时间的概念：虚时间即用虚数度量的时间。图 8-10 给出了时间的模型。在这个模型中存在与通常实时间成直角的虚时间方向。该模型的规则是：按照在实时间中的历史确定在虚时间中的历史，反之亦然。

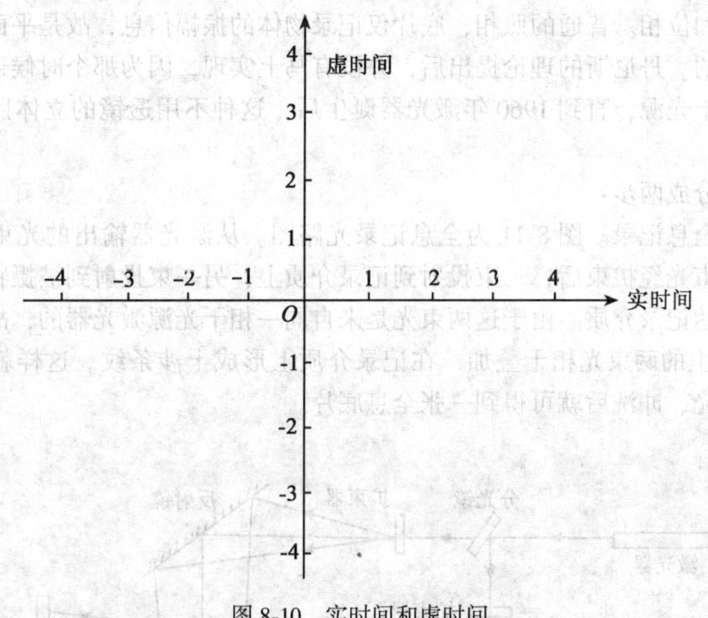

图 8-10 实时间和虚时间

也许人们会认为虚数和虚时间只不过是一种数学游戏，与现实世界毫不相干。然而从实证主义哲学观点看，人们不能确定何为真实。人们所能做的只不过是去寻找某种更合适的数学模型来描述我们生活在其中的宇宙。有些学者发现牵涉到虚时间的一种数学模型不仅预言了我们已经观测到的效应，而且预言了我们尚未能观测到但因为其他原因仍然坚信其存在的效应。

究竟何为实何为虚？这个差别是否仅仅存在于我们的头脑之中呢？

8.4.3 *p*-膜理论

1985 年前后，一种叫做超对称的弦理论诞生了。这个理论号称是仅有的把引力论和量子论合并的理论。所谓弦，是一维延伸的物体，它只有长度。但弦理论中的弦在时空背景中运动，弦上的涟漪被解释为粒子。弦理论有很多弊端，作为一个理论，它很不完善。

霍金的同事，剑桥大学的保罗·汤森将弦理论发展成 p-膜理论。一个 p-膜在 p 方向上有长度。这样 $p=1$ 时的膜就是弦，$p=2$ 时的膜是面或者薄膜。在 10 维或者 11 维的超引力理论的方程中可以找到所有 p-膜的解。10 维或 11 维听起来不太像我们体验的时空。可以这样来理解，除了我们熟悉的四维宏观的几乎平坦的维，10 维或 11 维余下的 6 维或 7 维被弯曲得非常小，小到我们几乎觉察不到。霍金的理论预言，这些额外维的存在可能会被实验观测到。

8.4.4　全息术在高维空间中的应用

全息术最典型的代表就是全息照相。全息照相的基本原理于 1948 年由英国科学家丹尼斯提出。所谓全息照相，就是指记录了被物体反射或透射的波的全部信息的技术，其中包括振幅和位相。普通的照相，底片仅记录物体的振幅信息，故是平面的，而全息照相则是立体的。丹尼斯的理论提出后，并没有马上实现，因为那个时候还找不到进行全息照相的相干光源，直到 1960 年激光器诞生后，这种不用透镜的立体照相术才成为现实。

全息照相分成两步：

第一步为全息记录。图 8-11 为全息记录光路图。从激光器输出的光束被分光镜分为两束。这两束光经扩束后，一束投射到记录介质上，另一束投射到被摄物体上，经物体反射后也到达记录介质。由于这两束光是来自同一相干光源激光器的，故到达记录介质（如底片）上的两束光相干叠加，在记录介质上形成干涉条纹。这样就获得了一张全息图。经曝光、冲洗后就可得到一张全息底片。

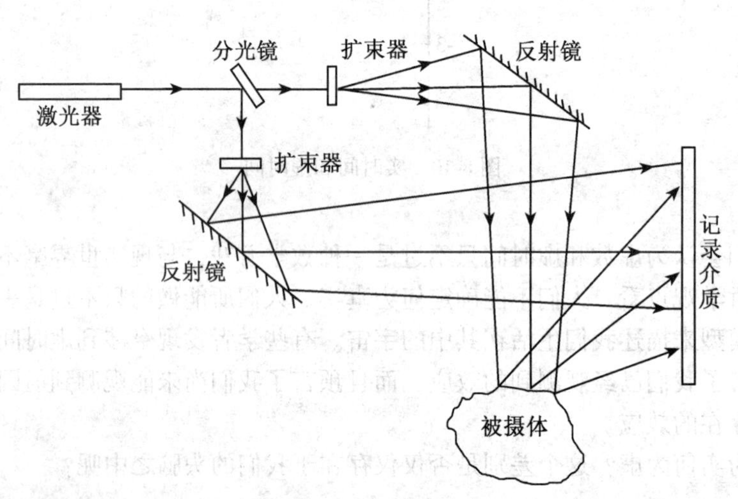

图 8-11　全息照相光路图

用肉眼看，全息底片为一灰蒙蒙的胶片，没有被摄物体的任何形象。用显微镜可看出底片上明暗相间的干涉条纹。此条纹与原物也无任何相似之处，但却记录了被摄体的全部信息，包括振幅和位相。

为了得到立体图像，必须同时记录被摄体光波的振幅和位相，但记录介质只能对光强有响应，所以必须把位相信息转换为振幅信息才能记录下来。上述全息底片正是利用干涉现象，记录了被摄体的振幅和位相两部分信息。

全息照相的第二步为波前再现，如图 8-12 所示。将拍摄时用的激光器输出的激光经扩束后照射到全息底片上，则可用肉眼看到一幅非常逼真的原物形象。当观测者移动眼睛从不同角度观察时，可以看到原物不同侧面的形象。如果不小心将底片弄碎了，那也没关系，只要任意捡一小碎片放在光路上，仍可再现原物的形象，不过清晰度有所降低罢了。

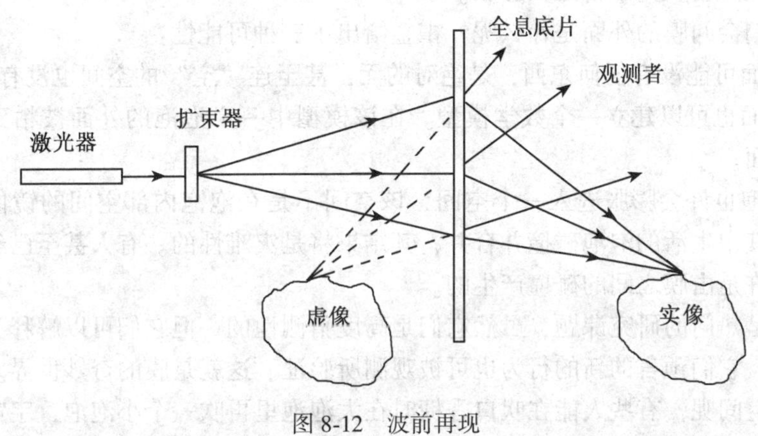

图 8-12　波前再现

全息术的精华在于把三维影像篆刻在二维表面上。如果把量子引力理论和全息原理相结合，这也许意味着我们能跟踪发生于黑洞之内的事件。

如果膜世界是个四维球面，正如地球的二维表面，但是多了两维。这四维球面相当于一个“果壳”，但该“果壳”是充满的：我们生活其上的膜是一个四维球面，它是一个五维泡泡的边界。因为霍金的 M-理论预言时空的其他六维或七维被弯曲得很小，甚至比“果壳”还小。

也就是说四维球面即“果壳”不再是空心的，而是被第五维充满的。全息术为我们理解上述模型提供了可行的途径。全息术把一个时空区域的信息编码排列在一个低一维的面上。在膜世界模型中，全息术使我们四维世界的态和五维（或更高维）的态之间一一对应。发生在时空的五维（或更高维）的一切信息被编码在四维的边界上。

这个实心的“果壳”就是一个泡泡，我们观测到的宇宙就是泡泡内部的东西在膜上的投影，所以我们自以为是生活在四维的世界中。如果能找到从四维世界到五维泡泡的解码器，透过这个解码器，四维世界的生命就能理解五维时空了。

8.4.5　从膜到泡泡

膜正如宇宙中的任何其他东西一样，自身也遭受到量子起伏。这些起伏会使膜自发地出现和消失。膜的量子创生有点像沸水中蒸汽泡的形成。液态水由水分子组成，当水被加热时，水分子运动加快，并且相互弹开。当水温较高时，会形成由水环绕着的小蒸汽泡。随着更多的分子从液体中出来加入蒸汽或者相反的过程，泡泡会以随机的方式长大或缩小。大多数蒸汽泡会再次坍缩成液体，但只要加热继续进行，总有一些气泡会长大到一定的临界尺度。超过这临界尺度的泡泡几乎肯定会继续长大。当水沸腾时，人们看到的正是这些大的膨胀的泡泡，直至它们浮出水面，爆裂在空气中。

膜的行为与泡泡很相似。不确定原理允许膜世界作为泡泡的世界从无中生有。膜形成泡泡的表面，而内部是高维时空。非常小的泡泡倾向于再坍缩成无，但是一个由于量子起伏而长大的超过某一临界尺度的泡泡多半会继续长大。生活在这膜上，也就是泡泡的表面上的人，会认为宇宙正在膨胀。

也许人们会问膜的外面是什么呢？霍金给出了三种可能性：

（1）外面可能没有任何东西，是绝对的无，甚至连“空”的空间也没有。

（2）外面也可以建立一个数学模型。在该模型中一个泡泡的外面被粘到一个类似的泡泡的外面。

（3）泡泡也许会膨胀进入一个空间，该空间不是在泡泡内部空间的镜像。如果它们和我们在其中生活的泡泡碰撞并合并，其结果将是灾难性的。有人甚至已经提出，大爆炸本身也许是由膜之间的碰撞产生的。

膜理论是热门的研究课题，虽然它们是高度猜测性的，但它们可以解释为何引力显得如此之弱，它们预言的新的行为也可被观测所验证。这就是膜的奇妙世界。会不会有第四种膜外空间呢？有些人能在吹口香糖时在大泡泡里再吹一个小泡泡，宇宙会不会也具有这种多层膜结构呢？

8.4.6　回到从前

孪生子佯谬或许大家都听说过。它说的是两位孪生子 A 和 B。A 乘宇宙飞船去太空旅行，飞船航速接近光速，A 的兄弟留在地球上。根据狭义相对论运动时间变慢的规则，对 B 来说，A 在飞船中的时间过得慢些。这样当 A 返回地球时，B 会发现 A 比他年轻些。

再根据运动的相对性原理，我们也可以 A 乘坐的飞船为参考系，B“驾驶”地球出去旅行。这样，A 觉得 B 的日子过得慢些，当地球“飞回”宇宙飞船上时，A 会发现 B 比他年轻些。

到底谁年轻些呢？狭义相对论是不允许有加速度的。考虑到这个原因，外出旅行者只应做匀速直线运动，所以他不能回来，回来就必须改变运动方向，方向改变就会产生加速度。这是其一。其二，实验证明，两台以相反方向绕地球飞行的精确的钟表返回后显示的时间只有非常微小的差异。这似乎暗示，人们若要活得更长久，应该沿上述时间计量小的方向飞行。可悲的是，在飞行器中人体遭受的伤害远比可能获得的一点点生命延长（远小于 1 秒）来得严重。

上述佯谬的根本问题在于人们头脑中仍有绝对时间的概念。在相对论中并没有一个唯一的绝对时间。相反，每个人都有他自己的时间度量，这依赖于他在何处，做何种运动。

既然物质和能量可以使时空弯曲，那就让这种弯曲更加厉害，以便使宇宙飞船出发之前即已返回。虫洞是连接时空不同区域的时空隧道，利用它就可以回到过去。可以驾驶宇宙飞船进入虫洞的一个口，而从不同地方不同时间处的另一个口出来。5.4 节说过虫洞的存在必须以时间或空间为代价，或以时间弥补空间上的大转移，或以空间弥补时间的大倒退。

虫洞的存在将会解决速度存在极限这个难题，允许以超光速运动来赶超时间，使宇宙飞船在发射之前的时间已返回，从而炸毁发射台上的火箭，以阻止飞船出发。你也可以利用虫洞回到从前，在你父亲被怀胎之前将你爷爷杀死。接下来会发生什么呢？这个问题的前提是你从另一个虫洞出来时你还是你，而不是一团废料。

根据爱因斯坦的理论，空间飞船必须以低于光的局部速度旅行并沿着所谓的类时轨迹通过时空。霍金把封闭的类时曲线（它可一次又一次地返回其出发点）称为“时间圈环”。霍金证明，在狭义相对论和广义相对论中沿“时间圈环”的时间旅行是行不通的。

如果存在完整的量子引力论（不论这个理论最终是什么样子），在此理论中，不仅物质而且时间和空间自身都是不确定的，并且起伏涨落，甚至连提出时间旅行是否可能的问题都不清楚，那么如何认为在强引力和大量子涨落的区域中已经发生了时间旅行呢？

1931 年数学家库尔特·哥德尔证明了著名的有关数学性质的不完备性定理。该定理的中心思想是，在任何公理化形式系统，譬如现代数学中，总存留着在定义该系统的公理的基础上既不能证实也不能证伪的问题。哥德尔定理对数学立下了基本的极限。由于它抛弃了被广泛接受的信念，即数学是一个基于单独逻辑基础的协调而完备的系统，故又称为不完备性定理。

哥德尔定理、海森伯不确定原理、混沌理论构成了科学知识局限性的核心。关于混沌理论的最形象最有名的比喻是：一只蝴蝶在东京湾上空扑动翅膀，若干时间后引起纽约曼哈顿的一场暴风雨。也即一处很小的扰动会在另一处引起巨变。

1949 年，哥德尔又有了惊人的发现。他发现了一种充满旋转物质的新时空，这是一个每一点都有时间圈环的宇宙。哥德尔理论中有一个解是两根宇宙弦相互快速穿越的时空。宇宙弦与弦理论中的弦不同。对宇宙弦的进一步研究表明，如果两根宇宙弦以接近光速作相对运动，则围绕着两根弦运动的时间可被极大地节省，以至于还未出发即已到达——时间圈环的存在使人们可以旅行到过去。

霍金假定在遥远的过去没有时间圈环，从而必须存在称为时间旅行的“视界”，这个“视界”是把时间圈环区域和没有圈环的区域分隔开来的边界……

8.5 量子引力论

20 世纪初诞生了三个全新的理论：首先是狭义相对论，一个与高速度相关的理论，产生了与牛顿力学的偏离；接着是量子力学；最后是将狭义相对论推广为广义相对论。四维时空在引力的作用下弯曲了，而曲率正好成为描述引力的工具。

8.5.1 什么是量子引力

当狄拉克（P. M. Dirac）等将狭义相对论和量子力学结合起来就产生了量子场论。

当用广义相对论研究大爆炸起源和黑洞时，都会遇到奇点，那里的曲率趋于无穷。为了探求物理学在如此极端状态下的意义，很自然需把广义相对论的思想和量子场论相结合起来。因为严格遵照量子场论的法则来计算奇点的曲率也是无穷大，我们希望能得到有限的答案。最好的解决方案是通过广义相对论和量子场论的恰当结合，改变我们关于那种极端小距离——比基本粒子的普通尺度还小大约 20 个数量级——下的时间和空间概念。但源于量子力学的不确定原理，在如些小距离下作何解释?

引力的奇点、量子场论的无穷大和不确定原理都需要寻求一个正确的量子引力理论来解决。现在我们可以定义什么是量子引力了：量子引力就是把量子场的理论过程恰当地用于爱因斯坦广义相对论或广义相对论的修正形式。当然从公平起见，也不应将量子场论当做金科玉律。量子引力应是量子场论和广义相对论均作适当修正后的统一形式。

如果“量子引力理论”不过是把标准的量子场论强加在标准的广义相对论上，则它是不自洽的，又有何意义呢?

8.5.2　量子引力论的特征

科学家普遍认为，当把引力和量子力学结合在一起时，相应的物理量一定会很小，加上海森伯不确定原理，如何来检验量子引力理论的正确性?

当然科学家会想出办法，如找到物理小量倒数所表征的物理含义（它可不是小数），从中找出检验新理论真伪的方法。

霍金在发现了黑洞的视界面积等于黑洞熵这一关系式后，又深刻地研究了这一公式的深层原因。假如用虚时间来代替普通的时间，那么广义相对论可以很美妙地与量子理论结合起来，这个以虚时间为基础的量子引力方法尽管还有许多障碍，但慢慢被大家接受了。我们并未真正拥有完整的量子引力论，但我们知道一些它应该具有的特征：① 它应与费因曼的按照对历史求和来表达量子理论的设想相合并。② 它给出的引力场由弯曲的时空来表示，粒子企图沿着弯曲空间中最接近直线的路径运动，但因为时空不是平坦的，它的路径显得仿佛被引力场弯曲了。最后的结论是：当我们把费因曼对历史求和应用到爱因斯坦的引力观点时，那么粒子历史的类似物，现在就是代表整个宇宙历史的完整的弯曲时空。

在量子引力论中还有一种可能性可以避免奇点的出现。在量子理论中，时空可能在范围上有限，但却没有形成时空的边界或边缘的奇点。时空就像地球的表面，只不过多了两维。如果你在地球表面（二维曲面）沿着某一方向不断前进，你永远不会遭遇到一个不可逾越的障碍，却最终会返回到出发之处，并且不会撞上奇点。如果高维时空也能具有这种性质，那么量子引力论开启了一种新的可能性，不会存在科学定律在那里失效的奇点。

如果时空没有边界，则不需要指定边界上的行为，也不需要知道宇宙的初始状态。也就是说，“宇宙的边界条件是它没有边界，宇宙的初始条件是它没有开始”。宇宙完全是自足的，并且任何外在于它的东西都不能对它施加影响，它既不被创生，也不被消灭，它只是存在。如果我们相信宇宙有个开端，那我们就得用量子引力论来描绘这个开端。

8.5.3 量子引力论的困难所在

创造量子引力论之所以如此困难是因为：不确定原理意味着“空虚”的空间也充满了虚的粒子/反粒子对。如果“空虚”的空间真的是完全空虚的，那就意味着所有的场，比如引力场和电磁场就必须精确地为零。然而，场的值及其随时间的变化率也应满足不确定原理，越精确地知道这些量中的一个，则只能越不精确地知道另一个。所以，如果在“空虚”的空间中一个场被精确地固定在零上，那么它既有准确的值（零），又有准确的变化率（也为零），这就违反了不确定原理。也就是说，在“空虚”的空间中场的值也有不确定性或量子涨落。虚粒子（如虚光子，虚引力子）的涨落如何观测？虚粒子有能量吗？超引力能解决问题吗？

8.6 量子宇宙学

量子宇宙学与量子引力论是两个不同的概念，量子引力论是关于宇宙的一个力的规范理论，而量子宇宙学是把整个宇宙当一个量子系统来研究。

8.6.1 宇宙的波函数

量子宇宙学创立于20世纪60年代。1983年霍金和哈特尔共同发表的论文《宇宙的波函数》开创了量子宇宙学的新纪元。在量子力学里，波函数是用来描写状态几率的物理量，宇宙波函数则用来描写相对于一定时空度规和物质场的几率。与量子力学一样，宇宙波函数中的几率与某个作用量的指数函数成正比。在引力情况，作用量根据爱因斯坦的场方程来构造，然后对所有可能的度规和场求和。霍金选择了紧致的度规和规则的场，这样可避免物理定律失败的点，也没有时空的边缘。也就是那句话：宇宙的边界条件就是它没有边界。

霍金甚至给出了无边界宇宙的波函数表达式

$$\Psi = \int \delta g \, \delta \phi \, \mathrm{e}^{-I(g,\phi)}. \tag{8-3}$$

这里不再说明其中各个量代表的物理意义，但读者都很清楚宇宙波函数 Ψ 用积分来表示。积分可分两种：定积分和不定积分。如果是定积分，则说明宇宙波函数路径积分需要一个边界；如果是不定积分，那我们的世界为什么是这样的开放呢？

8.6.2 M理论

1980年，霍金在就任剑桥大学卢卡逊数学教授的演说中指出，最有希望把引力和其他三个力（电磁力，弱力，强力）统一起来的理论是“超引力”。而超引力最终可能要用弦理论来解释。

弦理论也会给世界带来不确定性。弦可分为开弦和闭弦，开弦还可有端点。若同时存在5个弦，则它们都只能在10维时空成立。当弦耦合常数从小于1变到大于1时，弦将在另一空间维成长起来，变成膜，于是 5 个 10 维的弦理论，其实是 11 维的理论，而真正的 11 维理论到底是什么，到现在谁也不知道，那就称为 M 理论吧。M 理论与 p-膜有一定的相似之处。

作为本科生的通识课教材，无法也无必要叙述更多不易理解的内容，霍金的理论思想就介绍到这里。这里有几点说明：第一，本书对霍金理论的介绍是不完整的。第二，霍金的有些理论本身也是不够完整的，尚需不断地修正和补充。第三，对霍金的理论，了解就可以了。第四，从前面的叙述可知，霍金善于把物理学或数学的方方面面都融入他的宇宙理论中去，如不确定原理、波函数、全息理论、不完备性定理。可见，当今社会要成就非凡业绩，就必须具备广博的知识，具有敏锐的洞察力、无穷的想象力。

本章各小节的内容是作者根据自己对霍金理论的认识而编排的，有些内容有一定的渗透性，并不一定局限于小节的标题中。如有不当之处，请读者指正和谅解。

思 考 题

1. 什么是时空奇点？
2. 奇点定理的内涵是什么？
3. 如何理解不确定原理？
4. 为什么说黑洞不是那么黑了？
5. 你所理解的时空与霍金的时空有何区别？
6. 结合本章的学习，谈谈你对霍金神奇宇宙观的认识，以及你对宇宙的看法。
7. 通过对本书的学习，选一个你最感兴趣的问题，写篇两千字左右的论文。

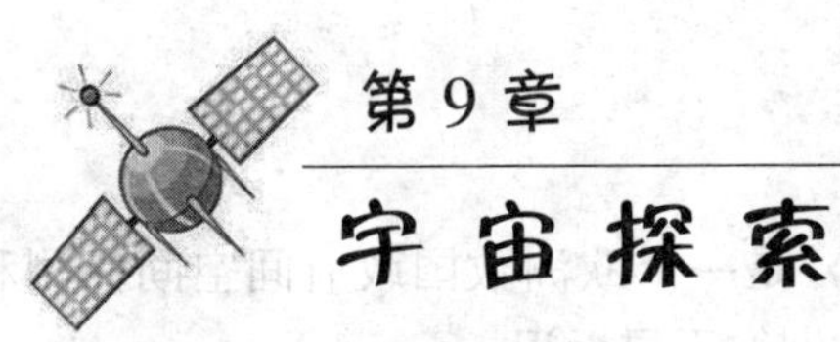

第9章 宇宙探索

自古以来，人类一直在探索着我们生存的地球、我们看得见的广阔时空，甚至想知道宇宙到底是什么样的，从何而来，最终又向何而去。尽管科学家百年来给出了各式各样的宇宙模型，但这仅仅是一种理论一种猜想，真实的宇宙必须通过观测、比较、检验等手段来逐步认识。本章对国际上主要的空间探索机构、著名天文台、大型观测设备及重大宇宙探测事件作一简单的介绍。

9.1 国际主要空间探索机构

空间探索主要由各个国家或组织的航天局或宇航局负责，美国、欧洲、俄罗斯、日本、印度和中国都有相关的部门。这里仅对美国航天局（NASA）、欧洲航天局（ESA）和俄罗斯联邦航天局（RKA）作一介绍。中国国家航天局将在第10章中介绍。

9.1.1 美国航天局

美国航天局全称为美国航空航天局（National Aeronautics and Space Administration, NASA），是美国联邦政府的一个政府机构，负责美国的太空计划。NASA创立于1958年。图9-1为美国航天局标识。

NASA研究领域非常广泛，主要分为三大部分：

(1) 航空和空间科学研究和探索，包括太阳系探索、火星探索、月球探索、宇宙结构和环境探索。

(2) 地球学研究，包括地球系统学、地球学的应用。

(3) 生物和物理研究，包括太空生命、太空生命维持、宇航员培训等。

图9-1 美国航空航天局标识

NASA建立了6个战略事务部，分管NASA的主要业务领域。它们是航天飞行部、航空航天技术部、地球科学部、空间科学部、生物和物理研究部及安全与任务保障部。另外，NASA还有10个研究中心：戈达德航天飞行中心，约翰逊航天中心，肯尼迪航天中心，马歇尔航天飞行中心，斯坦尼斯航天中心，艾姆斯研究中心，德莱登飞行研究中心，兰利研究中心，戈兰研究中心和喷气推进实验室。

NASA是全球最大的空间探测机构，雇员近2万人，年度经费达数百亿美元。已经实施的重大项目有：阿波罗登月计划，天空实验室空间站，航天飞机，哈勃太空望远镜，国际空间站（合作项目）和火星登陆计划。

9.1.2　欧洲航天局

欧洲航天局（European Space Agency，ESA）是一个欧洲数国政府间空间探测和开发的组织，总部设在法国首都巴黎。图9-2为欧洲航天局标识。

图9-2　欧洲航天局标识

ESA成立于1975年，是专门为和平目的和促进欧洲各国在空间研究、空间技术和应用方面进行合作的组织。ESA主要有6个中心：ESA巴黎总部，设在荷兰的欧洲航天研究和技术中心，设在德国的欧洲航天空间操作中心，设在意大利的欧洲航天研究所，设在德国的欧洲航天员中心，设在西班牙的欧洲空间天文中心。ESA的航天发射设在法属圭亚那库鲁航天中心。

ESA规模比NASA小很多，雇员仅为2 000多人，年度经费约50亿欧元。下属的阿里亚娜空间公司生产的阿里亚娜火箭是全球主要的空间运载工具之一。已经和正在实施的重大项目有：伽利略定位系统，火星快车号火星探测器，哥伦布轨道设备，Smart 1号（新推进技术试验）月球探测器，Hippacos（空间天体测定）。

ESA下一步的主要工作是：达尔文计划，在距离地球几光年之外探索生命的踪迹；发射艾丁顿卫星，寻找遥远恒星的行星；打算2020年到2025年间将宇航员送上月球，2030年到2035年实现宇航员火星登陆。

9.1.3　俄罗斯联邦航天局

俄罗斯联邦航天局（Russian Federal Space Agency，RKA，简称RKA来自俄语）总部位于莫斯科附近的星城。图9-3为俄罗斯联邦航天局标识，简称为POCKOCMOC。

苏联的空间探测一度领先美国。1991年苏联解体后，现俄罗斯承接了苏联时期的所有航天项目，RKA现主要从事航天员训练和航天器发射工作。

2004年俄罗斯航空航天局改名为俄罗斯联邦航天局（Federal Space Agency，简称FSA或RKA）。

在苏联刚解体时，RKA一度资金严重缺乏，大量研究人员被迫离开，原计划中的登月和国际太空站项目无法实施。近几年，资金方面情况已大大改善，但其太空探索的能力已远不如从前。

RKA已实施的重大项目有：第一颗人造卫星，第一个太空人，和平号太空站，金星系列探测器。

图9-3　俄罗斯联邦航天局标识

9.2　国际著名天文台

天文台是专门进行天文观测和天文学研究的机构，天文观测站大多建在远离市区的山上。早期的有些天文台由于城市扩张已不能进行天文观测，仅具有象征意义，如南京的紫金山天文台。

9.2.1　英国格林尼治天文台

格林尼治天文台建于1675年，如图9-4所示。当时由于英国航海事业的发展，英国当局决定在泰晤士河畔的皇家格林尼治花园建立天文台，以满足在海上测定经度的需要。1835年，天文台杰出天文学家埃里首创了利用“子午环”测定格林尼治平太阳时，使该台成为当时世界上测时手段最先进的天文台。由于城市发展，特别是夜间灯光的干扰，对星空观测极为不利，天文台1948年迁往英国东南沿海的苏塞克斯郡，新址上的天文台仍叫“皇家格林尼治天文台”。地球上0°经线所在地在格林尼治天文台旧址，如图9-5，为嵌在地面上的铜线——0°经线。1884年，经过这个天文台的子午线被确定为全球的时间和经度计量的标准参考子午线，也称为**零度经线**。格林尼治平（太阳）时（GMT）被称为**世界时**。老台址现已成为博物馆，仅供参观，不作研究。

图9-4　格林尼治天文台

9.2.2　美国夏威夷莫纳克亚天文台

莫纳克亚天文台坐落在美国夏威夷群岛大岛上的莫纳克亚山顶峰上，是世界上著名的天文学观测研究基地，也是举世公认的最佳望远镜工作场所，海拔4 206米。天文台

图9-5 格林尼治天文台旧址—0°经线

区占地500英亩，由夏威夷大学管理。由于莫纳克亚山的高度和孤立于太平洋中央的地理位置，使之成为地球上进行天文观测很重要的陆上基地，不仅是光学波段，对次微米、红外都是理想的观测地点。

莫纳克亚天文台现有13台正在工作的望远镜。其中口径超过8米的大型光学望远镜就有4台，它们是美国直径8.1米的北半球双子座望远镜、日本直径8.2米的昴星团望远镜、美国直径10米的凯克Ⅰ和凯克Ⅱ望远镜。其他还有加州理工学院的次毫米望远镜，加法夏望远镜，英国红外线望远镜，夏威夷88英寸望远镜，超长基线阵列接收机（射电望远镜），如图9-6所示。

图9-6 莫纳克亚天文台

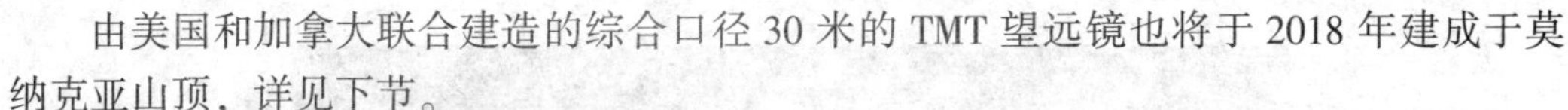

由美国和加拿大联合建造的综合口径 30 米的 TMT 望远镜也将于 2018 年建成于莫纳克亚山顶，详见下节。

9.2.3 美国帕洛马山天文台和威尔逊山天文台

帕洛马山天文台位于美国加利福尼亚州圣地亚哥东北的帕洛马山的山顶，海拔 1 706 米，1928 年建成。20 世纪 20 年代，美国天文学家乔治·海尔成功说服洛克斐勒基金会捐出 600 万美元巨资给加州理工学院，由该校负责建造划时代的 200 英寸（5.08 米）光学望远镜。这台望远镜 1948 年建造完成，是当时世界上最大口径的望远镜，直到 1976 年苏联制造出 6 米口径的望远镜。但苏联的 6 米望远镜品质远不如海尔造的 5 米望远镜，后人为了纪念海尔对帕洛马山天文台所作的贡献，特将这架 5 米望远镜命名为海尔望远镜。

尽管海尔望远镜的口径现在不算很大，但仍是全球性能最好的单一镜片大型反射望远镜之一。天文学家利用海尔望远镜验证了很多天文理论，比如宇宙膨胀等。帕洛马山天文台还利用海尔望远镜绘制了北天全天域星图。1993 年帕洛马山天文台发现了“苏梅克-列维”9 号彗星，并预言了这颗彗星将与木星相撞，这是人类第一次预言和观测到天体的大规模相撞现象。

20 世纪 60 年代天文学四大发现之一——类星体也是利用海尔望远镜发现的，海尔望远镜在研究天文学的基本问题，如星系的形成和演化，宇宙的年龄、大小和构造等也都作出了杰出贡献。

除海尔望远镜外，该台还有一台口径为 1.86 米/1.22 米的施密特望远镜。1969 年为纪念天文学家海尔，帕洛马山天文台和美国威尔逊山天文台合并称为海尔天文台。

威尔逊山天文台位于美国加利福尼亚州帕萨迪纳附近的威尔逊山上，海拔 1 742 米，1904 年在海尔领导下建立的。该天文台主要有一台口径 2.5 米（100 英寸）和一台口径 1.5 米（60 英寸）望远镜，一架大口径太阳望远镜。100 英寸望远镜又称胡克望远镜，在天文学史上具有极为重要的地位。迈克尔逊用它精确地测量了恒星的大小和距离，罗素用它的数据完成了对恒星的分类，哈勃用它确定了大小麦哲伦星云为河外星系，哈勃还用它发现了红移现象，为现在的大爆炸理论奠定了观测基础。

9.2.4 欧洲南方天文台

欧洲南方天文台由欧洲多国于 1962 年合建，现由 13 个欧洲国家组成，总部设在德国慕尼黑附近的加欣。欧洲南方天文台的观测站设在智利，主要有三个观测站：

（1）拉西拉天文台：位于智利阿塔卡玛沙漠南部海拔 2 400 米的拉西拉山。主要设备有 1976 年落成的 3.6 米口径光学望远镜、1984 年落成的德国马克斯·普朗克研究所的 2.2 米口径望远镜、1987 年落成的瑞典 15 米口径亚毫米波射电望远镜、1989 年落成的 3.5 米口径新技术望远镜。

（2）帕瑞纳天文台：位于智利安托法加斯塔以南的海拔 2632 米的帕瑞纳山，1999 年开始使用。主要设备是 4 台 8.2 米口径的甚大望远镜（如图 9-7）、4 米口径的可见光和红外巡天望远镜、2.5 米口径巡天望远镜。

图 9-7　欧洲南方天文台-甚大望远镜

（3）拉诺德查南托天文台：位于智利北部海拔 5104 米的查南托高原，主要设备是 12 米口径的 APEX 亚毫米波望远镜，以及各国合作建造的阿塔卡玛大型毫米波天线阵（ALMA）。

欧洲南方天文台的望远镜设在智利北部安第斯山脉，是南半球甚至全世界观测条件最佳的天文台之一，年平均可观测时间在 310 天左右。特别是阿塔卡玛沙漠的自然环境与火星类似，堪称世界上最干燥的区域，高海拔和极端干燥的环境造就了地面最完美的天文观测条件。

欧洲南方天文台 2006 年开始研制极大望远镜 E-ELT，预计 2018 年至 2023 年间完成。

9.2.5　波多黎各阿雷西博天文台

阿雷西博天文台位于波多黎各岛的阿雷西博山谷中，见图 1-10，是世界上最大口径的射电望远镜（中国的 FAST 尚未建成），建成于 20 世纪 60 年代初，直径为 305 米，后扩建为直径 350 米。由美国国家科学基金会等管理。该望远镜嵌在一个巨大的灰岩坑内，坑内由 38 万片铝瓦铺设成抛物面形状。射电望远镜不同于光学望远镜，它不是依靠视觉而是依靠“听”觉来认识宇宙。

阿雷西博射电望远镜，灵敏度极高，能探测到几十亿光年外的天体，能“听”到金星上的轻微响动，加上波多黎各岛位于赤道附近，这个位置对于跟踪和观测行星、脉冲星和其他天体十分理想，在 50 年的历史中有过多次重大天文发现。

天文学家发现地球上有三个区域适合建设超大型望远镜，它们是美国夏威夷、智利

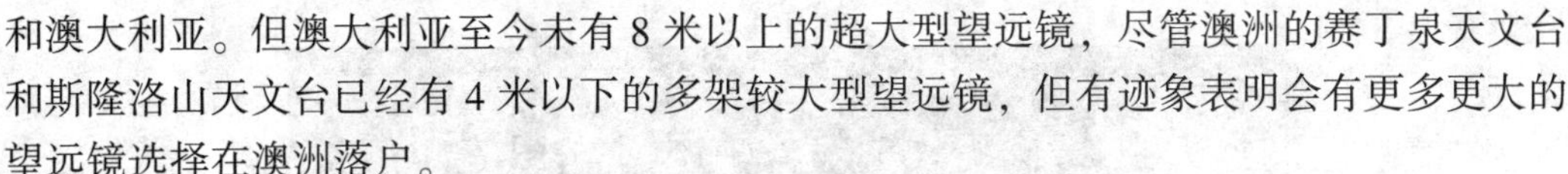

和澳大利亚。但澳大利亚至今未有8米以上的超大型望远镜，尽管澳洲的赛丁泉天文台和斯隆洛山天文台已经有4米以下的多架较大型望远镜，但有迹象表明会有更多更大的望远镜选择在澳洲落户。

9.3 大型观测设备

这一节我们对一些著名的大型天文观测设备和计划中的一些下一代设备作简单介绍。

9.3.1 双子望远镜

双子望远镜是由美国大学天文联盟实施的项目，它由两台8米口径望远镜组成，一台放在北半球，一台放在南半球，以便进行全天系统观测。该项目1993年开始建设，1998年北半球的一台在夏威夷完工，2000年南半球的一台在智利建设完成。由于这两台望远镜使用了一些新的技术，能够获得与哈勃太空望远镜相等效果的图像。如图9-8所示。

图9-8 双子望远镜

9.3.2 昴星团望远镜

昴星团望远镜位于美国夏威夷莫纳克亚天文台，直径为8.2米，隶属于日本国家天文台，是日本最大的望远镜设备，1999年建设完成投入科学观测，如图9-9所示。是世界上最大的由单一主镜构建的光学望远镜，望远镜自重555吨。其中主镜片重达22.8吨。

图 9-9 昴星团望远镜

9.3.3 凯克望远镜

凯克望远镜位于美国夏威夷莫纳克亚山天文台，如图 9-10 所示。凯克望远镜由两台相同的望远镜组成，分别是凯克Ⅰ和凯克Ⅱ，每台口径均为 10 米，是世界上口径最大的光学和近红外线望远镜。但凯克望远镜镜头不是单一主镜，而是由 36 片口径 1.8 米的六角形镜片组合而成的。望远镜自重约 300 吨，20 世纪 90 年代末建成。其名字凯克来源于资助人的名字。

图 9-10 凯克望远镜

凯克望远镜每台都装有自适应光学系统能补偿大气抖动的影响，它俩的最大特点是可以把凯克Ⅰ和凯克Ⅱ作为凯克干涉仪，由于两者相距 85 米，故它们联合观测时在特定方向上的解析力，如分辨率，相当于一台口径 85 米的单一望远镜，使得它俩在现代宇宙探索中地位突出，贡献巨大。

9.3.4 欧洲南方天文台甚大望远镜

欧洲南方天文台（欧南台）的甚大望远镜（Very Large Telescope，VLT）位于智利的帕瑞纳天文台，由 4 台相同的口径为 8.2 米的望远镜组成，组合后等效口径可达 16 米。VLT 的 4 台望远镜既可以单独使用，也可以组成光学干涉仪进行高分辨率观测。

VLT 项目开始于 1986 年，2012 年全部建成开始工作，耗资超过 5 亿美元。VLT 的每个主镜重约 22 吨，每个望远镜重约 500 吨。由于 VLT 具备的超高性能，天文学家计划用它来做如下观测：

（1）搜索太阳系旁邻近恒星的行星。

（2）研究星云内恒星的诞生。

（3）观察活跃星系核内可能隐藏的黑洞。

（4）探索宇宙的边缘。

9.3.5 哈勃太空望远镜

哈勃太空望远镜（Hubble Space Telescope，HST）是以天文学家爱德温·哈勃名字命名的在地球轨道上工作的望远镜，如图 9-11 所示。由于它在地球大气层外工作，因此不受大气影响，所拍摄影像品质远高于地面望远镜，是天文史上最重要的仪器之一。图 9-12 为磨制中的哈勃主镜反光镜头。

图 9-11 哈勃太空望远镜

1990 年 4 月 25 日，“发现号”航天飞机将口径为 2.4 米的哈勃太空望远镜送入轨道。

哈勃太空望远镜由美国航天局（NASA）和欧洲航天局合作研制。它是一个重达

图9-12 磨制中的哈勃主镜

11.6吨、长约13.1米、直径约4.3米的筒形庞然大物，定位于距地球表面614千米的圆形轨道上。哈勃太空望远镜为卡塞格林型反射望远镜，口径2.4米，研制工作历时13年，耗资20多亿美元。空间望远镜计划是20世纪40年代提出的，从设计、研制、发射到维修，前后经历70年，耗资约50亿美元。

哈勃太空望远镜比地面望远镜的优越之处在于，它在大气层外工作，不受地球大气的吸收、散射和大气抖动的影响，从而有高的分辨率（成像分辨率高达0.1″）、宽的工作波段（从远紫外105纳米到近红外1 100纳米）和高灵敏度。它可以观测到暗达30星等（关于星等的定义见3.1节）的天体，相当于人眼所能看到的最暗目标亮度的40亿分之一，观测距离则可达到140亿光年以上。

遗憾的是哈勃太空望远镜进入轨道后发回的首张天体图像非常模糊，研究表明是望远镜主光学系统存在制造缺陷，另外太阳能电池帆、精密控制陀螺等附件也存在这样或那样的问题。经过3年的精心准备，1993年12月2日，“奋进号”航天飞机发射升空，其主要任务就是对哈勃太空望远镜进行在轨维修。

“奋进号”在轨运行的11天中，由4位宇航员分成两组轮流工作，共5次出舱，更换了哈勃太空望远镜的太阳能帆板和损坏的陀螺，安装了太空望远镜轴向偏差改正系统（COSTAR），置换了部分探测仪器，同时也增大了望远镜所配的计算机容量。这次修复耗资高达2.5亿美元。

哈勃太空望远镜到2009年5月为止共接受了6次维修和维护。

修复后的哈勃太空望远镜不负众望，为天文学家提供了大量有价值的精确数据和清晰照片，成为名副其实的看得最远最暗的“眼睛”。哈勃太空望远镜这二十多年来获得的观测数据超过了过去数百年的发现，可见其在天文学发展中的巨大作用。读者在许多杂志、网站上看到的一些美轮美奂的天体照片，大部分是由哈勃太空望远镜拍摄的。

哈勃太空望远镜的主要观测成果，限于篇幅，这里仅列举出10项。

（1）发现冥王星是双星，并获得了其主星、伴星的直径及其相互距离的数据。

（2）拍得百武彗星分裂的图片。

（3）拍摄了1994年苏梅克-列维彗星与木星相撞过程和撞后形态变化的图片。

（4）探测到了太阳以外其他恒星附近的行星图像。

（5）哈勃太空望远镜对宇宙的扫描观测，使原来模糊的斑斑点点呈现出了更清晰的图像，可以窥探星系深处的奥秘。此即著名的哈勃景深图像。

（6）观测到M84星系内高速气流吸积现象，为黑洞的存在提供了有力的证据。

（7）对银河系内的暗弱恒星进行了观测，获得了它们的多个参数。

（8）观测结果极大地提高了宇宙膨胀指数即哈勃常数的测量精度。

（9）观测表明宇宙中存在引力透镜现象，即远处而来的光线通过星系团中间时会受引力作用而弯曲，引力对光线起到聚焦的作用。

（10）观测到一个巨型黑洞正在吞噬另一个小星系的景象，观测到一些星系正在互相碰撞和合并等。

最近几年，哈勃太空望远镜也有了最新的发现：

2011年11月，哈勃太空望远镜拍摄到围绕遥远黑洞存在的盘状构造；

2012年3月，哈勃太空望远镜在距地球24亿光年的“阿贝尔520”星系团中发现一个巨大的暗物质块；

2013年10月，哈勃太空望远镜发现可能是宇宙中距离最遥远的星系；

2013年12月，哈勃太空望远镜发现太阳系外的5颗行星，并且这些行星的大气层中有水存在的迹象。

由于哈勃太空望远镜的设计使用寿命约为15年，现已超期服役，NASA希望它能工作到2018年。由于它是第一架太空望远镜，其设计和制造中还存在某些缺陷，所以，现在科学家正在考虑建造新一代太空望远镜。这架望远镜准备置于日地引力场的第二拉格朗日平动点L2上。L2是太阳引力和地球引力相等的点，所以它将相对于太阳和地球都保持静止不动，这样地球就不会遮挡望远镜的视线。新一代太空望远镜的主镜口径为8米，计划投资10亿美元，希望通过近红外的观察发现太阳系以外的类似地球的行星所发出的热量。这种近红外的观察在地球附近是无法进行的，因为地球本身的红外辐射能够淹没任何来自太空的类地行星的红外辐射。

2002年，为纪念阿波罗计划领导人James E. Webb，NASA决定将新一代太空望远镜命名为James Webb Space Telescope（JWST），口径减小为6.5米，工作波段0.6微米至28微米。预计2018年前后发射到距地球150万千米的L2点上。

9.3.6　开普勒太空望远镜

开普勒太空望远镜是NASA为发现环绕其他恒星的类地行星而发射的太空望远镜，如图9-13所示。2009年3月6日，从美国佛罗里达州卡纳维拉尔角空军基地发射升空。它的主要任务是对天鹅座和天琴座中大约10万个恒星系统展开观测，以寻找类地行星和生命存在的迹象。

图 9-13 开普勒太空望远镜

在太阳系内有一种有趣的现象，就是地球轨道以内的水星、金星经过太阳和地球之间，对太阳面产生部分遮挡，天文上称之为凌日，如图 9-14 所示。开普勒太空望远镜就是根据这一现象来寻找其他恒星系统可能存在的行星凌星现象。开普勒太空望远镜不在环绕地球的轨道上，而是在尾随地球的太阳轨道上，所以其观测视野不会被地球遮蔽。其主镜口径为 1.4 米，重约 1 071 千克。

经过 3 年的观测，开普勒太空望远镜已经有如下重大发现：发现首颗太阳系外行星；发现质量和直径都比太阳系内行星更小的外行星；发现首个 6 行星恒星系统；发现首颗围绕两颗恒星运动的行星；等等。

2013 年 5 月，开普勒太空望远镜由于反应轮故障，无法设定望远镜方向，而被迫停止工作。2013 年 8 月，NASA 宣布放弃维修，结束其科学任务。

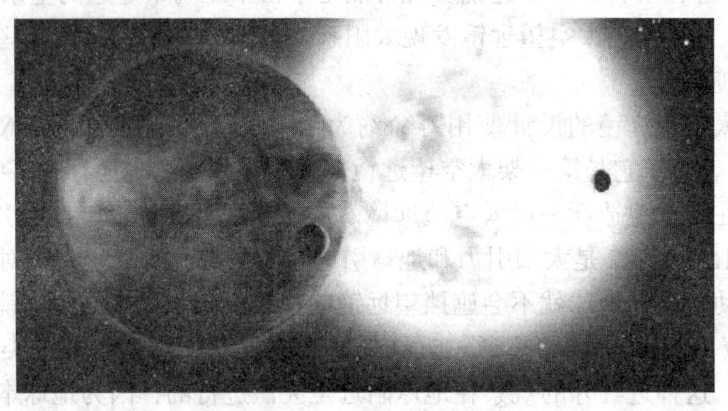
图 9-14 行星凌日现象

9.3.7 大麦哲伦望远镜

大麦哲伦望远镜（Giant Magellan Telescope，GMT）是计划在 2020 年投入使用的地基极端巨大望远镜，如图 9-15 所示。从图可以看出，该望远镜包含 7 个直径为 8.4 米的主镜，综合解像力相当于约 25 米的单一主镜。功能是目前最大光学望远镜的 4.5 倍，成像清晰度将达到“哈勃”太空望远镜的 10 倍。

大麦哲伦望远镜的 7 个主镜片已于 2005 年开始铸造，现已完成三个镜片的铸造，每个需使用 20 吨的光学玻璃，镜片的研磨和抛光还将耗费数年的时间。大麦哲伦望远镜镜片是世界上最大的，它们将超过日本天文台昴星团望远镜直径 8.2 米的纪录。

图 9-15 大麦哲伦望远镜

大麦哲伦望远镜又叫巨型麦哲伦望远镜，将被安放在智利的拉斯坎帕纳斯天文台，那里已有两台口径 6.5 米的麦哲伦望远镜。地理位置、绝佳的气候和大气条件使拉斯坎帕纳斯成为天文观测的最好地点之一。

大麦哲伦望远镜的主要任务是用来探寻宇宙中恒星和行星系统的形成，暗物质、暗能量和黑洞的奥秘，科学家们对它寄予重望，希望它还能揭开银河系的起源之谜。

9.3.8 三十米望远镜 TMT

三十米望远镜（Thirty Meter Telescope，TMT）是集光口径为 30 米的地基巨型光学-红外天文观测设备，如图 9-16 所示，工作波长为 0.31~28 纳米。TMT 采用拼接镜面主

图 9-16 三十米望远镜

动光学、自适应光学及精密控制等先导高科技技术，将492块小镜面拼接成直径30米的大镜面。TMT将把望远镜的灵敏度和空间分辨率等技术指标提高到前所未有的程度。

TMT是一个国际合作项目，以美国、加拿大和日本为主，计划安放在美国夏威夷莫纳克亚山天文台，预计2018年建成投入使用，总投资将超过10亿美元。中国国家天文台等多个研究机构将参与TMT部分子项目的研发。一旦TMT建成，中国将分享与参与项目成比例的TMT的观测时间，获得科学观测数据。

TMT的强大宇宙洞察能力将引发天文学研究的跨越式发展，科学家希望它在揭示宇宙暗物质和暗能量的本质方面，探测宇宙第一代天体，了解黑洞的形成和生长，探测地外行星等前沿学科领域取得重大突破性发现。

9.3.9　欧洲极大望远镜

欧洲极大望远镜（European Extremely Large Telescope，E-ELT）是欧洲南方天文台在建的地面光学天文望远镜，如图9-17所示。

图9-17　欧洲极大望远镜

2006年，欧洲议会批准研制E-ELT的计划。该计划总投资超过11亿欧元，预计2023年建成投入使用，口径为42米，建成后将成为世界上最大的光学望远镜。E-ELT将安装在智利的阿马索内斯山，其图像分辨率将达到哈勃太空望远镜的16倍。

E-ELT与凯克望远镜一样采用镜面拼接的方式来达到极大口径，其主镜由906块直径为1.45米的六边形镜面拼接而成。

科学家相信，E-ELT能够找到宇宙起源的地方，即第一颗恒星和第一个星系形成之处，并能够帮助我们了解太阳系外行星的特征和参数，找到地外生命存在的可能，从而帮助我们了解生命形成和进化的进程。当然，寻找暗物质和暗能量是所有大型望远镜的基本工作。

9.3.10　阿塔卡玛大型毫米波天线阵

阿塔卡玛大型毫米波天线阵（Atacama Large Millimeter Array，ALMA）是由多个国

家的研究机构在智利北部阿塔卡玛沙漠合作建造的大型射电望远镜阵列，如图 9-18 所示。ALMA 由 66 台口径为 12 米的射电天线组成，如图 9-19 所示。分布范围达 10 英里。工作波长为毫米和亚毫米，已于 2013 年年底建设完成，总投资超过 14 亿美元，是世界上最强大的射电天文观测设备。

图 9 18　阿塔卡玛大型毫米波天线阵

图 9-19　阿塔卡玛大型毫米波天线阵分布图

ALMA 作为多国合作项目，以欧洲和日本为主，美国和加拿大等都参与其中。ALMA 的分辨率为 0.01 弧秒，相当于能看清 500 千米外的一分硬币，其视力超过哈勃太空望远镜约 10 倍。利用干涉技术，其探测到的图像数据可媲美一架直径 16 千米的射电望远镜。

ALMA 能有效控制宇宙射电波信号的接收，从而捕捉到极遥远宇宙的辐射，科学家从这些辐射中可以了解遥远和古老的星系，并探索年轻恒星周围的行星形成过程。有科学家认为 ALMA 的出现几乎就像裸眼观测时代突然出现望远镜一样，是人类观测能力上的巨大飞跃，它可弥补光学望远镜无法探测深太空领域这一遗憾，帮助科学家深入研究暗物质和暗能量。

2012 年尚未全面完工的 ALMA 发现一颗褐矮星（未发育成的恒星）周围存在一个原行星尘埃盘。ALMA 拍摄的第一张照片显示了引力透镜效应的存在。同样它还发现了水存在于遥远星系中的证据，还未正式工作就有如此重大发现，可见科学家对 ALMA 所寄予的厚望。

9.3.11 韦伯太空望远镜

韦伯太空望远镜（James Webb Space Telescope，JWST）是美国 NASA 用来替代哈勃太空望远镜的红外望远镜，如图 9-20 所示。詹姆斯·韦伯是美国航天局第二任局长，他领导了美国的阿波罗登月计划。与哈勃太空望远镜不同，韦伯太空望远镜不在地球轨道上空旋转，而是在远离地球 150 万千米的所谓第二拉格朗日点（L2）工作。原计划 2013 年发射升空，现已推迟到 2018 年前后。入轨约需飞行 100 天左右。

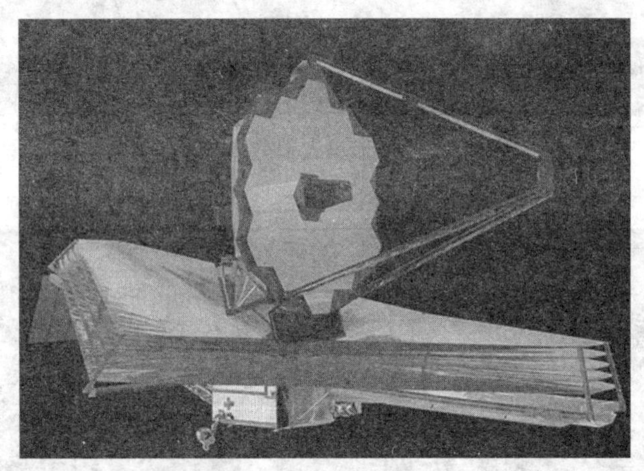

图 9-20　韦伯太空望远镜

韦伯太空望远镜的口径已由原计划的 8 米缩小为现在的 6.5 米，为哈勃太空望远镜口径的 2.5 倍，但质量仅为哈勃的一半，因为韦伯太空望远镜是一架没有镜筒的望远镜，它不用担心来自地球轨道太空垃圾的攻击。韦伯太空望远镜能探测到比哈勃太空望远镜暗淡 400 倍的物体。为了防止太阳光和其他光源对韦伯太空望远镜的影响，它附带有一个网球场大小的遮光罩。韦伯太空望远镜的主镜被分割成 18 块六角形的镜片，发射时将它们折叠起来，到位再伸展开来。

韦伯太空望远镜的主要任务是调查研究作为大爆炸理论证据的微波背景辐射。其设计寿命约 10 年，总费用已超过 10 亿美元。当然它也可用来研究恒星的诞生、外行星系统和生命起源等重大问题。

9.4 重大事件

在空间和宇宙探测中有一些事件值得我们永远记忆，它代表的不是某个国家，而是人类征服自然的某种能力，是人类进步的象征。

9.4.1 第一颗人造地球卫星

人造（地球）卫星是指环绕地球在空间轨道上运行的无人航天器。至今为止，人类发射的人造卫星已达数百颗，按人造卫星运行轨道高低不同可分为低轨道卫星、中高轨道卫星、地球同步卫星、地球静止卫星、太阳同步卫星、大椭圆轨道卫星和极轨道卫星；按用途又可将人造卫星分为通信卫星、气象卫星、资源卫星、侦察卫星、导航卫星、测地卫星等。

人类历史上第一颗人造卫星是1957年10月4日苏联发射的人造地球卫星1号，如图9-21所示。

卫星由壳体、卫星设备和天线组成。卫星呈球形，外径0.58米，重约84公斤。卫星运行参数为：

近地点：215千米；

远地点：947千米；

运行周期：96.2分钟；

工作天数：92天。

人造地球卫星1号于1958年1月4日进入大气层烧毁。它的主要任务是探测200～500千米高度的大气密度、压力、磁场、紫外线和X射线等数据。

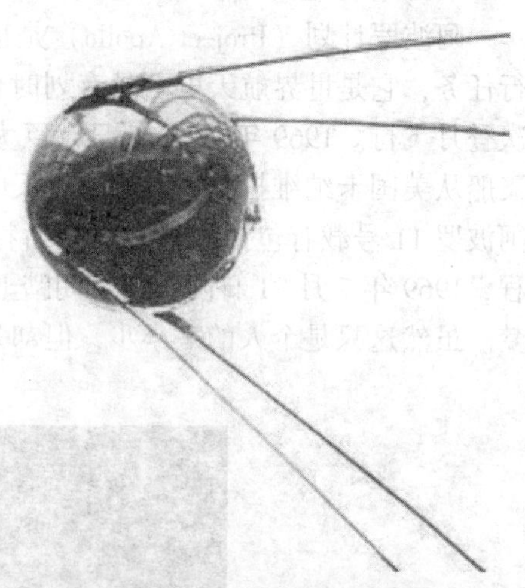

图9-21 人造地球卫星1号

人造地球卫星1号的探测能力并不强，但它宣告人类进入了太空时代，并引起了美国和苏联两个超级大国长达30年的太空竞赛，极大地促进了太空技术的发展和进步。

9.4.2 第一位宇航员

宇航员或称航天员，是指以太空飞行为职业或进行过太空飞行的人。国际航空联合会定义在地面海拔100千米以上进行飞行的人员才能被称为宇航员。

图9-22 尤里·加加林

第一位宇航员是苏联人尤里·加加林（Y. Gagarin），如图9-22所示。1961年4月12日莫斯科时间上午9时7分，加加林乘坐东方1号宇宙飞船从位于哈萨克斯坦境内的拜克努尔发射场起飞，在最大高度为301千米的轨道上绕地球一周，历时1小时48分钟，于上午10时55分安全返回地面。完成了世界上首次载人宇宙飞行，实现了人类进入太空的愿望。遗憾的是

1968 年 3 月 27 日加加林在例行的喷气飞机训练飞行中因飞机坠毁而辞世。

9.4.3 月球探测和阿波罗计划

月球是地球的天然卫星，从 1959 年起，美国和苏联就开始发射多种探测器对月球进行探测。1959 年 1 月 2 日，月球 1 号在拜克努尔发射场升空，随即离开地球轨道，成为人类发射成功的第一个摆脱地球引力场的航天器。1959 年 1 月 4 日，月球 1 号从 5 995千米外掠过月球，现在它仍是一个绕太阳公转的人造卫星。

阿波罗计划（Project Apollo）是指美国在 1961 年到 1972 年间开展的一系列登月飞行任务，它是世界航天史上具有划时代意义的伟大成就，在这 11 年期间，共实现了 6 次登月飞行。1969 年 7 月 16 日，巨大的土星 5 号运载火箭载着“阿波罗 11 号”宇宙飞船从美国卡纳维拉尔角肯尼迪航天中心点火升空，开始了人类首次登月的太空之旅。阿波罗 11 号载有包括尼尔·阿姆斯特朗在内的三名宇航员，经过 5 天 38 万千米的征程，1969 年 7 月 21 日阿姆斯特朗踏上了月球表面，如图 9-23 所示。实现了人类登月之梦。虽然这只是个人的一小步，但却是人类的一大步。

图 9-23　人类首次登上月球

阿波罗计划中包括 11 次载人任务即从阿波罗 7 号一直到阿波罗 17 号，其中 6 次实现了登月过程，共有 12 名宇航员登月成功。人类的探月进程并非一帆风顺，中间出现过多次危机，阿波罗 1 号测试时的大火造成 3 名宇航员死亡，阿波罗 13 号飞行中氧气罐爆炸，但最后还是顺利返回地面。

阿波罗计划总耗资达255亿美元，参加工程的企业有2万家，200多所大学和80多个研究机构的超过30万名科学家和工程师参与了这一伟大计划。当然到现在为止仍有人怀疑阿波罗计划的真实性，认为这是美国航天局制造的一大骗局。

9.4.4 航天飞机

航天飞机（Space Shuttle）是指可重复使用的，往返于太空和地面之间的航天器，如图9-24所示。航天飞机可以像火箭一样被垂直发射，又能像太空飞船一样在轨道上运行，还能像飞机一样在地面着陆。航天飞机通常搭载7名宇航员。航天飞机又叫轨道器，发射时要借助于固体助推器和外储燃料箱。

图9-24 工作中的航天飞机

美国研制过5架实用航天飞机，即哥伦比亚号、挑战者号、发现号、亚特兰蒂斯号和奋进号航天飞机。

人类历史上第一架试验用航天飞机叫企业号，1977年问世，尽管它从未飞上过太空，但它为第一架实用航天飞机哥伦比亚号的顺利升空奠定了基础。航天飞机的主要参数为：长37.24米，高17.27米，翼展23.97米，空载时质量68吨，可携带29吨有效载荷。

1981年4月12日，第一架航天飞机哥伦比亚号顺利升空，揭开了人类航天史上新的一页。2011年7月21日亚特兰蒂斯号返回肯尼迪航天中心，结束了其谢幕之旅，也意味着美国30年的航天飞机时代宣告终结。

航天飞机史可以说是悲壮史，一共5架航天飞机中有两架发生了意外。1986年1月28日，挑战者号航天飞机升空不久就发生了爆炸，7名宇航员全部遇难。2003年2月1日，哥伦比亚号航天飞机在结束为期16天的太空任务后返回地面，在着陆前飞机解体坠毁，七名宇航员全部丧生。

美国NASA为航天飞机的研制发射和维护花费了高达2000亿美元，由此带来的科学进步不是用金钱可以衡量的。航天飞机完成的主要任务包括：在太空施放了近百颗卫星，运载两座空间站到太空轨道，发射了多个宇宙探测器，1个太空望远镜，进行了多次卫星回收和空间设备维修，释放了探测反物质和暗物质的质谱仪，以及在航天飞机内舱做了大量科学实验并取得了大量实验数据。

9.4.5　深度撞击

2005年1月12日，美国成功发射了彗星探测飞船“深度撞击号”。2005年7月3日，深度撞击号发射撞击器撞击了“坦普尔1号”彗星的彗核，如图9-25所示。这是人类历史上史无前例的炮轰彗星太空实验。

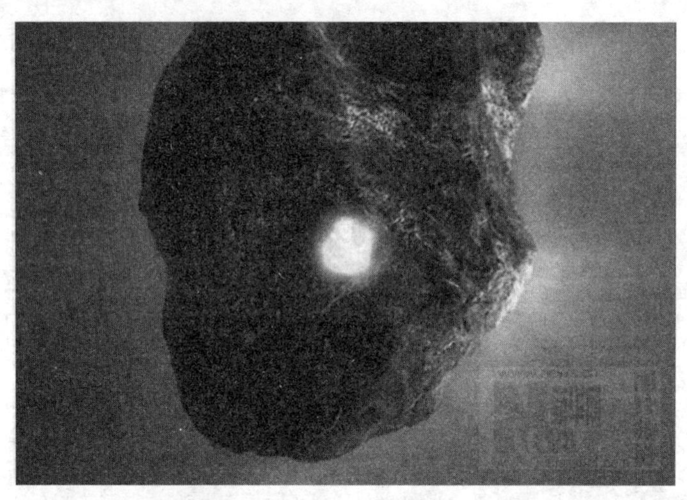

图9-25　深度撞击号撞击器击中目标——坦普尔1号彗星

这次撞击是为了探测彗核内部物质的成分，了解彗核的构成、密度、强度等，了解彗星的演化历史，根据撞击坑的形状和深度，判断彗核的物质发生的变化。科学家认为，彗核中含有太阳系初生时遗留的物质，这次撞击能对太阳系诞生的过程带来更多的观测证据。

撞击结果显示彗核中含有水分子。科学家认为39亿年前地球和内行星曾受到彗星的密集轰击，巧的是，随后地球上出现了生命，水和生命会是彗星带来的吗？这次撞击还包含着重要的军事课题，是美国军方导弹防御系统在太空中的一次演习，以实战演练炸毁有可能撞击地球的小天体。

9.4.6　火星探测器

火星是太阳系中除地球外唯一有可能进化出生命的行星。太阳系中还有一个可能孕育生命的星球是木卫二，但它仅是木星的一颗卫星。火星也是人类在太阳系中有希望在不久的将来实现软着陆的行星。正是因为这些原因，人类已经向火星发射了三十多艘不同的探测飞船，但仅有1/3成功抵达了火星。

1962年11月，苏联发射了“火星1号”火星探测器，是人类发射的第一个火星探测器，被认为是人类火星之旅的开端。现在介绍几个比较著名的火星探测器。

火星奥德赛号：是2001年4月由NASA发射的火星探测卫星，主要任务是寻找火星水和火山活动的迹象。

火星快车号：是2003年6月由欧洲航天局发射的火星探测卫星，也是该局首次火星探测计划。火星快车号包括两部分：火星快车号卫星和猎兔犬2号登陆器。火星快车号重达2吨，发射6个月后抵达火星轨道，并将携带的猎兔犬2号登陆器释放到火星表现，遗憾的是释放后的猎兔犬2号失去联系，登陆任务失败。火星快车号的主要贡献有：发现火星存在极光现象；确定火星极冠有干冰（固体二氧化碳）和水冰；发现火星大气中存在甲烷。特别是2013年1月欧洲航天局公布一组火星快车号拍摄的令人震惊的照片，照片显示火星上一条大型河流的遗迹。从而证明火星曾是一颗湿润的星球。火星快车号的探测工作已于2013年结束。

机遇号火星探测器：是2003年7月7日由NASA发射的火星着陆探测器，2004年1月25日安全着陆火星表面，如图9-26所示。机遇号是一个六轮太阳能动力车，高1.5米，宽2.3米，长1.6米，重180千克。机遇号原计划工作寿命90天，实际情况出乎意料，到2013年5月它仍能在火星表面正常运动和工作，行驶里程已超过36千米。

图9-26　机遇号火星探测器

机遇号的主要贡献：发现火星表面盐水迹象；发现含泥叶硅酸盐岩石；发现黏土岩石，进一步确定了火星原先存在水的可能；发现灰赤铁矿；发现硫磺；拍摄到火星由于自身的两颗天然卫星而产生的“日食”现象，特别是2011年8月机遇号发现黏土沉积层。

勇气号火星探测器：是2003年6月10日由NASA发射的火星着陆探测器，2004年1月3日着陆火星南半球表面。它和机遇号是一对双胞胎。它的设计寿命也是90天，但它工作到2009年5月，由于意外故障使之无法动弹。2011年5月，NASA宣布结束勇气号的任务。

好奇号火星车：是2011年11月26日由NASA发射的火星着陆探测器，2012年8月6日登陆火星表面，如图9-27所示。好奇号的成功登陆是有史以来机器人完成的最复杂的航天任务。

图9-27　好奇号火星车

好奇号的主要任务是探索火星是否存在适宜生命存在的环境。与机遇号和勇气号相比，好奇号是以核燃料钚为动力的机动型探测器，其搭载的设备更多，更先进，研发费用也高达25亿美元。遗憾的是好奇号仅发回数张照片，就于2013年2月因主计算机故障而进入安全模式。启用备用计算机后，好奇号又能正常工作。2013年9月好奇号发现火星表面土壤按重量算约2%是水分，2013年12月，根据好奇号获得的火星岩石样品，科学家测定火星的年龄在38亿~46亿年之间。

9.4.7　国际空间站

空间站又称航天站、太空站、轨道站，是一种在近地轨道长时间运行，可供多名航天员巡访、长期工作和生活的载人航天器。空间站分为单一式和组合式两种。单一式空间站可由航天运载器一次发射入轨，组合式空间站则由航天运载器分批将组件送入轨道，在太空轨道组装而成。

空间站的主要作用有以下三方面：

（1）太空站是实现行星际载人飞行的必经之路，通过从太空站中转，可使行星际飞船的起飞重量增加1到2个数量级。

（2）太空站是绕地轨道上进行各种科学试验的最重要的空间设施。

（3）太空站是人类探测月球的最好、最近的后勤保障基地。

到目前为止，全世界已发射了10个空间站，其中苏联和后来的俄罗斯共发射了8个。人类第一个空间站是1971年4月19日苏联发射的礼炮1号空间站。美国在1973年5月14日发射成功天空实验室空间站。另一个就是国际空间站。

国际空间站（International Space Station，ISS）是一项由6个太空机构联合推出的国际合作项目，如图9-28所示。

图9-28 国际空间站

国际空间站的设想是1983年由美国总统里根首先提出的。经过近十年的探索和多次重新设计，直到苏联解体，俄罗斯加盟，国际空间站才于1993年完成设计，开始实施。

1993年，由美国和俄罗斯牵头，联合欧洲空间局11个成员国，日本、加拿大、巴西等16个国家共同建造和运行的国际空间站计划正式开始实施。

国际空间站的建设分三个阶段：

第一阶段：从1994年到1998年，美俄两国完成航天飞机与俄罗斯“和平”号空间站的9次对接飞行，完成航天飞机与空间站交会对接及在空间站上长期进行生命科学、微重力实验等经验。

第二阶段：从1998年到2001年，国际空间站达到有3人在轨工作的能力，并开始在轨装配国际空间站。

第三阶段：从2001年到2011年，国际空间站完成装配工作，达到6~7人长期在轨工作的能力，工作寿命15~20年。

然而2003年，“哥伦比亚”号航天飞机失事后，美国停飞了所有剩下的航天飞机，使国际空间站的建设工作受到严重影响。（2005年7月26日，美国发射了“发现”号航天飞机。7月28日，“发现”号与国际空间站进行了对接，并进行了货物交换。）

2011年国际空间站完成装配，进而进入工作阶段。国际空间站的主要指标如下：

总质量：431~490吨；

大小：108.5米×88.4米；

轨道高度：335~460千米；

太阳能电池面积：4 000 米^2；

太阳能电池输出功率：112 千瓦；

舱内总容积：1 200~1 300 米^3；

数据传输速率：43 Mbit/s；

配件需太空飞机发送次数：50 次；

每日绕地圈数：15.79 圈；

总费用：1000 亿美元；

使用年限：2024—2028 年。

国际空间站作为科学研究和开发太空资源的重要装备，为人类提供了一个长期在太空轨道上进行对地观测和天文观测的重要基地。空间站还能获得各种宇宙射线、亚原子粒子辐射的相关信息，利于了解宇宙奥秘。

国际空间站的微重力环境，给研究生命科学、生物技术、航天医学、材料科学提供了地球无法比拟的优越条件，将直接促进相关学科的进步。同时国际空间站的建成和使用，也为人类建造太空工厂、太空发电站，开展太空旅游，建立太空永久居住点，向外太空移民等提供了中间平台。

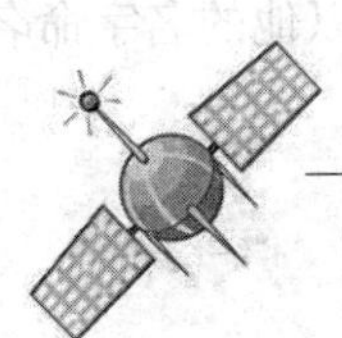

第 10 章 中国天文学和空间探测概况

我国是一个文明古国，祖先对天文学的发展做出过不可磨灭的贡献，但近几百年来，我们在这方面的研究水平相对落后了。现在简要介绍一下我国天文学研究和空间探测的历史和现状。

10.1 中国天文学研究简史

中国是世界天文学研究最早的国家，早期的中国学者创立了优良的历法，发明了各种观测工具，提出了有远见的宇宙观，在世界天文学发展史上，具有重要地位。

10.1.1 天象观察

据考证，中国最早从事天文学研究可追溯到 4 500 年前的原始社会，那时已设立天文官以进行观象和授时。

我国对天象的观察起源于何时已无法考证，但有文字记载已经有 4 000 多年。古人除了记载了各种天体和太阳、月亮、行星、彗星、恒星的运动和特征，还记载了众多的天象，如日食、月食、太阳黑子和流星雨等。这些记载就是在现在来看，也是非常丰富和精确的，特别是对这些天象的描述也是极具科学性的。

我国河南安阳出土的殷墟甲骨文中，已有丰富和精致天文现象记载。人类关于哈雷彗星的发现记载是古代中国在公元前 240 年完成的，哈雷彗星在这二千多年的时间回归了 30 次，我国都有记录可寻。3 000 多年前的甲骨文中也已有了关于太阳黑子的记载，随后的文献中开始了对太阳黑子的形状、大小、位置和变化进行了描述。从公元前 700 年，古代学者就开始对天琴座、英仙座和狮子座等流星雨开始记录和描述。

10.1.2 代表人物

我国的古代学者设计和制造了多种精巧的天象观察和测量仪器，如人类最早用来度量日影长短的圭表，测量天体位置的浑仪。

东汉时期的天文学家张衡（78—139 年）制造了世界上第一架能比较准确地表演天象的漏水转浑天仪，以及指南车、自动记里鼓车、计时仪器刻漏、地动仪。张衡还提出了著名的浑天说——古人对宇宙的看法。还对月光的成因、日食、行星的运动等都作了科学的解释。为纪念他的伟大成就，国际天文学会将 1802 号小行星命名为“张衡星”。

元代学者郭守敬（1231—1316 年）也是一位著名的天文学家，他主持修订的新历法——授时历，沿用了近 360 年，是当时世界上最先进的一种历法。他参与了大量天象仪器的创制和改进，如简仪、高表、候极仪、仰仪等。国际天文学会以他的名字命名了一座月球的环形山。

10.1.3　主要成就编年记

公元前 2137 年，中国《书经》有世界最早的日食记载。

公元前 2000 年左右，中国学者测定木星绕转周期为 12 年。

公元前 14 世纪，中国殷朝甲骨文中已有日食和月食的记录。

公元前 12 世纪，中国采用二十八宿划分天区。

公元前 11 世纪，中国周朝建立观象台，测定黄赤交角。

公元前 7 世纪，中国甲骨文上已有彗星的观察记录。

公元前 7 世纪，中国用土圭测定冬至和夏至，划分四季。

公元前 687 年，中国有天琴座流星雨的最早记录。

公元前 6 世纪，中国采用十九年七闰月法协调阴历和阳历。

公元前 350 年左右，中国战国时代，甘德、石申编制了第一个“甘石星表”，并认识到日月食是天体之间的相互遮掩现象。

公元前 2 世纪，中国学者司马迁完成西汉《史记・天宫书》，为最早详细记载天象的著作。中国采用农事二十四节气。

公元前 134 年，中国汉朝《汉书・天文志》有关于新星的第一次详细记录。

公元前 104 年，中国汉朝编造了《太初历》，载有节气、朔望、月食及五星的精确会合周期。

公元前 1 世纪，中国西汉发明浑仪，用以测量天体的赤道位置。

公元前 28 年，中国有世界上最早的太阳黑子记录。

公元 1 世纪，中国东汉创制黄道铜仪，并发现月球运行有快慢之分。

公元 2 世纪前后，中国东汉创制成功水运浑天仪（即天球仪），测出太阳和月球的角直径均为半度。中国张衡提出浑天说。

公元 230 年前后，中国三国时代发现日、月食发生的食限。

公元 330 年前后，中国晋朝发现岁差，测定冬至点西移为每五十年一度。

公元 4 世纪，中国发现大气折射星光现象，并给出正确的解释。

公元 5 世纪，中国著名学者祖冲之编制了《大明历》，完成了对中国历法的第二次大改革。

公元 725 年，中国进行了世界上第一次子午线长度的实际测量。

公元 8 世纪，中国唐代用黄铜浑仪测量星宿位置，发现星宿的黄道坐标与古代不同。

公元 1054 年，中国《宋史》中有关于超新星爆发的第一次记载，该超新星的残骸形成了现今所见的蟹状星云。

公元 1088 年，中国宋朝制造水运仪象台，为钟表业的先驱。

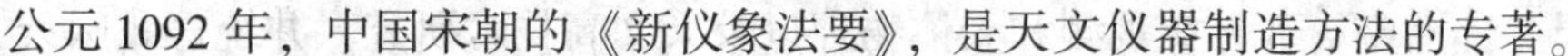

公元1092年，中国宋朝的《新仪象法要》，是天文仪器制造方法的专著。

公元1247年，中国宋朝石刻天文图是现存最古老的星图。

公元1276年，中国元朝制造了简仪等十三种天文仪器，郭守敬创制《授时历》，是中国历法的第四次大改革，该历已和现代公历基本一致。

公元1385年，中国明朝在南京建立观象台，是世界上最早的设备完善的天文台。

公元17世纪，中国明朝徐光启开始用望远镜观测天象，其出版的《崇祯历》，记录了中国较完备的全天恒星图。

中国古代天文学的辉煌历史实际上到公元14世纪就结束了，下一个重大事件是1934年建立了南京紫金山天文台，这已属于中国近现代史的范畴了。中国古代天文学主要是为统治阶级服务的，其主要作用是占卜吉凶、预报祸福和编订历法。所以中国古人不可能像古希腊人那样通过建立数学化的宇宙体系来认识天体和理解宇宙，这就导致中国古代学者尽管较精确地记录了天象，却没人去尝试解释这些天象物理和数学上的由来，远未达到从理论上去理解宇宙、探寻宇宙的科学高度，这就直接导致到了近代中国对天文学的贡献远远落后于欧洲了。

10.2　主要研究和探测机构

10.2.1　国家天文台

中国科学院国家天文台，由原北京天文台、云南天文台、乌鲁木齐天文观测站、长春人造卫星观测站等台站及南京天文光学技术研究所等于2001年4月25日合并而成，总部位于原北京天文台总部，在河北省兴隆县建有大型观测基地，该基地拥有一台直径2.16米（85英寸）的光学望远镜。国家天文台正在开展的项目包括：FAST、LAMOST以及探月工程等。总部设在北京市朝阳区大屯路，如图10-1所示。

图10-1　中国科学院国家天文台

国家天文台主要从事天文观测和天体物理以及天文高技术研究，并统筹我国天文学科发展布局、大中型观测设备运行和承担国家大科学工程建设项目，负责科研工作的宏观协调、优化资源和人才配置。重点研究领域有：宇宙大尺度结构、星系形成和演化、天体高能和激发过程、恒星形成和演化、太阳磁活动和日地空间环境、天文地球动力学、太阳系天体和人造天体动力学、空间天文观测手段和空间探测、天文新技术和新方法等。

国家天文台拥有两个中国科学院重点实验室，分别是光学天文和射电天文重点实验室。一个国家大科学工程指挥中心——大天区面积多目标光纤光谱望远镜（LAMOST）项目指挥中心，承担了包括空间太阳望远镜（SST）、500 米口径球面射电望远镜（FAST）及嫦娥工程地面应用系统等多项国家级大科学工程预研和研制任务，同时是中科院探月工程应用系统总体部挂靠单位。

国家天文台设有 30 个领域前沿研究团组、7 个高技术实验室和 8 个野外观测基地。野外观测基地有河北兴隆、北京怀柔、北京密云、乌鲁木齐南山、上海佘山、青海德令哈、云南丽江高美古和抚仙湖、长春净月潭，分别负责运行 2.16 米光学、多通道太阳磁场、25 米 VLBI、13.7 米毫米波、激光测距仪等大中型望远镜观测设备，以及在建的 2.4 米光学望远镜、50 米射电望远镜和 LAMOST 等大型设备。此外，国家天文台与阿根廷圣胡安大学合作，在南美洲设有一观测站，运行我国自行研制的 II 型光电等高仪和正在研制的高精度人卫激光测距系统。2012 年，在新疆准备开建可转动 110 米射电望远镜。

1. 大天区面积多目标光纤光谱天文望远镜（LAMOST）

大天区面积多目标光纤光谱天文望远镜是一项在技术上有重大创新、科学上有重要意义的国家重大科学工程项目，如图 10-2 所示。该项目于 1996 年被列为国家重大科学

图 10-2　大天区面积多目标光纤光谱天文望远镜

工程项目，LAMOST 已于 2008 年 8 月建成，并于 2013 年 6 月顺利通过了国家竣工验收。LAMOST 的建成，突破了天文望远镜大视场与大口径难以兼得的难题，是具有我国自主知识产权的、目前国际上口径最大的大视场望远镜，也是国际上光谱获取率最高的望远镜，成为我国望远镜建设史上的又一个里程碑。

LAMOST 是一架横卧于南北方向的中星仪式反射施密特望远镜。应用主动光学技术控制反射施密特改正板，使它成为大口径兼大视场光学望远镜的世界之最。其主动反射镜改正镜为 5.72 米×4.4 米，主镜为 6.67 米×6.05 米，有效口径 4 米，如图 10-3 所示。在曝光 1.5 小时内可以观测到 20.5 等的暗弱天体；由于它的相应于 5 度视场的 1.75 米焦面上可以放置数千根光纤，连接到多台光谱仪上，同时获得 4000 个天体的光谱，成为世界上光谱获取率最高的望远镜。

图 10-3　LAMOST 内部反射镜改正镜

该望远镜安放在中国科学院国家天文台河北兴隆观测站，随着项目建设的完成，它将使我国天文学在大规模光学光谱观测中，在大视场天文学研究上，居于国际领先的地位。

2. 500 米口径球面射电望远镜（FAST)

FAST 预研究始于 1994 年，由中国科学院国家天文台主持，全国 20 余所大学和研究所参与其中，如图 10-4 所示。项目建设地点为贵州省黔南自治州，2008 年开工建设，建设周期约 8 年，预期 2016 年完工。

作为即将建成的世界最大单口径射电望远镜，FAST 具有 3 项自主创新：利用贵州天然的喀斯特洼坑作为台址；洼坑内铺设数千块单元组成 500 米球冠状主动反射面；采用轻型索拖动机构和并联机器人，实现望远镜接收机的高精度定位。FAST 作为一个多学科基础研究平台，有能力将中性氢观测延伸至宇宙边缘，观测暗物质和暗能量，寻找第一代天体。能用一年时间发现约 7000 颗脉冲星，研究极端状态下的物质结构与物理规律；有希望发现奇异星和夸克星物质；发现中子星——黑洞双星，无需依赖模型精确

图 10-4　500 米口径球面射电望远镜 FAST

测定黑洞质量；通过精确测定脉冲星到达时间来检测引力波；作为最大的台站加入国际甚长基线网，为天体超精细结构成像；还可能发现高红移的巨脉泽星系，实现银河系外第一个甲醇超脉泽的观测突破；用于搜寻识别可能的星际通讯信号，寻找地外文明等。

3. 空间太阳望远镜（SST）

空间太阳望远镜是一颗天文卫星，总重 2 吨，太阳同步圆形极轨，轨高 709 千米，其主光学望远镜的口径为 1 米，是迄今世界上口径最大的空间太阳望远镜，如图 10-5 所示。它的“视力”远远超过了美国与欧空局联合研制的空间太阳望远镜 SOHO，对 1.5 亿千米外太阳表面的最高分辨率达到 70 千米。SST 计划于 2018—2019 年发射，运行寿命 3 年。

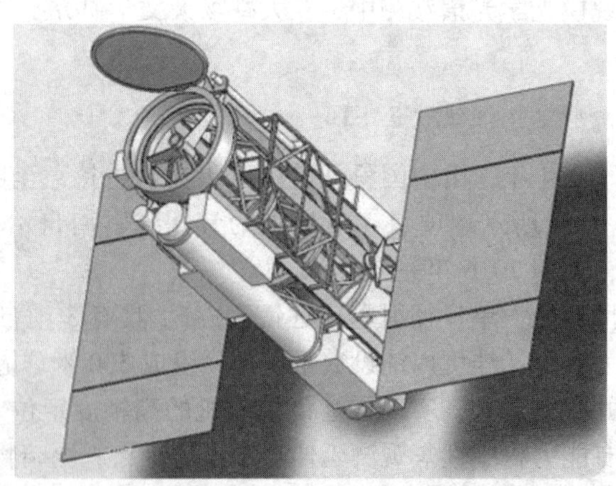

图 10-5　空间太阳望远镜 SST

4. 2.16 米光学望远镜

国家天文台兴隆观测站的2.16米光学天文望远镜于1972年开始研制，1989年正式投入使用，这台望远镜是由原北京天文台、南京天文仪器厂、中国科学院自动化研究所等单位历时15年联合攻关协作研制成功的，如图10-6所示。

图10-6 国家天文台2.16米光学望远镜

它包括光学、机械、驱动、自控、星光探测装置、观测室等部分。它口径2.16米，身高6米，自重90余吨，望远镜的主镜为一个直径2.2米、厚30厘米、重3吨的光学玻璃研磨而成，巨大的镜面口径，聚光力极强，因而可以观测到极暗的星体，最暗可达25等星，相当于可以看到2万千米外一根火柴燃烧的亮光。

早在1958年，我国就把研制2.16米望远镜列入了国家重点研究项目，但由于接踵而至的困难年代及“文革”浩劫，这一项目被迫中断，直到1977年才重新启动，镜头所用光学玻璃由苏联提供。该望远镜于1989年12月投入试观测，当月就参加了由14个国家共同进行的变星国际联测，取得了高质量的观测数据，得到了国际同行的认可。1993年年底，初步完成了望远镜配套附属仪器的研制，望远镜达到了较好的运转状态，从而取得了一批有影响的天文成果。1997年又对主、副镜重新进行了镀膜，对光学系统进行了调整。它被誉为中国天文学发展史上一个里程碑，是我国自行研制的、曾经是国内最大、也是远东最大的光学望远镜。

国内目前最大的光学天文望远镜位于国家天文台云南丽江观测站，口径2.4米，由英国TTL公司制造。

此外，国家天文台还研发了宇宙第一缕曙光探测阵（21CMA）。21CMA位于新疆天山海拔2 650米的高原上。2004年8月开始在乌拉斯台地区建设一期工程23组天线和数据采集实验室，2005 年 6 月开始二期工程建设 58 组天线和附属设施，2006 年 6 月全部外部设施建成，2007 年，81 组 10 287 个天线组成的阵列投入观测试运行，旨在基于 21CMA 开展“宇宙第一缕曙光探测”。国家天文台的射电频谱日像仪是我国太阳物理规划中确定大力发展的地面设备之一，它由 40 面 4. 5 米天线和 60 面 2 米天线分别组成分米波和厘米波两个射电综合孔径阵列，最长基线 3 千米，将建设在内蒙古锡林郭勒盟正镶白旗明安图镇。

10. 2. 2　紫金山天文台

紫金山天文台，是中国最著名的天文台，是中国自己建立的第一个现代天文学研究机构。中国科学院紫金山天文台，简称紫台，成立于 1950 年 5 月 20 日，前身是成立于 1928 年 2 月的国立中央研究院天文研究所，如图 10-7 所示。

图 10-7　中国科学院紫金山天文台

总部观测站始建于 1934 年，位于南京市东南郊风景优美的紫金山上，毗邻钟山风景名胜区，在青海、江苏、山东、黑龙江、云南等地还有其他观测站。

紫金山天文台地面中心位于江苏省南京市北京西路 2 号，与南京大学隔路相望。在全国有 7 个天文观测站：紫金山科研科普园区、青海观测站、盱眙天文观测站、赣榆太阳活动观测站、洪河天文观测站、姚安天文观测站和青岛观象台。其中青海观测站是我国最大的毫米波射电天文观测基地，盱眙观测站是我国唯一的天体力学实测基地。各野外台站拥有中大型望远镜 11 架。

紫金山天文台是一个综合性的天文台，始建时拥有 60 厘米口径的反射望远镜、20 厘米折射望远镜，附有 15 厘米天体照相仪和太阳分光镜等设备，抗日战争时期部分迁往昆明，其余遭到破坏。1949 年新中国成立后，修复了损坏的天文仪器，并先后增置了色球望远镜、定天镜、双筒折射望远镜、施密特望远镜和射电望远镜等先进的天文仪器，可以进行恒星、小行星、彗星和人造卫星的观测与研究，以及对太阳的常规观测，研究太阳的活动规律并作出太阳活动预报。紫金山天文台还是中国历算的权威机构，负责编算和出版每年的《中国天文年历》、《航海天文历》等历书工作。

紫金山天文台主要承担着天文观测和天文学研究两大任务。作为天文观测点之一，坐落在南京紫金山上的第三峰，从20世纪80年代后期开始，随着城市发展等原因，其观测功能逐渐下降，现仅能针对太阳进行观测。

2020年前，紫金山天文台将在位于仙林的南大科学园，建设包括天体物理实验室、暗物质实验室、空间碎片实验室、南极中心等实验室。

10.2.3　上海天文台

中国科学院上海天文台成立于1962年，它的前身是法国天主教耶稣会1872年建立的徐家汇观象台和1900年建立的佘山观象台，现在是中国科学院下属的天文研究机构，包括徐家汇和佘山两部分。

上海天文台以天文地球动力学、星系宇宙学为主要学科方向，同时积极发展现代天文观测技术和时频技术。总部设在上海市徐家汇，下设四个研究部门：天文地球动力学研究中心、星系宇宙学研究中心、VLBI研究室和天文技术研究室。拥有甚长基线干涉测量（VLBI）观测台站（25米口径射电望远镜）和VLBI数据处理中心、1.56米口径光学望远镜、60厘米口径卫星激光测距望远镜（SLR）、全球定位系统（GPS）等多项现代空间天文观测设备。

上海天文台的主要工作是应用现代空间天文观测技术监测和综合研究地球整体运动和各圈层变化的相互作用、探索有关重要的自然灾害预测的天文学方法和手段；开展和深化星团、银河系结构及其演化的研究，活动星系核致密结构的观测研究，星系动力学数值模拟以及星系形成、演化和宇宙学研究；以及VLBI技术研究、氢原子频标和时频技术研究、天文望远镜及光学技术研究等。

2012年10月28日，亚洲最大的全方位可转动射电望远镜在上海落成，如图10-8所示。这台射电望远镜的综合性能排在亚洲第一、世界第四，能够观测100多亿光年以外的天体。它还将参与我国探月工程及各项深空探测任务。它高达70多米，重量达2650多吨，天线反射器直径65米，形似一个宽口大锅，“大锅”面积3 780平方米，相当于9个标准篮球场，由14圈1 008块面板组成，每一块都可根据需求调整变换角度，“大锅”座架身下有6组12个轮子，它能进行360°方位旋转，还能进行90°的仰俯，地面以上的信号都在它的捕捉范围内。

图10-8　亚洲最大65米射电望远镜

65米射电天文望远镜共有8个接收波段，是我国目前口径最大、波段最全的一台全方位可动的高性能的射电望远镜，总体性能仅次于美国的 110 米射电望远镜、德国的 100 米射电望远镜和意大利的 64 米射电望远镜。

10.2.4　国家授时中心

国家授时中心即中国科学院国家授时中心。国家授时中心承担着我国的标准时间的产生、保持和发播任务，其授时系统是国家不可缺少的基础性工程和社会公益设施。国家授时中心（原陕西天文台）本部地处我国中部腹地——陕西临潼，授时台位于陕西省蒲城县，主要有短波和长波专用无线电标准时间标准频率发播台（代号分别为 BPM 和 BPL）。自 20 世纪 70 年代初正式承担我国标准时间、标准频率发播任务以来，为我国国民经济发展、国防建设、国家安全等诸多行业和部门提供了可靠的高精度的授时服务，基本满足了国家的需求。

国家授时中心对以火箭、卫星发射为代表的航天技术领域、常规及战术、战略武器试验做出了极为重要的贡献。他们开展的时间频率研究工作，如在守时理论与方法、时间频率测量与控制、时间传递与同步、新的授时手段拓展、国际间远距离高精度时间传递与比对，时间尺度与频率标准、用户时间系统终端研制与开发等方面做了大量的基础与应用研究工作，取得了许多理论与技术成果，带动了我国该领域的进步与发展，逐渐形成了具有自身优势和国际影响的时间频率研究、服务、发展中心。

国家授时中心负责确定和保持的我国原子时系统 TA 和协调世界时 UTC 处于国际先进水平，并代表我国参加国际原子时合作。它是由一组高精度铯原子钟通过精密比对和计算实现，并通过 GPS 共视比对、卫星双向法比对等手段与国际原子时间标准相联系，对国际原子时的保持做出贡献。

10.2.5　中国国家航天局

中国国家航天局（CNSA）是由中华人民共和国中央人民政府批准成立负责民用航天管理及国际空间合作的政府机构，其标志如图 10-9 所示。其工作是履行政府相应的管理职责，对航天活动实施行业管理，并代表中国政府组织或领导开展航天领域对外交流与合作等活动。CNSA 是在原航天工业部的基础上，于 1993 年 4 月 22 日成立，现由工业和信息化部管理。

图 10-9　中国国家航天局标志

CNSA 的主要任务是探索外层空间，扩展对地球和宇宙的认识；和平利用外层空间。CNSA 完成了包括东方红一号卫星、神舟系列载人航天、嫦娥系列探月工程、天宫号空间站、北斗系列导航卫星系统、资源勘探遥感卫星等科研成果。CNSA 已经完成的重大工程如下（不包括神舟飞船和嫦娥工程）：

1958 年 4 月，在甘肃酒泉开始兴建中国第一个运载火箭发射场，标志着中国航天第一个自主发射基地的诞生。

1960 年 2 月 19 日，中国自行设计制造的试验型液体燃料探空火箭首次发射成功。这是中国研制航天运载火箭征程上的一次重大突破。

1966 年 12 月 26 日，中国研制的中程火箭首次飞行试验基本成功。

1968 年 2 月 20 日，中国空间技术研究院成立，专门负责研制各类人造卫星。

1968 年 4 月 1 日，中国航天医学工程研究所成立，开始进行载人航天医学工程研究。

1970 年 4 月 24 日，“东方红一号”卫星在甘肃酒泉航天发射基地由“长征一号”火箭发射成功，美妙的“东方红”乐曲首次响彻在太空。这是中国发射的第一颗人造卫星，使中国成为世界上继苏联（1957 年）、美国（1958 年）、法国（1965 年）和日本（1970 年）之后，第五个自主发射人造卫星的国家。

1971 年 3 月 3 日，中国发射了第一颗科学实验卫星“实践一号”。大大推进了中国空间科学的发展。

1975 年 11 月 26 日，中国发射了第一颗返回式遥感卫星，卫星按预定计划于当月 29 日返回地面。这使中国成为世界上继美国和苏联之后第三个掌握人造卫星返回技术的国家。

1979 年，“远望”1 号航天测量船建成并投入使用，使中国成为世界上第四个拥有远洋航天测量船的国家。

1980 年 5 月 18 日，中国向太平洋预定海域成功地发射了远程运载火箭，标志着中国具备了发射高轨道人造卫星的发射能力。

1981 年 9 月 20 日，中国用一枚运载火箭发射了三颗科学实验卫星，这是中国第一次一箭多星发射，使中国成为世界上第三个掌握一箭多星发射技术的国家。

1984 年 4 月 8 日，中国第一颗地球静止轨道试验通信卫星发射成功。4 月 16 日，卫星成功地定点于东经 125°赤道上空。这次发射成功，标志着中国掌握了地球静止轨道卫星发射、测控和准确定点等技术。

1986 年 2 月 1 日，中国发射了第一颗实用地球静止轨道通信广播卫星。2 月 20 日，卫星定点成功。这标志着中国卫星通信技术由试验阶段进入了实用阶段。

1988 年 9 月 7 日，中国发射了第一颗试验性气象卫星“风云一号”。这是中国自行研制和发射的第一颗极地轨道气象卫星。

1990 年 4 月 7 日，中国自行研制的“长征三号”运载火箭在西昌卫星发射基地，把美国制造的“亚洲 1 号”通信卫星送入预定的轨道，标志着中国航天发射服务开始走向国际市场。

1990 年 7 月 16 日，“长征二号”捆绑式火箭首次在西昌发射成功，其低轨道运载能力达 9. 2 吨，为发射中国载人航天器打下了基础。

2011 年 9 月 29 日中国第一个目标飞行器“天宫一号”发射成功。它的发射标志着中国迈入中国航天“三步走”战略的第二步第二阶段。

10. 2. 6 中科院空间中心

中科院空间中心全称中国科学院空间科学与应用研究中心，是中科院在空间科学与应用研究方面的核心科研机构。

空间中心目前主要从事载人航天工程、地球空间双星探测计划、月球探测计划等工作。主要研究方向有太阳、行星及地球空间物理基础前沿问题，灾害性空间天气事件连锁变化过程，天基和地基空间环境监测与探测，空间环境预报和空间环境效应预测及相关研究，航天器综合电子设备、空间系统的仿真与综合性信息技术以及微波遥感技术与应用研究。

1958 年 5 月 17 日，毛泽东主席提出："我们也要搞人造卫星。"中国科学院为完成人造卫星任务于 1958 年 9 月成立了"581"组办公室，"581"组就是空间科学与应用研究中心的前身。

1965 年中科院开始筹建卫星设计院，对外名称中科院科学仪器设计院，并召开了我国第一颗卫星论证会，提出了我国发展人造卫星规划设想，为 1970 年 4 月 24 日我国第一颗人造卫星的发射和今后卫星的发展打下了坚实的基础。1979 年中科院再次组建队伍，成立了空间科学技术中心，开展"两星一站"工作。1987 年更名为空间科学与应用研究中心。

空间中心在我国第一颗人造卫星东方红一号、实践一号卫星、实践二号卫星、天文卫星、资源卫星和遥感卫星地面站的研制、发射与建设等工作中，都立下了不可磨灭的功勋。

10.3　高等教育

我国大学中有天文相关专业的学校比较少，一共只有 7 所，它们是：南京大学天文与空间科学学院，北京大学天文学系，北京师范大学天文学系，中国科学技术大学天文学系，清华大学天体物理中心，天津师范大学天体物理中心，广州大学天体物理中心，另外厦门大学天文学系正在筹建中。这里对前 5 个院系作一简单介绍。

10.3.1　南京大学天文与空间科学学院

南京大学天文与空间科学学院成立于 2011 年 3 月，其前身是始建于 1952 年的南京大学天文学系，是目前全国高校中历史最悠久、培养人才最多的天文学专业院系，如图 10-10 所示。学院专业设置齐全、学历层次完备、师资力量雄厚、治学严谨而享有盛誉，在历届全国高校天文学科评比中均排名第一。拥有为教学科研服务的中心实验室、太阳塔实验室、现代天文与天体物理教育部重点实验室和南京大学深空探测实验室等 4 个实验室。

2010 年，南京大学与中科院紫金山天文台和中科院国家天文台南京天文光学技术研究所签订三方合作协议，共同在南京大学仙林校区建设"南京天文与空间科学技术园区"。

南京大学深空探测实验室主要从事的研究方向有火星探测科学任务设计及火星地质科学、卫星与星座自主导航、空间和行星遥感卫星设计及载荷研发、月球探测及探测器

图 10-10 南京大学天文与空间科学学院

空间交会技术等。

南京大学、中国科学院紫金山天文台、中国科学院上海天文台和中国科技大学于1999年联合建立以青年天文学家为主体的华东天文与天体物理中心，主要研究方向包括：高能天体物理、太阳活动区物理、恒星形成和早期演化、星系结构和活动星系核、变星的观测和理论、太阳系天体和人造天体动力学、高精度天文参考系的建立和维持。

2006年南京大学在“天文资料分析和计算物理国家专业实验室”的基础上筹建“现代天文与天体物理教育部重点实验室”，以充分发挥天文系原有的学科优势，推动天体物理、天体测量和天体力学学科的交叉、渗透和发展。

10.3.2 北京大学天文学系

北京大学和中国科学院于1998年在北京大学共同组建了“北京天体物理中心”，并于2000年6月将天体物理专业正式扩展为北京大学天文学系，2001年5月北京大学物理学院成立后，天文学系即隶属于物理学院。

北大天文学系的研究领域包括天体物理学和天文技术及应用两方面。天体物理学是当前天文学中发展最快和最富有成果的学科，它一直是北大天文学系的主要学科方向。天文学系的研究主要集中在以下5个领域：宇宙学与星系物理，利用宇宙大尺度结构研究暗物质与暗能量的本质；活动星系核与高能天体物理，研究类星体与活动星系核的多波段观测和理论模型以及黑洞与吸积盘的各种物理过程；星际介质物理、恒星与行星系统；粒子天体物理；天体技术及应用。

10.3.3 北京师范大学天文学系

北京师范大学天文学系是于1960年在我国高校成立的第二个天文系，系内设现代天体物理实验室、天文教学综合实验室、天文探测技术实验室、卫星精密定轨实验室、多波段天文数据中心和天文观测研究中心，拥有三台望远镜和先进的终端探测设备。天文学系光电探测研究室与本校物理学系、低能核物理研究所光学专业联合成立了应用光学实验室。国家天文台与北京师范大学还联合设立了天文研究基地。北京师范大学天文学系是国家重大天文项目南极天文、国家大科学工程 500 米射电望远镜和国际合作项目恒星全球观测网的核心单位之一。

10. 3. 4　中国科学技术大学天文学系

中国科学技术大学天文学系的前身天体物理中心创建于 1972 年。1998 年学校在天体物理中心和基础物理中心的基础上成立了天文与应用物理系，2008 年改名为天文学系。

中国科学技术大学天文学系主要从事宇宙学、活动星系与正常星系、相对论天体物理与高能天体物理、黑洞物理、吸积、喷流、中子星物理、引力理论、相对论天体力学等方面的教学和研究。在黑洞吸积盘的理论研究，天体物理中的辐射理论，活动星系核，宇宙大尺度结构，致密星物理等方面取得了一批有影响力的研究成果。特别在活动星系核、宇宙学和高能天体物理研究方面，是我国力量最集中的研究机构之一。承担了国家大型科学工程“大面积多目标光纤光谱天文望远镜”中的课题研究工作。

10. 3. 5　清华大学天体物理中心

清华大学天体物理中心成立于 2001 年，是一个跨院系的开放式研究中心，由物理系、工程物理系及信息技术研究院师生组成。中心的研究方向主要包括：卫星载带硬 X 射线调制望远镜的研究、高能天体物理的研究、光学波段的天文观测与研究、宇宙学研究、引力波观测数据的分析与处理以及理论天体物理的研究。

清华大学天体物理中心与中国科学院高能物理研究所联合研制的我国第一颗天文卫星空间硬 X 射线调制望远镜，将进行世界最高灵敏度和空间分辨的硬 X 射线观测。

10. 4　神 舟 飞 船

神舟飞船是中国自行研制，具有完全自主知识产权，达到或优于国际第三代载人飞船技术的飞船，如图 10-11 所示。神舟系列载人飞船由专门为其研制的长征二号 F 火箭发射升空，发射基地是酒泉卫星发射中心，回收地点在内蒙古中部的草原上。

10. 4. 1　飞船结构

神舟号飞船是采用三舱一段，即由返回舱、轨道舱、推进舱和附加段构成，如图 10-12 所示。“神舟”飞船的轨道舱是一个圆柱体，总长度为 2. 8 米，最大直径 2. 27 米，一端与返回舱相通，另一端与空间对接机构连接。轨道舱被称为“多功能厅”，因为几名航天员除了升空和返回时要进入返回舱以外，其他时间都在轨道舱里。轨道舱集工作、吃饭、睡觉和盥洗等诸多功能于一体。

轨道舱的两侧安装了太阳电池翼，轨道舱尾部有 4 组小的推进发动机，每组 4 个，

图 10-11 神舟飞船

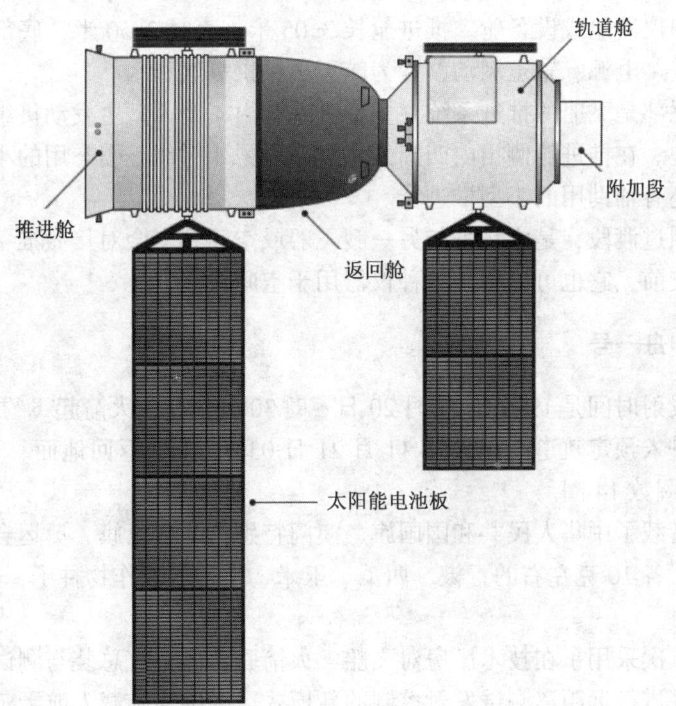

图 10-12 神舟飞船三舱一段结构

为飞船提供辅助推力和轨道舱分离后继续保持轨道运动的能力；轨道舱一侧靠近返回舱部分有一个圆形的舱门，为航天员进出轨道舱提供了通道，舱门的上面有轨道舱的观察窗。

轨道舱是飞船进入轨道后航天员工作、生活的场所。舱内除备有食物、饮水和大小便收集器等生活装置外，还有空间应用和科学试验用的仪器设备。

返回舱返回后，轨道舱相当于一颗对地观察卫星或太空实验室，它将继续留在轨道上工作半年左右。轨道舱留轨利用是中国飞船的一大特色，俄罗斯和美国飞船的轨道舱和返回舱分离后，一般是废弃不用的。

返回舱又称座舱，长 2.00 米，直径 2.40 米。它是航天员的"驾驶室"，是航天员往返太空时乘坐的舱段，为密闭结构，前端有舱门。

神舟飞船的返回舱呈钟形，有舱门与轨道舱相通。舱内设可供 3 名航天员斜躺的座椅，供航天员起飞、上升和返回阶段乘坐。轨道舱和返回舱均是密闭的舱段，内有环境控制和生命保障系统，确保舱内充满一个大气压力的氧氮混合气体，并将温度和湿度调节到人体合适的范围，确保航天员在整个飞行任务过程中的生命安全。

另外，舱内还安装了供着陆用的主、备两具降落伞。神舟号飞船的返回舱侧壁上开设了两个圆形窗口，一个用于航天员观测窗外的情景，另一个供航天员操作光学瞄准镜观测地面驾驶飞船。返回舱的底座是金属架层密封结构，上面安装了返回舱的仪器设备，该底座重量轻便，且十分坚固，在返回舱返回地面进入大气层时，保护返回舱不被炙热的大气烧毁。

推进舱又叫仪器舱或设备舱。推进舱长 3.05 米，直径 2.50 米，底部直径 2.80 米。安装有推进系统、电源、轨道制动，并为航天员提供氧气和水。

设备舱的尾部是飞船的推进系统。主推进系统由 4 个大型主发动机组成，它们在推进舱的底部正中。在推进舱侧裙内四周又分别布置了 4 对纠正姿态用的小推进器，另外推进舱侧裙外还有辅助用的小型推进器。

附加段也叫过渡段，是为将来与另一艘飞船或空间站交会对接做准备用的。在载人飞行及交会对接前，它也可以安装各种仪器用于空间探测。

10.4.2　神舟一号

神舟一号发射时间是 1999 年 11 月 20 日 6 时 30 分 7 秒，火箭起飞约 10 分钟，飞船与火箭分离，进入预定轨道。1999 年 11 月 21 日 03 时 41 分返回地面。飞行时间 21 小时 11 分，飞行圈数 14 圈。

神舟一号搭载了中华人民共和国国旗、澳门特别行政区区旗、奥运会会旗等；各种邮票及纪念封；各 10 克左右的青椒、西瓜、玉米、大麦等农作物种子，此外还有甘草、板蓝根等中药材。

神舟一号首次采用了在技术厂房对飞船、火箭联合体垂直总装与测试，整体垂直运输至发射场，并进行远距离测试发射控制的新模式。中国实施载人航天工程的第一次飞行试验，标志着中国航天事业迈出了重要步伐，对突破载人航天技术具有重要意义，是中国航天史上的重要里程碑。

10.4.3　神舟五号

2003 年 10 月 15 日 9 时发射，9 时 10 分后船箭分离，神舟五号载人飞船准确进入预定轨道。返回时间 2003 年 10 月 16 日 6 时 28 分。

神舟五号载人飞船全长 8.86 米，最大处直径 2.8 米，总重量达到 7790 公斤。飞行时间21小时28分，飞行圈数14圈。

这是中国首次进行载人实验，杨利伟成为第一位航天员，如图10-13所示。

图10-13 中国第一位航天员：杨利伟

除了中国飞天第一人杨利伟外，神舟五号载人飞船返回舱内还搭载有一面具有特殊意义的中国国旗、一面北京2008年奥运会会徽旗、一面联合国国旗、人民币主币票样、中国首次载人航天飞行纪念邮票、中国载人航天工程纪念封和来自祖国宝岛台湾的农作物种子等。

神舟五号尽量减少机舱内的实验项目及仪器，以腾出更多空间来供航天员活动并执行科学观察任务，这一次的任务主要是考察航天员在太空环境中的适应性。首次增加了故障自动检测系统和逃逸系统。其中设定了几百种故障模式，一旦发生危险立即自动报警。即使在飞船升空一段时间之后，航天员也能通过逃逸火箭而脱离险境。

10.4.4 神舟系列

神舟七号载人飞船2008年9月25日21时10分04秒发射升空，飞行任务的主要目的是实施中国航天员首次空间出舱活动，突破和掌握出舱活动相关技术，同时开展卫星伴飞、卫星数据中继等空间科学和技术试验。飞船运行期间，1名航天员着中国的飞天舱外航天服出舱进行舱外活动，回收在舱外装载的试验样品装置。

神舟八号无人飞船，是中国“神舟”系列飞船的第八艘飞船，于2011年11月1日5时58分10秒由改进型“长征二号”F火箭顺利发射升空。升空后2天，“神八”与此前发射的“天宫一号”目标飞行器进行了空间交会对接。组合体运行12天后，神舟八号飞船脱离天宫一号并再次与之进行交会对接试验，这标志着我国已经成功突破了空间交会对接及组合体运行等一系列关键技术。2011年11月16日18时30分，神舟八号飞船与天宫一号目标飞行器成功分离，返回舱于11月17日19时许返回地面。

神舟九号飞船是中国第一个宇宙实验室项目组成部分，天宫与神九载人交会对接将为中国航天史上掀开极具突破性的一章。中国计划2020年建成自己的太空家园，中国空间站届时将成为世界仅有的两个空间站之一。2012年6月16日18时37分，神舟九号飞船在酒泉卫星发射中心发射升空。2012年6月18日约11时左右转入自主控制飞行，14时左右与天宫一号实施自动交会对接，这是中国实施的首次载人空间交会对接。

2013年6月11日17时38分2秒发射的神舟十号飞船是一艘载人飞船，它与天宫一号进行对接成功说明中国已经基本掌握了空间飞行器交会对接技术。将对后续的天宫二号即第二代空间实验室的建设打下坚实的基础。

10.4.5　天宫一号

天宫一号是中国第一个目标飞行器和空间实验室，于 2011 年 9 月 29 日 21 时 16 分 3 秒在酒泉卫星发射中心发射，飞行器全长 10.4 米，最大直径 3.35 米，由实验舱和资源舱构成。2011 年 11 月 3 日凌晨实现与神舟八号飞船的对接任务，如图 10-14 所示。后又与神舟九号、神舟十号飞船对接成功。天宫一号设计在轨寿命约为两年，在寿命末期，它将主动离轨，陨落南太平洋。

图 10-14　神州八号与天宫一号（左）对接

10.5　嫦娥工程

2004 年，中国正式开展月球探测工程，并命名为“嫦娥工程”。嫦娥工程分为“无人月球探测”“载人登月”和“建立月球基地”三个阶段。2007 年 10 月 24 日 18 时 05 分，“嫦娥一号”成功发射升空，如图 10-15 所示，在圆满完成各项使命后，于 2009 年按预定计划受控撞月。发射人造地球卫星、载人航天和深空探测是人类航天活动的三大领域。重返月球，开发月球资源，建立月球基地已成为世界航天活动的必然趋势和竞争热点。

嫦娥工程的主要任务可分为四部分，它们是：

（1）获取月球表面三维影像。划分月球表面的基本地貌构造单元，初步编制月球地质与构造纲要图，为后续优选软着陆提供参考依据。

（2）分析月球表面有用元素含量和物质类型的分布特点。对月球表面有用元素进行探测，初步编制各元素的月面分布图。

（3）探测月壤特性。探测并评估月球表面月壤层的厚度、月壤中氦-3 的资源量。

图 10-15 我国首颗月球探测器嫦娥 1 号月球卫星

（4）探测地月空间环境。记录原始太阳风数据，研究太阳活动对地月空间环境的影响。

经过 10 年的酝酿，最终确定中国整个探月工程分为“绕”、“落”、“回” 3 个阶段。

第一步为“绕”，即发射我国第一颗月球探测卫星，突破至地外天体的飞行技术，实现月球探测卫星绕月飞行，通过遥感探测，获取月球表面三维影像，探测月球表面有用元素含量和物质类型，探测月壤特性，并在月球探测卫星奔月飞行过程中探测地月空间环境。

第二步为“落”，即发射月球软着陆器，突破地外天体的着陆技术，并携带月球巡视勘察器，进行月球软着陆和自动巡视勘测，探测着陆区的地形地貌、地质构造、岩石的化学与矿物成分和月表的环境，进行月岩的现场探测和采样分析，进行日-地-月空间环境监测与月基天文观测。具体方案是用安全降落在月面上的巡视车、自动机器人探测着陆区岩石与矿物成分，测定着陆点的热流和周围环境，进行高分辨率摄影和月岩的现场探测或采样分析，为以后建立月球基地的选址提供月面的化学与物理参数。

第三步为“回”，即发射月球软着陆器，突破自地外天体返回地球的技术，进行月球样品自动取样并返回地球，在地球上对取样进行分析研究，深化对地月系统的起源和演化的认识。目标是月面巡视勘察与采样返回。

10.5.1 嫦娥一号

“嫦娥一号”月球探测卫星于 2007 年 10 月 24 日在西昌卫星发射中心由“长征三号甲”运载火箭发射升空。卫星发射后，需用 8 天至 9 天时间完成调相轨道段、地月转移轨道段和环月轨道段飞行。经过 8 次变轨后，于 11 月 7 日正式进入工作轨道。11 月 18 日卫星转为对月定向姿态，11 月 20 日开始传回探测数据，运行在距月球表面 200 千米的圆形极轨道上执行科学探测任务。

2007 年 11 月 26 日，中国国家航天局正式公布嫦娥一号卫星传回的第一幅月面图像。这是中国深空探测的第一步。

2009 年 3 月 1 日 16 时 13 分 10 秒，嫦娥一号卫星在北京航天飞行控制中心精确控制下，准确落于月球东经 52.36 度、南纬 1.50 度的预定撞击点。至此，在经历了长达 494 天的飞行后月球土地终于成为中国首个“月球使者”的生命归宿。而随着此次“受控撞月”的准确实施，中国探月一期工程也宣布完美落幕。

10.5.2　嫦娥二号

“嫦娥二号”的主要任务是获得更清晰、更详细的月球表面影像数据和月球极区表面数据，因此卫星上搭载的 CCD 照相机的分辨率将更高，其他探测设备也将有所改进。为“嫦娥三号”实现月球软着陆进行部分关键技术试验，并对嫦娥三号着陆区进行高精度成像。进一步探测月球表面元素分布、月壤厚度、地月空间环境等，如图 10-16 所示。

图 10-16　嫦娥二号卫星

2010 年 10 月 1 日 18 时 59 分 57 秒，搭载着嫦娥二号卫星的长征三号丙运载火箭在西昌卫星发射中心点火发射。

2010 年 10 月 6 日 11 点 38 分“嫦娥二号”卫星 490N 发动机关机，完成第一次近月制动成功。

2010 年 10 月 8 日 11 点 03 分成功地完成了第二次近月制动。在近月点只有 100 公里、远月点 1830 多公里的轨道上运行。嫦娥二号绕月球一圈只需要 3.5 小时。

2010 年 10 月 27 日 21 时 45 分，“嫦娥二号”卫星成功实现变轨，由 100×100 公里的工作轨道进入 100×15 公里的虹湾成像轨道。从 2010 年 11 月 27 日开始，“嫦娥二号”

卫星上的 CCD 相机将为月球虹湾区进行拍照。之后，“嫦娥二号”将进入长期管理阶段，它会完成一系列的科学探测任务。

2010 年 11 月 8 日上午，国防科技工业局首次公布了嫦娥二号卫星传回的嫦娥三号预选着陆区——月球虹湾地区的影像图，如图 10-17 所示。标志着嫦娥二号任务所确定的目标已经全部实现。

图 10-17　嫦娥二号传回的月球虹湾地区的影像图

10.5.3　嫦娥三号

嫦娥三号是国家航天局嫦娥工程第二阶段的登月探测器，包括着陆器和月球车。它携带中国的第一艘月球车，并实现中国首次月面软着陆。

嫦娥三号由着陆器和巡视探测器——玉兔号月球车组成，如图 10-18 所示。嫦娥三号的任务是进行首次月球软着陆和自动巡视勘察，获取月球内部的物质成分并进行分析，将一期工程的“表面探测”引申至内部探测。其中着陆器定点守候，月球车在月球表面巡游 90 天，范围可达到 5 平方千米，并抓取月壤在车内进行分析，得到的数据将直接传回地球。

图 10-18　嫦娥三号卫星和月球车玉兔号（右）

2013 年 12 月 2 日 1 时 30 分 00. 344 秒，“嫦娥三号”从西昌卫星发射中心成功发射。2013 年 12 月 14 日 21 时 11 分 18. 695 秒，嫦娥三号成功实施软着陆，降落相机传回图像。

“嫦娥三号”的任务是我国探月工程“绕、落、回”三步走中的第二步，也是承前启后的关键一步。它将实现我国航天器首次在地外天体软着陆，开展着陆器悬停、避障、降落及月面巡视勘察。

月球上的一天相当于地球上一个月，夜晚温度最低时达到零下 180 多摄氏度，白天温度大多在 100 摄氏度以上，这对电子设备是一个巨大考验。嫦娥三号将第一次在月球安装月基天文望远镜。月球上没有大气，比在地球上观测效率要高得多。月球车上将首次配备 360 度全景相机、红外光谱仪和 X 射线谱仪。

2013 年 12 月 15 日 4 时 35 分，嫦娥三号着陆器与玉兔号月球车成功分离，玉兔号月球车将开展 3 个月巡视勘察。

2014 年 1 月 15 日 20 时许，嫦娥三号着陆器飞控工作从飞控大厅转移到长管机房，顺利转入长期管理模式，这也意味着“嫦娥三号”着陆器已开启月宫新生活。

2014 年 1 月 25 日，嫦娥三号月球车进入第二次月夜休眠。但在休眠前，受复杂月面环境的影响，月球车的机构控制出现异常。2014 年 2 月 12 日下午，玉兔号受光照成功自主唤醒。此前，嫦娥三号着陆器于 2 月 11 日 2 点 45 分实现自主唤醒，进入第三个月昼工作期。

2014 年 2 月 23 日凌晨，嫦娥三号着陆器再次进入月夜休眠。此前，“玉兔”号月球车于 2014 年 2 月 22 日午后进入“梦乡”。

嫦娥三号着陆器上携带了近紫外月基天文望远镜、极紫外相机，巡视器上携带了测月雷达。这些都是世界月球探测史上的创举。嫦娥三号任务将首次获得月球降落和巡视区的地形地貌和地质构造，并将首次实现月夜生存。嫦娥三号探测器发射质量约 3. 7 吨，着陆器质量约 1. 2 吨，月球车质量约 120 千克，可载重 20 千克，

由于月球自转和公转都是 28 天，月夜长达 14 天，为了保证着陆器的能源供应，嫦娥三号使用了 RTG 同位素电池，这将是中国首次将核能用于航天器。嫦娥三号的月球车由航天五院研制，为三轴六轮结构，设计月面寿命为 3 个月，它将携带望远镜进行短距运行和天文观测，为建立实际天文台做准备。月球车将在着陆点附近 3 平方千米巡游，行走路线不超过 10 千米，月球车还将使用机械臂采集月壤样本现场分析。

10. 5. 4　嫦娥四号

嫦娥四号是嫦娥三号的备份星，是嫦娥系列的第四颗人造绕月探月卫星。主要任务是接着嫦娥三号着陆月球表面，继续更深层次更加全面地科学探测月球地质、资源等方面的信息，完善月球的档案资料。

10. 5. 5　嫦娥五号

嫦娥五号是负责嫦娥三期工程“采样返回”任务的中国首颗地月采样往返卫星，计划于 2017 年左右在海南文昌卫星发射中心发射。嫦娥五号的第一个科学目标是展开

着陆点区的形貌探测和地质背景勘测，获取与月球样品相关的现场分析数据，建立现场探测数据与实验室分析数据之间的联系。主要包含：着陆区的地形地貌探测：采样点周围形貌与结构构造特性；撞击坑的形貌、大小与分布等。物质成分探测：采样点的物质成分特性；月壤物理特征与结构；月壳浅层的温度梯度探测等。第二个科学目标是对返回地面的月球样品进行系统、长期的实验室研究，分析月壤与月岩的物理特征与结构构造、矿物与化学组成、微量元素与同位素组成、月球岩石形成与演化过程的同位素年龄测定、宇宙辐射与太阳风离子与月球的互相作用、太空风化过程与环境演化过程等，深化月球成因和演化历史的研究。

为了实现科学目标，嫦娥五号将搭载多种有效载荷，主要包括降落相机、光学相机、月球矿物光谱分析仪、月壤气体分析仪、月壤结构探测仪、采样剖面测温仪、岩芯钻探机和机械取样器等。

10.5.6 载人登月计划

我国还没有载人登月计划的时间表和路线图。载人登月是个非常复杂的系统工程，有很多技术难题需要攻克，包括航天员出舱、航天器对接、月面返回、月面生存等。只有掌握这些关键技术之后，中国才会结合未来国际、国内月球探测的发展情况，择机实施载人登月。

根据中国月球探测计划，2020 年前以无人探测为主，也就是说中国的载人登月计划是 2020 年以后的事，我们期待着这一天早日到来。

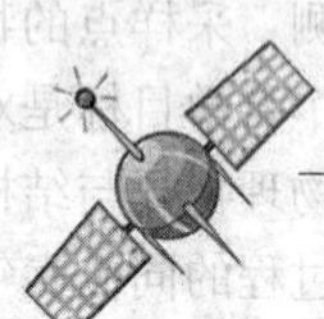

附录 1

常用天文常数

真空中光速	$c = 2.9979 \times 10^{8}$ 米／秒
万有引力常数	$G = 6.67 \times 10^{-11}$ 牛顿·米^2／千克^2
太阳质量	$M_{\odot} = 1.989 \times 10^{30}$ 千克
太阳半径	$R_{\odot} = 6.9599 \times 10^{8}$ 米
地球质量	$M_E = 5.96 \times 10^{24}$ 千克
地球半径	$R_E = 6378.5$ 千米
地面重力加速度	$g_E = 9.8$ 米／秒^2
天文单位	$\mathrm{au} = 1.49598 \times 10^{11}$ 米
秒差距	$\mathrm{pc} = 3.08568 \times 10^{16}$ 米
光年	$\mathrm{ly} = 9.46 \times 10^{15}$ 米
波长单位	$\mathring{A} = 10^{-10}$ 米
哈勃常数	$H = (1.6 \sim 3.2) \times 10^{-18}$ 秒$^{-1}$
哈勃时间	$\frac{1}{H} = (9.78 \sim 19.6) \times 10^{9}$ 年

附录 2

88 个星座名称及分布图

科学家将全天空分成 88 个星座。全天空的面积为 41 253 平方度，其中最大的是长蛇座，面积 1 300 平方度，最小的是南十字座，面积仅为 68 平方度。88 个星座中，约一半的名称为动物名字（如狮子），约 1/4 为用具的名字（如圆规），其余的 1/4 是神话里的名字（如武仙）。

缩写符号	汉语名称	缩写符号	汉语名称
And	仙女座	Col	天鸽座
Ant	唧筒座	Com	后发座
Aps	天燕座	CrA	南冕座
Aqr	宝瓶座	CrB	北冕座
Aql	天鹰座	Crv	乌鸦座
Ara	天坛座	Crt	巨爵座
Ari	白羊座	Cru	南十字座
Aur	御夫座	Cyg	天鹅座
Boo	牧夫座	Del	海豚座
Cae	雕具座	Dor	剑鱼座
Cam	鹿豹座	Dra	天龙座
Cnc	巨蟹座	Equ	小马座
CVn	猎犬座	Eri	波江座
CMa	大犬座	For	天炉座
CMi	小犬座	Gem	双子座
Cap	摩羯座	Gru	天鹤座
Car	船底座	Her	武仙座
Cas	仙后座	Hor	时钟座
Cen	半人马座	Hya	长蛇座
Cep	仙王座	Hyi	水蛇座
Cet	鲸鱼座	Ind	印第安座
Cha	蝘蜓座	Lac	蝎虎座
Cir	圆规座	Leo	狮子座

缩写符号	汉语名称	缩写符号	汉语名称
LMi	小狮座	Pup	船尾座
Lep	天兔座	Pyx	罗盘座
Lib	天秤座	Ret	网罟座
Lup	豺狼座	Sge	天箭座
Lyn	天猫座	Sgr	人马座
Lyr	天琴座	Sco	天蝎座
Men	山案座	Scl	玉夫座
Mic	显微镜座	Sct	盾牌座
Mon	麒麟座	Ser	巨蛇座
Mus	苍蝇座	Sex	六分仪座
Nor	矩尺座	Tau	金牛座
Oct	南极座	Tel	望远镜座
Oph	蛇夫座	Tri	三角座
Ori	猎户座	TrA	南三角座
Pav	孔雀座	Tuc	杜鹃座
Peg	飞马座	UMa	大熊座
Per	英仙座	UMi	小熊座
Phe	凤凰座	Vel	船帆座
Pic	绘架座	Vir	室女座
Psc	双鱼座	Vol	飞鱼座
PsA	南鱼座	Vul	狐狸座

88 个星座分布象形图如附图 1 所示，88 个星座分布简图如附图 2 所示。

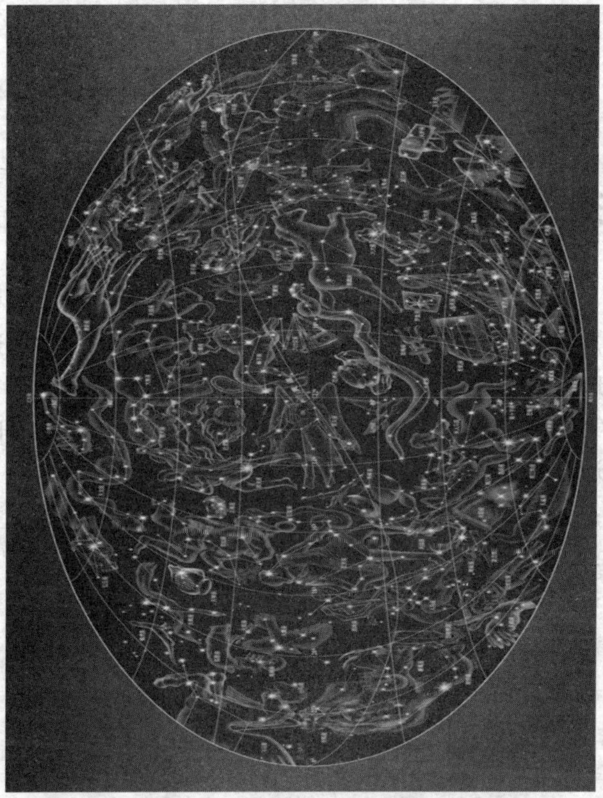

附图1　88个星座分布象形图

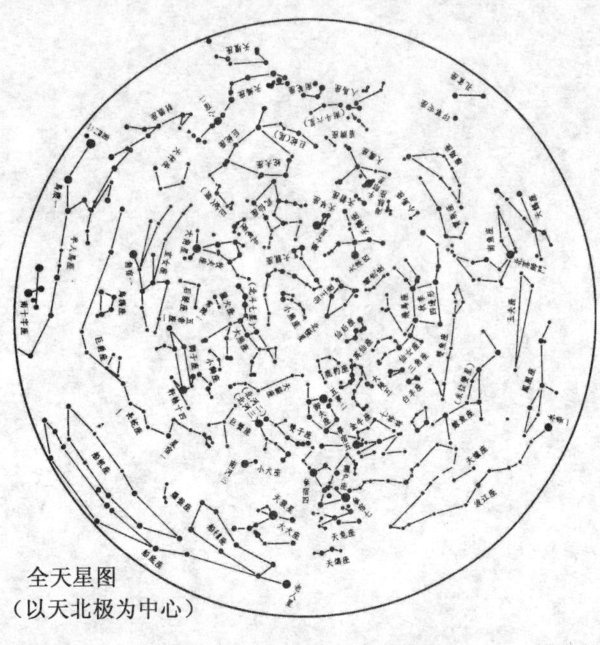

附图2　88个星座分布简图

附录 3

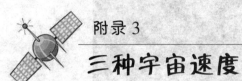

三种宇宙速度

三种宇宙速度是指在地球表面发射人造天体时有三种不同的发射速度可供选择。第一宇宙速度指环绕地球飞行的最低速度；第二宇宙速度指脱离地球引力场作用而绕太阳飞行的最低速度；第三宇宙速度指脱离太阳引力场作用，飞出太阳系的最低速度。三种宇宙速度的数值可通过公式计算获得，它们的数值如下：

第一宇宙速度： $V_1 = 7.9$ 千米/秒；

第二宇宙速度： $V_2 = 11.2$ 千米/秒；

第三宇宙速度： $V_3 = 16.7$ 千米/秒。

附录 4
有关天文学的诺贝尔物理学奖

1921 年：阿尔伯特·爱因斯坦（德裔美国人）

爱因斯坦因对理论物理学的贡献特别是发现光电效应定律获奖。

1905 年是爱因斯坦（Einstein）一生中最辉煌的一年。这一年他发表了多篇论文。其中最有名的两篇分别是关于光电效应和狭义相对论的。他用普朗克的能量量子化观点成功地解释了 1887 年赫兹发现的光电效应。他不满足于普朗克把能量不连续性只局限于辐射的发射和吸收过程，而认为即使在光传播过程中能量也是不连续的，他还提出了光量子（即光子）的概念。

爱因斯坦在《论运动物体的电动力学》一文中完整地提出了匀速运动下的相对性理论以及空间、时间的新概念，创立了狭义相对论。狭义相对论抛弃了牛顿力学的绝对时空，指出时间、空间是相对的，从而引起了物理学理论基础的重大变革。他给出了著名的质能公式 $E=mc^2$，使人们在 1905 年就知道在核反应中通过质量“亏损”可以获得巨大的能量。

1915 年，爱因斯坦提出了他的引力理论——广义相对论。牛顿的引力理论只不过是广义相对论的一种特殊情形。广义相对论中的部分预言在 1921 年前已得到证实。

爱因斯坦是 20 世纪最伟大的科学家。唯一令人遗憾的是，他应得而没得到更多的诺贝尔奖。

1936 年：维克多·F. 赫斯（奥地利裔美国人）

赫斯因发现宇宙线而获奖。

赫斯（Hess）在获得博士学位后到维也纳大学镭研究所工作。他发现工作人员正在寻找一种导致空气电离的背景辐射之源。有人认为放射性物质造成的污染就是要寻找的原因。而赫斯认为这种辐射很可能起源于地球之外，并提出可通过气球实验来验证这一设想的方案。1911 年赫斯进行了十次大胆的气球飞行。他的测试结果表明：从地面开始到大约 150 米高度，电离是逐渐衰减的，但此后随着高度的增加电离却显著地增加。由于任意高度处的辐射昼夜都一样，所以这一结果不会是由于阳光的直接照射导致的。赫斯所发现的这种辐射被密立根命名为宇宙线。

宇宙线发现的重要性在于不仅可能提供天体物理过程和宇宙历史的有关资料，而且在于它们可作为一种高度集中的能量形式。

1948 年：洛德 · P. M. S. 布莱克特（英国）

布莱克特因改进威尔逊云室以及在核物理和宇宙线方面的一系列发现而获奖。

这里仅介绍他在宇宙线方面的工作。1932 年前后，布莱克特（Blackett）与一位意大利科学家合作，开始从事宇宙射线的研究。在安德森公布他发现正电子后不久，他俩就发现了宇宙射线簇流，并成功地摄取了簇流的照片。在一张照片上，他们发现有 23 个粒子从一个区域向整个云室中散开去。他们把这种现象称为正负电子的“宇宙射线簇流”。

发现簇流中有正电子存在，这无疑是一个了不起的发现，它有力地证明了反粒子理论的正确性。

1954 年：瓦尔特 · W. G. 博特（德国）

博特因用符合法分析宇宙辐射而获奖。

博特（Bothe）是一位杰出的理论物理学家，但他却因一项实验技术获得了诺贝尔物理学奖。他提出的“符合法”就是在盖革计数器的基础上发展起来的。

博特将两个盖革计数器放在相隔一段距离的位置上，让它们一起“捕捉”运动着的粒子。如果只有一个计数器中有粒子通过而发生电离碰撞，它所发出的电脉冲就记录不下来。只有两个计数器同时发出脉冲信号时，连接线路才作一次记录。博特利用符合法，判断能量和动量守恒定律对光子与电子的每一次碰撞是否都有效，或者说这些定律是否只是作为一种统计平均才成立。博特和盖革考察了单个康普顿碰撞，结论是上述守恒定律对每单个碰撞都是有效的。

随后，博特发明的符合法被广泛应用于宇宙辐射的研究，并获得了许多重要发现。1925 年，博特本人就用符合法分析宇宙辐射，并得出结论：宇宙线并不单是由 γ 射线组成的，从而彻底推翻了以前的传统看法。

1967 年：汉斯 · A. 贝特（德裔美国人）

贝特因对核反应理论的贡献特别是关于恒星中能量产生机制的发现而获奖。

早在 20 世纪 30 年代，科学家们已认识到炽热的太阳和太空中大部分恒星的能量主要来自氢核的聚变，但这究竟是怎样的一种核聚变过程呢？对这种核反应体系又应如何解释呢？

贝特（Bethe）利用回旋加速器和自己创立的理论进行推导，发现了一系列的热核反应。他又利用天文学家对恒星的质量、半径、亮度的认识和测量到的数据，精辟地提出：在太阳和其他恒星中，主要存在着两种反应过程：一种是质子-质子反应链，另一种是碳氢反应链。

要在第一个反应过程中使两个质子形成氘，就必须在碰撞的一瞬间，使其中一个质子发生 β^+ 衰变成为中子，这就是所谓的弱相互作用。恒星的寿命主要就是由质子-质子碰撞的反应所决定的。

在第二个反应过程中，其中的碳、氮等元素是不损失的，只起催化剂作用。贝特发现碳12核有些独特的性质：它与质子发生反应，其速率足以解释恒星中的能量产生，并且它经受一个循环后，最终又有新的碳12产生，因此碳核起着催化剂的作用，它能被重新产生出来。该循环的净结果等价于4个质子与1个氦核的聚合反应，其1%的质量差解释了所释放的能量。

贝特所创立的氢核聚变成氦核和碳循环理论，令人满意地解释了太阳与恒星所辐射的能量来源。计算表明，这一理论与实际观察的结果是完全吻合的。

1970年：汉内斯·O.G.阿尔文（瑞典）

阿尔文因在磁流体动力学方面的基础研究和发现以及在等离子体物理中的应用而获奖。

1942年，阿尔文（Alfvèn）在对太阳黑子的研究中指出：当有强磁场时，在导电的流体中就有一种低频率电磁波。他认为太阳黑子是存在于太阳中的异常磁场，太阳内部是极良好的导电体。这种异常磁场是由某种电流产生的，而这些电流又源于带电粒子的运动。电流在磁场中运动时会受到力的作用迫使电流产生运动。

阿尔文从物理观点出发，推论有一种波存在，这种波被称为"阿尔文波"，它可在良好的导体如太阳内部的电离气体中传播。

阿尔文关于磁流体动力学的研究对于受控热核反应的发展、超音速飞行、为外太空推进器提供动力以及飞行器重新进入地球大气圈时的制动都有非常重要的作用。

1974年：马丁·赖尔（英国）、安东尼·休伊什（英国）

赖尔因孔径综合技术而获奖。

休伊什因发现脉冲星而获奖。

第二次世界大战后，一大批雷达专家借助雷达改行从事射电望远镜的工作，射电天文学的研究迅速发展。这一领域每一次新技术的引人都会带来意想不到的收获。

1967年，休伊什（Hewish）与他的研究生贝尔小姐一起研制了一种波长为3.7米的接收天线和一架对微弱射电源灵敏度极高的射电望远镜。利用这个系统，他们通过观测发现，在此波长上，星际闪烁效应很强，但只有角直径非常小的射电源才会发生闪烁。进一步的研究发现，这些信号是重复的脉冲。在此后的一段时间内，他们又确定这种信号是来自于地球大气圈之外且属于某种天体的。

这些天体到底是什么呢？在排除了各种人为的可能之后，休伊什等提出了这种脉冲信号源是振动着的中子星和超新星爆发的产物，并将此信号源命名为"脉冲星"（Pulsar）。随后，他们又在其他天区发现了另外几颗脉冲星。

脉冲星的发现不仅为天文学开辟了一个崭新的领域，而且对现代物理学也产生了重大影响，从此一门新的跨学科理论——致密天体物理学诞生了。

赖尔（Ryle）与休伊什一起开拓了射电天体物理学的研究，特别是"孔径合成技术"的发明，受到科学界的高度重视。所谓"孔径合成技术"就是用一些小型的天线单元相继地移动以占满大得多的孔径平面，用一台计算机控制射电望远镜的运动，使它连续更换作为观测中心的位置，接收器输出的信号则存入计算机中。待观测完毕后再将这些信号合成，然后由绘图装置画出所观测区域的射电图。

赖尔的发明回避了建造一个超大型射电望远镜所带来的工程技术上的困难，使人们不再像对待光学望远镜那样，通过追求它的口径尺寸来提高分辨率。

1978 年：阿诺·A. 彭齐亚斯（德裔美国人）、罗伯特·W. 威尔逊（美国）

彭齐亚斯和威尔逊因发现宇宙微波背景辐射而获奖。

关于彭齐亚斯（Penzias）和威尔逊（Wilson）的工作参见6.2节。他俩的工作证实了宇宙微波背景辐射的存在，有力地支持了大爆炸理论。

1983 年：沙伯莱曼杨·钱德拉塞卡（印度裔美国人）、威廉·福勒（美国）

钱德拉塞卡因对恒星结构和演化的研究特别是对白矮星的预言而获奖。

恒星的起源和演化一直是天体物理和天文学中最重要、最吸引人的课题之一。早在20世纪30年代，钱德拉塞卡（Chandrasekhar）这位当时年仅二十多岁的印度物理学家就对该领域有浓厚的兴趣。他找到了决定恒星命运的一个基本参量，通过应用相对论和量子力学，利用完全简并的电子气体的物态方程，他建立了一个白矮星模型，由此导出了白矮星的质量上限是太阳质量的1.44倍，这就是著名的钱德拉塞卡极限。在此质量以下，恒星以白矮星终结它的一生；当质量超过此值时，恒星将最终变为中子星或黑洞。

钱德拉塞卡的发现在恒星的研究史上具有里程碑的作用。另外，他在恒星和行星大气的辐射转移理论、星系动力学、等离子体天体物理学和相对论天体物理学等方面也做出了许多重要贡献。

福勒因对恒星内部能量的产生和恒星重元素的合成方面的研究而获奖。

福勒（Fowler）是一位核物理学家，自第二次世界大战以后他一直从事核物理在其他领域应用的研究。他的主要贡献是1957年对元素核起源的成功解释。1957年，福勒与霍伊尔（Hoyle）、G. 伯比奇（G. Burbidge）和M. 伯比奇（M. Burbidge）一起提出了B^2FH（按4位研究者姓氏第一字母组合）理论。该理论提出了与恒星演化各阶段相应的8种合成过程，指出了恒星在赫罗图上的演化方向，为恒星内部结构的计算提供了理论依据，阐明了超新星爆发是大质量恒星晚期演化的一种结局，从而为人们进一步探索宇宙演化增添了信心。

1993 年：罗思尔·赫尔斯（美国）、约瑟夫·泰勒（美国）

赫尔斯和泰勒因发现脉冲双星，提供了引力波的间接证据而获奖。

1916年，爱因斯坦提出了广义相对论且大胆预言，所有运动物体都会发出引力波。从此，人们开始设计各种实验来检测引力波。然而，人们一直没有能够在实验室产生和检测到引力波，其原因是引力波实在太微弱了。因此科学家转向通过间接方法来证实引力波的存在。

天文学告诉我们，宇宙中众多恒星是成对出现的，也即物理双星，它们靠万有引力维系在一起，绕共同的质量中心旋转。根据广义相对论，这种双星系统会不断发出引力波，从而使其自身能量减少，它们间的旋转轨道会变得越来越小，旋转周期也越来越短。因此，人们设想能否通过长期观察某一短周期双星系统的周期变化来间接证实引力波的存在。

1974 年，泰勒（Taylor）和赫尔斯（Hulse）用一台大型射电望远镜发现了一颗会发射出极有规律的射电脉冲的奇异脉冲星（后被命名为 PSR1913+16 脉冲星），它像极准确的时钟发射出周期为 59 毫秒的射电脉冲信号。这是一颗脉冲双星，它是由一颗快速自转着的致密的中子星和另一颗也是非常致密的天体组成。

他俩经过 4 年辛勤观察，积累了成千上万个数据。分析结果表明：在 4 年内这个脉冲双星的周期缩短了 1/（750 万），这一微小周期变化就是由于脉冲双星发射引力波而能量减少所引起的。这个观测结果与爱因斯坦广义相对论的引力理论计算结果完全一致。

泰勒和赫尔斯发现的脉冲星的周期变化，提供了引力波存在的间接证据，为引力波的研究开辟了新领域，对天体物理和引力物理学具有重大意义。

1995 年：佛雷德里克·莱因斯（美国）

莱因斯因证明中微子的存在而获奖。

泡利在 1930 年提出在 β 衰变中，原子核在发射电子的同时，还放出中微子的假说。泡利在提出中微子的假说之后，并不乐观。他认为这种新粒子绝不会被直接观测到，因为中微子不带电，几乎不与任何物质发生作用，是名副其实的“隐身人”。

1955 年，美国洛斯·阿拉莫斯实验室的莱因斯（Reines）及其同事完成了证明中微子存在的实验。他们用 200 升水和 1 680 升液态闪烁剂作探测器，埋在核反应堆附近很深的地下，用来探测核反应放射出来的极强的中微子束。

由于核反应中形成的裂变产物所放射出的中子和 γ 射线都被厚厚的混凝土屏蔽层阻挡掉，所以只有中微子能穿透屏蔽层而到达探测器。当快速中微子与质子碰撞时会使质子转变成中子而放出一个正电子。他们采取这样的测量方法：当中子计数器和正电子计数器同时被击中才发出一个信号。从理论上估算，这一过程发生的概率极小，但在反应堆完全开动时进行实验，每分钟可收到几个信号；反应堆关闭后，信号即消失，由此证实了中微子的存在。

由于中微子的发现，使人们对轻子的认识就更进了一步，这对建立正确的粒子统一模型是十分重要的，对天文学的研究也将具有重要的作用。

2002 年：雷蒙德·戴维斯（美国）、小柴昌俊（日本）、卡尔多·贾科尼（美国）

戴维斯和小柴昌俊因在探测宇宙中微子方面的成就而获奖。

贾科尼因在发现宇宙 X 射线源方面的杰出成就而获奖。

1995 年的诺贝尔奖授予证明中微子存在的莱因斯。核反应中会产生大量的中微子，以核反应为主要能量来源的太阳应是生产中微子的超级大户。科学家预言，太阳内每聚变形成一个氦原子就会释放出 2 个中微子。

由于同样的原因，探测太阳中微子几乎也是不可能的。

进一步的研究发现，中微子可能与氯原子核发生反应生成 1 个氩原子核和 1 个电子，探测是否生成氩原子核就可证实中微子的存在。但这种可能性也很小。诺贝尔奖委员会称这项工作“相当于在整个撒哈拉沙漠中寻找一粒有用的沙子”。

为了捕获中微子，戴维斯（Davis）领导研制了一个新型探测器。它的主体是一个注满 615 吨四氯乙烯液体的巨桶，埋藏在美国一个很深的矿井中，这样做是为了防止其他宇宙粒子对液体的作用。在 30 年的探测中，戴维斯共发现了来自太阳的约 2 000 个中微子。

截维斯是 20 世纪 50 年代唯一一位敢于探测太阳中微子的科学家，他的发现证实了太阳是靠核聚变提供燃料的。

中微子有可能与水中的氢原子核和氧原子核发生反应，产生一个电子，这个电子可引起微弱的闪光，探测这种微弱的闪光也可证实中微子的存在。小柴昌俊（Koshiba）在日本领导研制的另一个中微子探测器利用的就是这一原理。他除了用这一装置证实了太阳中微子的存在外，还在 1987 年 2 月 23 日发现了一处遥远的超新星爆发过程中释放出的中微子。在那次爆发过程中，估计有 1 亿亿（10^{16}）个中微子穿过了探测器，小柴昌俊捕获了其中的 12 个。

2002 年诺贝尔物理学奖表彰的另一项成果与 X 射线有关。包括太阳在内的所有恒星都发射电磁波，其中包括可见光和我们看不见的其他波段的电磁波，比如 X 射线。其实，每时每刻都有大量的宇宙线到达地球，但包括 X 射线在内的多数宇宙线都被大气层吸收了，因而在地面上很难发现它们的踪影。

为了揭开宇宙 X 射线之谜，必须向太空发射探测器。贾科尼（Giacconi）领导研制了世界上第一个宇宙 X 射线探测器——爱因斯坦 X 射线天文望远镜。这台探测器于 1978 年进入太空，它向人类首次提供了精确的宇宙 X 射线图像，在此基础上科学家获得了大量新发现。

此外，贾科尼在世界上第一次发现了太阳系以外的 X 射线源，第一次证实了宇宙存在着 X 射线背景辐射，他还探测到了可能来自黑洞的 X 射线。

1976 年，贾科尼倡议研制功能更为强大的钱德拉塞卡 X 射线望远镜。耗资 15 亿美元的钱德拉塞卡 X 射线望远镜于 1999 年进入地球轨道，计划在太空至少工作 5 年。它已开始对星系、类星体和恒星进行探测，寻找黑洞和暗物质的踪迹。天文学家希望借助钱德拉塞卡 X 射线望远镜能够加深对黑洞和暗物质的认识。

中微子有没有质量，暗物质到底有多少，这关系到宇宙总质量的大小。科学家认为，如果宇宙总质量大于某个数值，宇宙将在自身引力作用下停止膨胀，并开始“大坍塌”；如果小于或等于某个数值，则宇宙将一直膨胀下去。由这两项成果开拓的研究新领域必将揭示更多的宇宙奥秘，这些新答案将直接补充甚至改写现有的基本理论。

戴维斯、小柴昌俊和贾科尼在天体物理领域做出了先驱性的贡献，他们开辟了

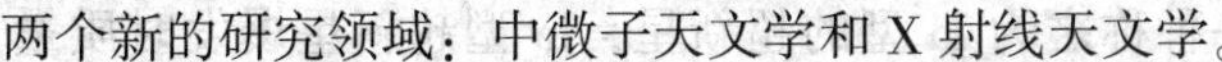
两个新的研究领域：中微子天文学和X射线天文学。

2006年：约翰·马瑟（美国）、乔治·斯穆特（美国）

马瑟和斯穆特因发现宇宙微波背景辐射的黑体形式和各向异性而获奖。

目前为科学界所普遍接受的宇宙起源理论认为，宇宙诞生于距今138亿年前的一次爆炸，宇宙的温度最初高得惊人，大爆炸之后约30万年，使得电子和光子等可以结合而形成原子等物质。宇宙也由此走出黑暗状态而变得透明，使光可以穿透。

宇宙“微波背景辐射”正是在此期间产生的，它作为大爆炸的“余烬”，均匀地分布于宇宙空间。20世纪60年代彭齐亚斯和威尔逊发现了这一对应温度2.7K的微波背景辐射，并于1978年获得诺贝尔物理学奖。

科学家还发现这个微波背景辐射对应的温度在全天空范围内惊人地一致，大爆炸理论认为，这表明大爆炸之初的高速膨胀抹平了宇宙物质分布的不均匀性。然而20世纪80年代，有天文学家提出了暴胀假说：在大爆炸开始之后，有一个极短瞬间，突然间有一个加速膨胀的阶段，这个阶段时间非常短暂，不排除膨胀速度超过光速的可能性，这个阶段称为“暴胀”阶段。如果真有这么一个阶段，则微波背景辐射就应该有一定程度上的各向异性。

1989年11月，美国航天局用于微波背景探测的COBE卫星发射升空，随后COBE的观测数据表明，宇宙微波背景辐射与绝对温度2.7K黑体辐射非常吻合，特别是微波背景辐射在不同方向上温度有着极其微小的差异，也就是说存在所谓的各向异性。

马瑟（Mather）和斯穆特（Smoot）均为COBE卫星项目的主要参与者，是他们首次发现了微波背景温度十万分之几的不均匀性，而这个不均匀性是星系发展的必然条件。马瑟和斯穆特的研究成果有助于研究早期的宇宙，并能帮助人们更多地了解星系和恒星的起源，为有关宇宙起源的大爆炸理论提供了重大的观测证据。史蒂芬·霍金称赞他俩的发现是“历史上最伟大的发现之一”。

2011年：布莱恩·施密特（澳大利亚）、亚当·里斯（美国）、索尔·珀尔马特（美国）

施密特、里斯和珀尔马特因透过观测遥远距离超新星而发现宇宙加速膨胀而获奖。

1929年，美国天文学家哈勃发现了星系间距离不断变大的现象，并提出宇宙膨胀理论，这一发现导致俄裔美国天体物理学家伽莫夫提出“大爆炸理论”，他认为我们的宇宙诞生于约138亿年前的一次大爆炸，在大爆炸之前，宇宙是个极小体积、高度致密的点，而大爆炸之后，宇宙不断膨胀。多年来，天体物理学界一直认为宇宙是在以一个恒定的速度在膨胀。

由施密特（Schmidt）和里斯（Riess）领导的高红移超新星探索队于1998年找到了宇宙加速膨胀的证据。珀尔马特（Perlmutter）领导的另一个高红移超新星搜索队也于同一时间发现了宇宙加速膨胀的证据。

白矮星可以爆炸形成一种称之为 Ia 型的超新星，Ia 型超新星爆发时质量几乎相等，它们爆炸发出的能量和射线强度也一样，因此在地球上观测 Ia 型超新星亮度的变化，可以准确地推算出它们和地球距离的变化，并据此计算出宇宙膨胀的速度。

他们两个研究小组总共观测了约 50 颗遥远的 Ia 型超新星，并于 1998 年得到了一致的结论：宇宙正在加速膨胀。

他们三人仅是发现了宇宙加速膨胀的证据。天文学家相信，找到宇宙加速膨胀的原因，也一定能获得诺贝尔奖。科学家相信，宇宙加速是暗能量使然，但暗能量又是什么呢？

2013 年：彼得·希格斯（英国）、弗朗索瓦·恩格勒（比利时）

希格斯和恩格勒因对希格斯玻色子的预测而获奖。

希格斯玻色子是粒子物理学标准模型预言的一种自旋为零的玻色子，由英国物理学家希格斯（Higgs）提出了希格斯机制，在此机制中，希格斯场引起自发对称性破缺，并将质量赋予规范玻色子和费米子。恩格勒（Englert）也在希格斯玻色子预测中作出了相应贡献。

可以简单地认为希格斯玻色子是使物质获得质量的粒子。2012 年 7 月，美国费米国家加速器实验室宣布：希格斯玻色子接近证明它的存在；2013 年 3 月，欧洲粒子研究组织宣布探测到希格斯玻色子这一上帝粒子。

这一发现看似与天文学无关，实际上关系极为重大。希格斯认为，在大爆炸刚发生的时候，粒子是没有质量的，由希格斯玻色子赋予了粒子质量。

有学者认为希格斯玻色子的存在为宇宙的发展埋下了祸害，因为建立在希格斯玻色子基础上的宇宙是不稳定的动荡宇宙。因为一旦希格斯玻色子不再赋予粒子质量，宇宙就会突然消亡。

[注] 根据诺贝尔基金会的章程，每个诺贝尔奖奖项的获奖者人数为 1~3 人。奖金的分配规则是：一人获全奖。两人等分。三人得奖时又分为两种情况：因同一项目获奖时，三人等分；因两个项目获奖时，则其中一人一项的得一半，两人一项的各得 1/4。上述获奖者名单仅为当年诺贝尔物理学奖中与天文学有关的奖项，不包括物理学其他方面的获奖者。

附录 5

天文学与宇宙探测大事记

（不包括中国部分，中国部分见第 10 章）

公元前 4200 年 埃及人发明了一种建立在太阳和月亮周期之上的一年 365 天的“历法”

公元前 530 年 希腊天文学家毕达哥拉斯（Pythagoras）提出大地是球形的概念

公元前 400 年 巴比伦人标出黄道带上点的位置，为天球坐标的发明做了准备

公元前 350 年 希腊天文学家赫拉克立德（Heraclide）提出地球绕着它自己的轴旋转

公元前 330 年 亚里士多德（Aristode）提出地心说

公元前 300 年 希腊数学家欧几里得（Euclid）巨作《几何原理》出版（注：那时的数学几乎就是天文学）

140 年 希腊天文学家托勒密（Ptolemy）完善了地球是宇宙中心的理论，并出版了《宇宙学大全》一书

1120 年 埃及开罗天文台开始建造

1543 年 波兰天文学家尼古拉·哥白尼（Copernicus）发表不朽巨作《天体运行论》，系统提出了日心说，开创了宇宙研究的新纪元，这一年被认为是近代天文学的开端

1602 年 丹麦学者第谷（Tycho）星表发表

1608 年 第一架望远镜在荷兰诞生，口径为 2.5 厘米，放大倍数为 20 倍。望远镜的诞生为人类观测宇宙提供了最直接可靠的方法。但发明者为眼镜制作师，他并没想用望远镜来观测天空，而是用于航海

1609 年 意大利天文学家伽利略（Galileo）制造成功放大倍数为 32 倍的天文望远镜，并开创了人类用天文望远镜观测宇宙的先河

1610 年 伽利略发现了木星的四颗卫星

1613 年 伽利略发现太阳黑子

1619 年 德国天文学家开普勒（Kepler）发表了著名的行星运动第三定律。加上他在 1609 年发表的行星运动第一、第二定律，使人类对太阳系的认识提高到定量的层次

1642 年 英国天才的科学家艾萨克·牛顿（Isaac Newton，1642—1727 年）诞生。作为伟大的数学家、物理学家、天文学家、哲学家，牛顿对人类的贡献是无与伦比的

1644 年 法国科学家笛卡儿（Descartes）发表《哲学原理》

1655 年 荷兰物理学家惠更斯（Huygens）制造出直径 5 厘米的折射望远镜，并用它发现了土星卫星泰坦

1667 年 法国建立巴黎天文台

1675 年 英国在伦敦建立格林尼治天文台

1676 年 丹麦科学家首次给出光速的测量结果，为每秒 22.7 万千米

1687 年 牛顿出版巨著《自然哲学的数学原理》，提出万有引力完整理论（万有引力定律是牛顿于 1666 年发现的），奠定了经典力学的基础

1705 年 英国天文学家哈雷（Halley）提出他观测到的一颗彗星是周期约 76 年的周期彗星，预言了哈雷彗星 76 年后的回归，这是人类第一次发现有周期的彗星

1728 年 牛顿出版《宇宙体系》一书

1736 年 意大利数学家、天文学家拉格朗日（Lagrange）诞生。他的巨著《分析力学》奠定了天体力学的基础

1749 年 法国杰出的数学家、天文学家拉普拉斯（Laplace）诞生。他的伟大贡献在于从理论上证明了太阳系的稳定性和恒久性。他还给出了轰动一时的太阳系起源的 Laplace 假说。他著有宏伟大作《天体力学》，共 5 卷 16 册

1755 年 德国哲学家、天文学家康德（Kant）在《宇宙发展史概论》中提出了太阳系起源的星云学说

1759 年 哈雷彗星回归

1772 年 柏林天文台台长波得（Bode）宣布太阳系各大行星与太阳距离的排列有一定规律。提丢斯（Titius）在 1764 年曾经提出过该规律，所以称之为提丢斯-波得定则

1781 年 英国天文学家赫歇耳（Herschel）发现了天王星。赫歇耳被认为是近代恒星天文学的创始人。他发现了太阳的自行，指出恒星不是静止的，打破了静止太阳的假说

1784 年 法国天文学家梅西叶（Messier）发表星团星云表

1798 年 英国科学家卡文迪许（Cavendish）用实验验证了万有引力定律

1801 年 意大利天文学家皮亚齐（Piazzi）发现第一颗小行星——谷神星

1814 年 德国光学家夫琅和费（Fraunhofer）首次发现了太阳光谱。他被誉为分光天文学之父

1842 年 奥地利物理学家多普勒（Doppler）发现多普勒效应

1845 年 法国物理学家费佐（Fizeau）和傅科（Foucault）拍得人类历史上第一张太阳照片，照片上清晰可见太阳黑子的存在

1851 年 傅科用自由摆实验成功证明了地球自转

1854 年 德国物理学家赫姆霍兹（Helmholtz）提出太阳能量来源的收缩机制

1863 年 德国天文学会成立

1891 年 美国天文学家海尔（Hale）发明了“太阳分光照相仪”

1897 年 美国人克拉克（Clark）父子为美国叶凯士天文台制造至今仍是全球最大口径

的 1 020 毫米折射望远镜

1905 年 爱因斯坦（Einstein）发表狭义相对论

当今最有名望的天文台美国威尔逊山天文台开始建造

1907 年 丹麦天文学家赫兹伯伦（Hertzsprung）发现巨星和矮星

1913 年 恒星分布赫罗图被发现

1915 年 爱因斯坦发表广义相对论

1918 年 美国天文学家沙普利（Shapley）确定了银河系的大小

1919 年 英国科学家爱丁顿（Eddington）在日食观测中发现太阳引力使恒星光线弯曲，验证了广义相对论预言的现象

国际天文学联合会 IAU 成立

1922 年 苏联科学家弗里德曼（ФРИДМАН）从理论上证明了宇宙在膨胀

1924 年 哈勃（Hubble）通过确定仙女座星云的距离，宣告河外星系的存在

1926 年 瑞典科学家林德布拉德（Lindblad）证明了银河系的自转

哈勃创立星系的哈勃分类法

美国人完成了人类历史上第一次液体火箭发射，尽管它仅飞了 56 米远，12 米高

1927 年 勒梅特（Lemaitre）提出了宇宙起源的大爆炸理论

1927 年 迈克耳逊（Michelson）精确测量了光速

1928 年 国际天文学联合会（IAU）规定了 88 个星座的划分方案

1929 年 哈勃发现了大名顶顶的哈勃定律，证明了宇宙在膨胀

1930 年 美国人汤博（Tombaugh）发现了冥王星

1932 年 美国科学家央斯基（Jansky）发现银河系中心的射电辐射

俄国物理学家朗道（ДАНИАУ）和美国物理学家奥本海默（Oppenheimer）预言了致密天体中子星的存在

1938 年 美国物理学家贝特（Bethe）和德国科学家魏茨泽克（Weizsäcker）创立恒星内部的能源理论，提出质子-质子反应和碳氮循环核反应提供了恒星的能源

1942 年 10 月 3 日，德国成功发射首枚 V-2 导弹，射程为 180 千米。这是世界上首枚可用于实战的弹道导弹，为人类的空间探测准备了运载工具

1949 年 美国帕洛马山天文台威力巨大的海尔望远镜建成，其直径为 5 米。它的制造成功，为宇宙学的进一步发展奠定了基础

1951 年 首次观测到来自银河系的氢 21 厘米发射线

1957 年 10 月 4 日，苏联在拜克努尔航天中心发射成功人类历史上第一颗人造地球卫星“斯特尼克 1 号”。该星重 83 千克

1958 年 1 月 31 日，美国第一颗人造卫星“探险者 1 号”升入太空

10 月 1 日，美国国家航空与航天局（NASA）（简称美国航天局）成立

国际太空科学组织——太空研究委员会（COSPAR）成立

12 月 6 日，美国发射了首个月球探测飞行器“先驱者 3 号”，但探测失败

1959 年 苏联成功发射了 3 个月球飞行器，即“月球 1 号”，“月球 2 号”，“月球 3

号”，其中“月球3号”首次拍摄了地球上不可能看到的月球背面的照片。苏联共发射了24个月球飞行器

1961年 4月12日，苏联宇航员尤里·加加林（ГАГАРИН，Ю. А.）乘坐“东方1号”宇宙飞船，绕地球飞行一周，并顺利返回地面。加加林是人类有史以来第一位飞出大气层的太空人

5月5日，美国实现载人宇宙飞行

1963年 305米阿雷西博射电望远镜建成

1965年 美国科学家彭齐亚斯（Penzias）与威尔逊（Wilson）发现3K宇宙微波背景辐射

发现天鹅座X-1是一个强X射线源

1967年 英国科学家休伊什（Hewish）和贝尔（Bell）发现脉冲星

1968年 发现星际有机分子

美国科学家戴维斯（Davis）发现了太阳中微子

1969年 7月16日美国发射载人月球飞船“阿波罗（APOLLO）11号”四天后，“APOLLO-11”号宇航员阿姆斯特朗（Armstrung）完成了人类历史上的一大跨跃——踏上月球

1970年 苏联制成口径6米的反射望远镜，安装于高加索帕斯多克霍夫山上，但精度欠佳

1971年 苏联发射人类历史上第一个载人空间轨道站“礼炮1号”

德国制成直径100米有跟踪装置的大型射电望远镜

1978年 美国科学家泰勒（J. H. Taylor）从双星PSR1913+16的轨道周期变化中，证实了广义相对论预言的引力波的存在

1981年 4月12日，美国第一架航天飞机“哥伦比亚”号发射成功

1986年 苏联发射成功“和平号”空间站。它在轨工作达15年，大大超过设计寿命。“和平号”空间站于2001年3月23日根据人工指令顺利陨落于南太平洋

1月28日，美国航天飞机“挑战者”号在发射升空时因助推器故障而发生爆炸

1990年 4月24日美国“发现”号航天飞机将哈勃太空望远镜送入太空

1992年 美国的凯克Ⅰ望远镜在夏威夷莫纳克亚天文台建成。凯克望远镜口径达10米。1996年同样口径的凯克Ⅱ在距凯克Ⅰ85米远处建成。这是当时世界单体最大的光学望远镜。每台望远镜耗资数亿美元

1993年 美国实现甚长基线干涉，基线长度达到8 000千米

1995年 10月，瑞士天文学家发现太阳系外第一颗行星

俄罗斯宇航员创造了在和平号空间站上连续驻留438天的新纪录

1998年 美国科学家宣布在月球表面陨石坑深处发现水冰

在银河系中心发现超大质量的黑洞

1999年 哈勃太空望远镜发现宇宙中存在多个星系相撞的现象。这种相撞导致了新星的爆发

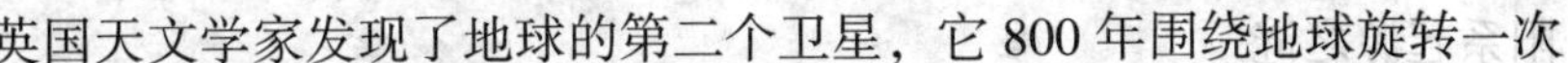

英国天文学家发现了地球的第二个卫星，它800年围绕地球旋转一次

2000年 建设中的国际空间站与俄罗斯“联盟TM-31”号宇宙飞船成功对接，国际空间站首次成为载人飞行器

2001年 4月，美国加利福尼亚州的富翁蒂托搭乘俄罗斯“联盟TM-32”号飞船第一个完成了人类历史上的太空之旅，把人类旅游的范围开辟到地球之外

2001年 7月，法国科学家在仙女座大星云附近发现了星系与星系之间“弱肉强食”的现象：一个大星系是在吞食邻近小星系的基础上逐渐成长起来的

2002年 5月，美国天文学家发现普通星系周围存在着大量不可见的暗矮星系，这一结果为宇宙的暗物质寻找提供了新的思路

11月，天文学家发现一个所谓的“宇宙遗物”——一颗遥远又古老的天体，估计这颗天体可以追溯至宇宙的起源。它几乎不含金属元素，这在银河系里是极其罕见的

2003年 2月1日，美国哥伦比亚航天飞机在返回地面时解体

12月30日，“长征”二号丙/SM型运载火箭成功将中国与欧洲空间局的合作项目“地球空间双星探测计划”中的第一颗卫星“探测一号”送入太空

2004年 1月4日和1月25日，美国火星探测器“勇气号”和“机遇号”成功登陆火星

1月23日，欧洲空间局宣布，欧洲空间局发射的“火星快车”探测器在火星表面发现了水的痕迹

2月，美国航天局宣布，“勇气”号火星专用机械臂上的打钻机在火星的岩石上打了一个洞，这是人类首次在火星表面上留下“人造”洞穴

2月，欧洲的“火星快车”和美国的“勇气”号取得联系，这是人类制造的探测器首次在地外星球实现国际联系

3月，发现当时离太阳最远的行星塞德娜（Sedna）。Sedna距地球约129亿千米

7月，欧美合作的探测器“卡西尼”号（Cassini）太空船在历经7年的远征之后，进入土星轨道

2005年 1月14日，欧洲航天局的惠更斯（Huygens）探测器抵达了土卫六“泰坦”(Titan)，并在泰坦上着陆

2005年 7月4日，美国航天局“深度撞击”号探测器释放的撞击器击中目标——坦普尔1号彗星

2005年 7月14日，美国科学家宣布在太阳系外发现一个由1颗行星和3颗恒星组成的系统。这一发现推翻了“行星通常仅围绕一颗恒星公转”的传统理论

2005年 8月12日，美国新型火星探测飞船“火星勘测轨道飞行器”发射升空，该飞船已于2006年3月到达火星

2006年 1月15日，装有彗星尘埃样本的美国“星尘”号飞船返回舱，在遨游太空近7年后，降落在美国犹他州的沙漠中。“星尘”号项目是美国第一个专门探测彗星的项目，科学家因此获得了彗星的尘埃样本，这将有助于科学家揭开太

阳系起源之谜

2006年 1月17日，美国航天局"新地平线"号探测器发射升空，开始了长达9年的太空之旅，它的目标是太阳系边缘的冥王星，那里是太阳系各种谜团的大本营。科学家预测此行的收获将改写现行教科书中的诸多内容

2006年 2月，火星快车发现火星极光现象

2月，美国天文学家宣布，他们已确定了一份可能存在外星生命的星球名单，美国航天局将对它们进行重点观测

3月，美国航天局WMAP太空探测器发现宇宙大爆炸后极速膨胀的新证据

3月，火星探测器"勇气号"和"机遇号"先后陷入困境

2006年 8月，冥王星从大行星中除名，改称为矮行星

2007年 4月，天文学家发现太阳系外与地球相似的行星Gliese 581C

5月，美国NASA钱德拉塞卡X射线太空望远镜发现有史以来最强的超新星爆发

9月，日本"月亮女神"探月飞船升空

2008年 1月，NASA信使号探测器飞越水星，开始拍摄水星全景照

5月，"凤凰号"火星探测器在火星北极成功着陆

9月，欧洲大型强子对撞机正式启用

11月，首次拍摄到太阳系外三颗行星绕中央恒星旋转照片

2009年 3月，发射开普勒太空望远镜

5月，欧洲航天局发射"普朗克"探测器，机遇号发现火星表面水冰，发现暗物质存在的可能证据，发现质量为64亿太阳质量的巨大黑洞，印度发射"月球1号"探测器

2010年 6月，德国马克斯·普朗克物理研究所成功产生了黑洞周边的等离子体

12月，英国科学家发现宇宙曾经经受其他"宇宙"挤压的证据

2011年 5月，第二台阿尔法磁谱仪发射进入国际空间站

11月，NASA发射好奇号火星着陆探测器

国际空间站完成装配，进入工作阶段

2012年 3月，哈勃太空望远镜发现距地球24亿光年外的巨大暗物质块

阿塔卡玛大型毫米波天线阵发现了一颗尚未成型的恒星周围存在原行星尘埃盘，欧洲南方开文台甚大望远镜四台全部建成

2013年 3月，欧洲航天局给出最新哈勃常数值，并将宇宙年龄修正为138.2亿年

4月，阿尔法磁谱仪项目公布了找到暗物质来源的证据

9月，NASA确认"旅行者1号"进入恒星际空间

11月，阿塔卡玛大型毫米波天线阵全部建成

12月，南极望远镜发现宇宙微波背景辐射偏振信号

2014年 1月，霍金提出灰洞理论

3月　美国哈佛大学宣布发现了宇宙暴胀的直接证据

4月　美国发现太阳系外恒星的行星带有卫星的证据

附录 6

关于本书数据的一点说明

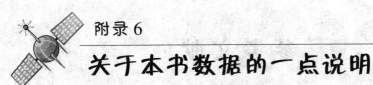

读者在阅读不同年代、不同版本的天文学书籍时，会发现部分数据有出入，这是正常现象。因为天文学上的数据有些是公认的，有些则正处在研究过程中。如恒星质量的大小将最终决定恒星演化的去向。有一点是肯定的，即量变到质变，但到底是 $3M_{\odot}$ 还是 $8M_{\odot}$（有些学者认为应是 $30M_{\odot}$）以上的恒星演化为黑洞，则尚无定论。同样，由于哈勃常数的测定涉及很多方面，我们无法获得 H 的确切数值。

参 考 文 献

[1] ［英］史蒂芬·霍金. 时间简史. 许明贤，吴忠超译．长沙：湖南科学技术出版社，2002.

[2] ［英］史蒂芬·霍金. 果壳中的宇宙. 吴忠超译. 长沙：湖南科学技术出版社，2002.

[3] ［法］G. 伏古勒尔. 天文学简史. 李珩译. 桂林：广西师范大学出版社，2003.

[4] 胡中为，萧耐园．天文学教程（上册）．北京：高等教育出版社，2003.

[5] 朱慈盛．天文学教程（下册）. 北京：高等教育出版社，2003.

[6] 刘学富，等．基础天文学．北京：高等教育出版社，2004.

[7] 苏宜．天文学新概论．武汉：华中科技大学出版社，2005.

[8] ［英］史蒂芬·霍金，等．时空的未来．李泳译．长沙：湖南科学技术出版社，2005.

[9] ［英］史蒂芬·霍金，等．果壳里的60年．李泳译．长沙：湖南科学技术出版社，2005.

[10] ［英］史蒂芬·霍金，等．时间简史（普及版）. 吴忠超译．长沙：湖南科学技术出版社，2006.

[11] 胡领祥．宇宙的始末和规律．上海：学术出版社，2011.

[12] 赵峥．探求宇宙的秘密：从哥白尼到爱因斯坦．北京：北京师范大学出版社，2013.

[13] ［英］约翰·D. 巴罗．宇宙之书：从托勒密、爱因斯坦到多重宇宙．李剑龙译．北京：人民邮电出版社，2013.

图书在版编目(CIP)数据

宇宙新概念/赵江南编著．—3版．—武汉：武汉大学出版社，2014.7(2018.1重印)

ISBN 978-7-307-13285-6

Ⅰ.宇…　Ⅱ.赵…　Ⅲ.宇宙学　Ⅳ.P159

中国版本图书馆CIP数据核字(2014)第092280号

责任编辑:顾素萍　　责任校对:汪欣怡　　版式设计:马　佳

出版发行：**武汉大学出版社**　(430072　武昌　珞珈山)
(电子邮件：cbs22@whu.edu.cn　网址：www.wdp.com.cn)

印刷：湖北睿智印务有限公司

开本：787×1092　1/16　印张:18.25　字数:419千字　插页:2

版次：2003年5月第1版　2006年6月第2版
2014年7月第3版　2018年1月第3版第2次印刷

ISBN 978-7-307-13285-6　定价:32.00元

高等院校通识教育系列教材

书　目

《四库全书》与中国文化
社会性别与女性发展
通识逻辑学
当代中国社会问题透视
女性学导论
伦理学简论
中国文化概论
美学
科学技术史（第二版）
工程项目管理（第二版）
维纳斯巡礼·西方美术史话
宇宙新概念
《孙子兵法》鉴赏
唐诗宋词名篇精选精讲
明清小说名著导读（修订版）
中国美术鉴赏
诗词曲赋鉴赏
电子商务与电子政务
博弈论
资源环境与可持续发展
美术鉴赏
中国音乐史
西方音乐史
音乐欣赏教程
商务文书写作（第二版）
机关公文写作（修订版）
事务文书写作
大学书法通识
毕生发展心理学（第二版）
人际沟通学
志愿服务概论
影视作品欣赏与影视小说创作
基督教文化概览
宇宙新概念（第三版）